U0337955

选矿过程模拟与优化

主编　陶有俊

中国矿业大学出版社

内 容 提 要

　　《选矿过程模拟与优化》以选矿生产过程模拟和优化为主线,将选矿生产工艺过程、应用数学和计算机高级语言相融合,对选矿过程进行数学模拟和优化计算,系统地介绍了选矿过程预测、模拟和优化的一般方法。全书共分三大部分:第一部分介绍一般数学模型的建立方法,叙述了经验模型建立的一般方法,包括回归分析和非线性模型拟合,同时介绍了插值模型的建立;第二部分介绍选矿生产的不同作业过程所开展的模拟和优化方法,主要包括重选过程的预测、模拟与优化,浮选过程的预测、模拟与优化,破碎、磨矿过程的预测和模拟,以及分级和筛分过程的预测和模拟;第三部分介绍利用计算机高级语言实现对选矿生产过程中典型作业的模拟和优化计算,主要包括 MATLAB 在选矿过程模拟中的应用,利用 C 语言所开发的典型经验模型的建立和选矿生产过程中典型作业的模拟与优化软件。

　　本教材可作为矿物加工工程专业的本科生和研究生"选矿数学模型"或"选矿过程模拟与优化"课程教学用书,也适用于广大选矿工程技术人员参考阅读。

图书在版编目(C I P)数据

　　选矿过程模拟与优化 / 陶有俊主编. —徐州 ：中国矿业大学出版社,2018.1

　　ISBN 978 - 7 - 5646 - 3468 - 1

　　Ⅰ. ①选… Ⅱ. ①陶… Ⅲ. ①选矿—过程模拟②选矿—最佳化 Ⅳ. ①TD9

　　中国版本图书馆 CIP 数据核字(2017)第 049033 号

书　　名	选矿过程模拟与优化
主　　编	陶有俊
责任编辑	褚建萍
出版发行	中国矿业大学出版社有限责任公司
	(江苏省徐州市解放南路　邮编 221008)
营销热线	(0516)83885307　83884995
出版服务	(0516)83885767　83884920
网　　址	http：//www.cumtp.com　E-mail：cumtpvip@cumtp.com
印　　刷	徐州中矿大印发科技有限公司
开　　本	787×1092　1/16　印张 15.5　字数 390 千字
版次印次	2018 年 1 月第 1 版　2018 年 1 月第 1 次印刷
定　　价	29.00 元

　　(图书出现印装质量问题,本社负责调换)

前　　言

"选矿过程模拟与优化"是矿物加工工程专业的一门特色课程,也是一门实用性很强的课程。它要求学习者在学习了矿物加工学、高等数学、线性代数和计算机高级语言的基础上进行学习。

随着科学技术的进步,选矿生产的自动化和最优化是矿物加工工程追求的目标。选矿过程数学模拟是与现代计算机的广泛应用紧密联系在一起的,目前已广泛应用于选矿厂的设计、选矿厂生产技术管理和选矿厂自动控制等方面。选矿过程模拟与优化是一个复杂的工程问题,是近些年来选矿研究人员极为重视的一个领域,是矿物加工工程学科的一个重要分支。它是运用工程数学方法研究选矿生产过程及设备,优化选矿生产工艺指标,通过对选矿工艺过程的研究和模拟,揭示选矿过程本质,找出影响选矿生产过程的因素及其相关关系,使选矿生产过程具有可测性、可控性,以便达到最优化生产。通过对选矿过程或设备的模拟及放大,解决从实验室或小型试验到工业生产的"放大、相似准则",实现对选矿设备的生产制造的突破。通过开展对选矿过程的数学模拟,实现选矿生产过程的最优控制。

目前,选矿过程模拟与优化已成为国内外高等学校矿物加工工程专业本科生和研究生的必备知识。本书作为中国矿业大学卓越采矿工程师教材,所述内容是为本科生在毕业设计工程训练环节中所进行的原煤可选性分析、方案论证及最佳方案的确定、产品预测和优化计算提供基础;同时也为选矿厂生产管理,选矿实际生产过程的预测、优化,选矿厂自动控制等方面提供理论基础。因此,选矿过程模拟与优化是培养高层次矿物加工工程专业人才的必备知识。

本书以选矿生产过程模拟和优化为主线,系统地介绍了选矿过程预测、模拟和优化的一般方法。全书共分三大部分:第一部分介绍一般数学模型的建立方法,叙述了经验模型建立的一般方法,包括回归分析和非线性拟合,同时介绍了插值模型的建立;第二部分介绍选矿生产的不同作业过程所开展的模拟和优化方法,主要包括重选过程的预测、模拟与优化,浮选过程的预测、模拟与优化,破碎、磨矿过程预测和模拟,以及分级和筛分过程预测和模拟;第三部分介绍利用计算机高级语言实现对选矿生产过程中典型作业的模拟和优化计算,主要包括 MATLAB 在选矿过程模拟中的应用,利用 C 语言所开发的典型经验模型的建立和选矿生产过程中典型作业的模拟与优化软件。

全书共分十章,其中第一~四章和第六~九章由陶有俊编写,第五章由陶有俊和王章国共同编写,第十章由邓建军编写。全书由陶有俊统稿、整理和审定。

本书编写过程中得到了中国矿业大学教务部和中国矿业大学出版社的大力支持和协助,在此表示感谢。

由于作者水平有限,书中一定存在不少错误,恳请广大读者批评指正。

作　者
2017 年 10 月

目　　录

第一章　绪　论

一、模型的概念

事物的产生、发展、变化是有规律的。这种规律可以用语言、图像和表格来总结,但总结规律的高级形式是数学表达式或数学模拟式。

牛顿用微积分这种数学表达式表述了他所提出的经典力学的三大定律,把物理现象与数学密切地联系起来。牛顿的这一贡献使人们开始认识到用数学方式表达研究结果是最完善、最严密、最有用的形式,也是总结事物变化规律最理想的形式。

1. 模型的概念

所谓数学模型,就是描述客观物体的某些特征或运动过程的内在联系的数学表达式。

例如,牛顿力学第二定律:

$$F = m \frac{\mathrm{d}v}{\mathrm{d}t}$$

上式可写成:

$$\frac{\mathrm{d}v}{\mathrm{d}t} = \frac{1}{m} F$$

其中 F 为"因", $\frac{\mathrm{d}v}{\mathrm{d}t}$ 为"果"。

因此,牛顿第二定律就是描述质量 m、外力 F 及加速度 $\frac{\mathrm{d}v}{\mathrm{d}t}$ 三者之间内在联系的数学模型。

又如,欧姆定律:

$$I = \frac{U}{R}$$

上式表达了在电阻一定的情况下,通过导线的电流与电压之间关系,也就是导线的电阻与通过的电流和电压三者之间的关系模型。

2. 模型的适用范围

描述客观事物的数学表达式也是在一定范围内才适用的。

例如,上述的牛顿第二定律只适用于宏观低速条件,只有在宏观低速条件下才有 $m \approx$ 常数,在宏观高速条件下质量 m 为非常数。根据相对性原理,在宏观高速条件下描述质量、加速度及外力三者关系为:

$$F = \frac{\mathrm{d}(m \cdot v)}{\mathrm{d}t}$$

所以说,随着人们对客观事物认识的深入,原先在某些特定条件下建立的数学模型也需要不断修改。

3. 模型的特点

模型是相对于对象实体而言的。那么有不同对象实体,就有不同的模型。例如,对象实体是一台设备,对应就有设备模型;对象实体是一个工艺过程(例如粒度分级过程),对应就有一个过程模型。

模型是对实体要素经过筛选的,所以模型应含有实体的主要性质。如果模型不含实体的主要性质,它就不是实体的模型;但模型又不能含实体的全部性质,否则它不是模型而是实体本身。

对于数学模型也是如此,能用数学关系表示的事物是有限的,所以在许多情况下与事物现象完全吻合的数学表述是不大可能的。这一点对于建立和应用数学模型是很有指导意义的。

模型与实体之间是相似的,由于相似的依据不同,有不同的模型类型:

几何相似的模型——只是对实体几何尺寸按一定的比例改变(增大或缩小)。例如,太阳和行星的天象仪(缩小比例)和原子模型(增大比例)。

量纲相似的模型——它不是简单的几何尺寸的变化,而是这种几何尺寸变化,要依据相似理论中一些相似准数而变化。国内选煤界的学者曾经用这种模型进行过大型跳汰机的研制工作。

数学形式相似的模型——不同的实体可以有相同的数学表达形式,利用不同实体间数学形式的类似,可以在简单实体的模型上研究复杂实体的性质。

图 1-1 是一个典型的线性质量—阻尼—弹簧系统,它可以用下列微分方程描述系统的运动状态,即

$$M \frac{\mathrm{d}^2 x}{\mathrm{d}t^2} + B \frac{\mathrm{d}x}{\mathrm{d}t} + KX = F(t) \tag{1-1}$$

式中　M——物体质量;

　　　B——阻尼振动系数;

　　　K——弹性系数;

　　　$F(t)$——外作用力。

图 1-2 是一个 R、C、L、Eg 的串联电路。可以用下述微分方程描述:

$$L \frac{\mathrm{d}^2 Q}{\mathrm{d}t^2} + R \frac{\mathrm{d}Q}{\mathrm{d}t} + \frac{1}{C}Q = Eg \tag{1-2}$$

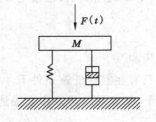

图 1-1　质量—阻尼—弹簧系统

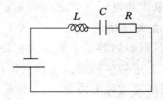

图 1-2　电流震荡电路

比较式(1-1)和式(1-2),可以看出机械振动和电流振荡的数学表达式是完全一致的。把两式中机械量一一对应为:

机械量	电量
M——物体质量	L——电感量

B——阻尼振动系数　　　　R——电阻

K——弹性系数　　　　　　$\dfrac{1}{C}$——电容量

X——位移量　　　　　　　Q——电荷

$F(t)$——外作用力　　　　　Eg——电动势

这样我们就可以在合适的电路中用改变电路参数的方法,研究对应的机械振动系统。对模型的表达形式是多种多样的,而其中以数学形式来描述的模型叫数学模型。

二、模型的分类

对于模型的分类方法极不统一,模型有不同规则描述使其具有各种形态。按照不同的分类观点,可把模型分成不同的种类,下面简单介绍几种分类方法。

(1) 按照基本分类,模型可以分为实际模型和思考模型两大类。实际模型是把实际系统的功能和构造按原样作为组成因素用集合的方法组成的;思考模型是指先认识实体系统,在理论上通过交换规则而使之模型化。一般情况下,模型是指思考模型。

(2) 按照准确度和精确度,模型可以分为精确模型和近似模型,而往往近似模型为多。

(3) 按照模型中参数的因果关系,模型可以分为理论模型、经验模型和混合模型。理论模型中变量之间的因果关系明确,比如欧姆定律和牛顿第二定律;经验模型中参数之间的关系不明确,需要依靠试验数据进行回归计算来建立参数间的关系,比如选矿过程中的分配曲线模型;混合模型的形式来源于理论推导,但其中的参数需要通过试验数据确定,比如选矿过程中筛分动力学模型 $E=1-e^{-kt}$ 和浮选动力学模型 $C=C_0 e^{-kt}$。

(4) 按照变量的性质,模型可以分为确定性模型和随机性模型。确定性模型是指模型中的变量和参数是确切和肯定的;随机性模型是指模型所描述的过程变量和参数是不确定的,而是随机变化的。选矿过程中很多模型是随机性模型。

(5) 按照变量与时间因素的关系,模型可以分为静态模型与动态模型。动态模型一般用微分方程来描述,静态模型用代数方程来描述。在选矿过程中研究静态模型较多。生产过程虽然是一个动态过程,但是生产的基本条件(例如设备、原料、操作制度等)一般来说变化不大。这样的生产条件被认为是稳定的(相对稳定的),用这种生产数据,经统计方法建立的模型,被认为是与时间无关,故称为静态模型。

(6) 按照模型的形式,模型可以分为数学模型、逻辑模型、图形模型、模拟模型。

三、建立模型的一般方法

1. 对模型的一般要求

在建立模型之前,应当首先提出对模型的功能、应用范围、精确程度的要求。这样建立模型的目的明确,对模型进行评价也有定性或定量的标准。

2. 确定模型的形式

确定模型中的变量集合,然后再确定模型的形式,用理论的方法或经验的方法来确定。

理论的方法:建立在大量理论研究的基础上,经过理论分析确定自变量与因变量的函数关系,函数式中的系数都有比较明确的物理意义。

经验的方法:建立在对大量生产或实验数据统计分析的基础上,凭经验或根据数据的图解形式,确定一种模型形式,例如线性函数、多项式函数、超越函数等。

3．确定模型参数

对所选定的模型,应用已知的数据,确定其中的参数,一般有选点法、平均法、最小二乘法,以最小二乘法应用最广泛。

4．对模型进行验证

对模型的验证分为两个方面:一是验证所选模型对已知数据的适应情况。用最小二乘法确定参数时,可视拟合误差的大小来判定。二是验证所选模型在同样条件下对另外收集数据的适应情况。

四、研究数学模型的意义及其应用

1．研究数学模型的意义

选矿数学模型的研究与建立是一个复杂的问题,也是近些年来选矿工作者重视和进行研究的一个重要领域。研究和建立符合实际的选矿数学模型有以下几方面的意义:

(1)揭示选矿过程本质,找出影响生产过程的因素及其相关关系,使生产过程具有可测性、可控性,以便实现最优化生产。

(2)对选矿过程或设备进行模拟及放大。由于影响选矿过程的因素很多,而其中不少因素又具有随机性,因此选矿过程的实现、选矿方法的选取以及选矿设备的研制往往要靠大量实验室试验、半工业或工业性试验来解决。这样从经济、时间、人力上都会有相当的耗费。如果通过研制数学模型解决从实验室或小型试验到工业生产过渡的准确方法,即建立一个"放大、相似准则",这将是选矿过程的重大突破。

(3)对生产过程进行最优控制。利用计算机进行生产过程的最优化控制首先应建立必要的数学模型。

(4)选矿厂设计方案的比较、预测、生产管理等,也都有赖于数学模型的建立。

2．数学模型在选矿过程中的应用

在选矿过程中,数学模型的应用是与计算机的应用联系在一起的。它的应用主要是在选矿厂的设计,选矿厂生产的经济、技术管理和选矿厂自动控制等方面。

(1)在选矿厂设计工作中的应用是通过对各种流程方案的比较,确定精矿产率、质量和选矿厂经济上最佳的方案。

(2)在选矿厂经济、技术管理上的应用是对当前生产厂的经济、技术状况进行评价,针对当前的状况,改变工作的策略,使用模型预测可能达到的结果,使生产处于最佳状态。

(3)在选矿厂自动控制上的应用是使用模型通过计算机对生产进行监督和控制。这方面的应用还有许多研究工作要做。

第二章　回 归 模 型

第一节　回归分析概述

一、回归分析的概念

回归分析是处理变量之间相关关系的一种数理统计方法。在生产和科学试验中,某一客观现象的统一体中,其变量往往客观上存在一定的关系,为了了解事物的本质,往往需要找出描述这些变量之间依存关系的数学表达式,这就是需要采用回归分析进行处理。

例如,煤炭的灰分与密度之间就存在着某种不确定的关系,其关系近似成正比关系,根据试验数据可采用回归分析求出其关系表达式。

变量之间关系可以分为两类:一类是完全确定关系,例如欧姆定律 $I=\dfrac{Q}{R}$;另一类为不确定关系,如在选矿生产过程中就存在着大量的这种不确定关系,变量之间这种不确定关系称为相关关系,这种关系可利用数理统计原理找到。

二、回归分析主要解决的问题

回归分析主要解决以下三个方面的问题:

(1)根据试验数据,研究变量之间的相关关系,找出定量的关系式和其中的参数。

(2)由于关系或是一种相关关系,所以需要进一步找出它的可信程度,为此,要进行统计检验。

(3)如果关系式中有许多自变量,则需要判断这些自变量的显著性,并剔除影响不显著的自变量。

三、可疑数据的处理

在进行回归分析之前应根据误差理论对观测数据进行处理。因为在一组试验数据中,如果混杂异常数据,就会歪曲整个试验结果,影响所建立的模型,所以必须运用正确的方法舍弃其中异常的数据。

常用的判别方法有拉依达准则(3σ准则)和肖维勒准则。

1. 3σ准则

3σ准则认为:某一观测值的剩余误差绝对值大于3σ时,该数据就应被舍弃。

(1)σ为观测数据的标准差,即

$$\sigma=\sqrt{\frac{1}{f}\sum_{i=1}^{n}(y_i-\bar{y})^2}$$

其中

$$\bar{y}=\frac{1}{n}\sum_{i=1}^{n}y_i$$

式中　$y_i(i=1,2,\cdots,n)$——观测值;

　　　$\bar{y}$——y_i的平均值;

n——观测次数；

f——自由度。

当 $n \leqslant 20 \sim 30$ 时，$f=n-1$；当 $n \geqslant 30$ 时，$f=n-1 \approx n$。观测值 y_i 与 $\bar{y}$ 之差称为离差，以 g 表示，即 $g_i=y_i-\bar{y}$。

3σ 准则判据为：$|g_i|=|y_i-\bar{y}|>3\sigma$ 时，即认为该数据可疑，应剔除。

（2）当剔除某一观测数据后，对余下的 $n-1$ 个数据重新计算 σ 及 $\bar{y}$，然后重复按上述方法检验，直到所有观测数据的离差 $|g_i|=|y_i-\bar{y}|<3\sigma$ 为止。

（3）注意条件：

3σ 准则是建立在 $n \to \infty$ 的前提下的，当 n 有限或较小时，3σ 准则不十分可靠，这时应采用肖维勒准则。

2. 肖维勒准则

（1）肖维勒准则是按下式进行判断的：

$$|g_i|=|y_i-\bar{y}|>k\sigma \text{ 时，认为该数据可疑}$$

式中，k 是与观测次数 n 有关的参数（可查相关数理统计表）。

（2）当剔除某一数据后，把剩下的观测数据重新计算和检验，直至所有观测值离差的绝对值小于 $k\sigma$ 为止。

（3）注意条件：

当 $n<10$ 时，使用该准则较勉强；

当 $n \approx 185$ 时，肖维勒准则与 3σ 准则相当；

当 $n<185$ 时，肖维勒准则较 3σ 准则窄；

当 $n>185$ 时，肖维勒准则较 3σ 准则宽。

四、模型形式的确定

（1）从建模和求解方便来看，总希望模型的形式简单一点，所含的变量和参数不要太多，但从模型的使用角度看，则要求计算结果准确，反映真实，所以又要求模型选配得复杂些。

（2）常用的模型形式有一元线性模型、一元非线性模型、多元线性模型、多元非线性模型及多项式模型。

（3）利用回归分析所建立的数学模型主要是线性回归模型、多项式回归模型以及一些可以通过初等变换转化为线性的一元非线性回归模型。

第二节 一元线性回归模型

一元线性回归分析是最简单的一种回归分析，它所研究的对象是两个变量之间的相关关系。

设有 n 对试验数据 $(x_i, y_i)(i=1,2,\cdots,n)$，其中 x 为确定性变量，y 为服从正态分布的随机变量，如果它们之间存在线性关系，则可以用线性方程表示，即

$$\hat{y}=a+bx \tag{2-1}$$

式中 $\hat{y}$——回归方程计算值；

a,b——待定系数（模型参数）。

一、参数 a,b 的最小二乘法估计

1. 统计分析

对于上述的一组试验数据 (x_i,y_i)，$i=1,2,\cdots,n$，试验点分布如图 2-1 所示。由数理统计知识得：

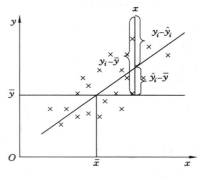

$$离差 = y_i - \bar{y}$$
$$剩余偏差(残差) = y_i - \hat{y}$$
$$回归差 = \hat{y}_i - \bar{y}$$

式中　　y_i——试验值；

$\hat{y}_i$——计算值；

$\bar{y}$——平均值。

图 2-1　试验点分布

同时可知：

离差平方和 $$G = \sum_{i=1}^{n}(y_i - \bar{y})^2$$

剩余平方和 $$Q = \sum_{i=1}^{n}(y_i - \hat{y}_i)^2$$

回归平方和 $$U = \sum_{i=1}^{n}(\hat{y}_i - \bar{y})^2$$

由散点图可知：

$$y_i - \bar{y} = (y_i - \hat{y}_i) + (\hat{y}_i - \bar{y})$$

则总离差平方和

$$
\begin{aligned}
G &= \sum_{i=1}^{n}(y_i - \bar{y})^2 = \sum_{i=1}^{n}[(y_i - \hat{y}_i) + (\hat{y}_i - \bar{y})]^2 \\
&= \sum_{i=1}^{n}(y_i - \hat{y}_i)^2 + \sum_{i=1}^{n}(\hat{y}_i - \bar{y})^2 + 2\sum_{i=1}^{n}[(y_i - \hat{y}_i)(\hat{y}_i - \bar{y})] \\
&= \sum_{i=1}^{n}(y_i - \hat{y}_i)^2 + \sum_{i=1}^{n}(\hat{y}_i - \bar{y})^2 = Q + U
\end{aligned}
\tag{2-2}
$$

2. 参数最小二乘法确定

使回归直线是一切直线中最接近所有试验点的直线，也就是说以这条直线代表 x 与 y 的关系与观测值的误差最小时的 a、b 参数值，就是所求的最佳值。

为使得观测值与回归方程计算值的偏差为最小，同时消除正负值影响，采用其剩余平方和为最小，即

$$Q = \sum_{i=1}^{n}(y_i - \hat{y}_i)^2 = \sum_{i=1}^{n}(y_i - a - bx_i)^2 = \min \tag{2-3}$$

根据极值原理，要使上式有最小值，则：

$$
\begin{cases}
\dfrac{\partial\theta}{\partial a} = -2\sum_{i=1}^{n}(y_i - a - bx_i) = 0 \\[2mm]
\dfrac{\partial\theta}{\partial b} = -2\sum_{i=1}^{n}(y_i - a - bx_i)x_i = 0
\end{cases}
\tag{2-4}
$$

式(2-4)称为线性回归的正规方程组，解得：

$$a = \bar{y} - b\bar{x}$$

$$b = \frac{\sum (x_i - \bar{x})(y_i - \bar{y})}{\sum (x_i - \bar{x})^2} = \frac{\sum x_i y_i - \bar{y} \sum x_i}{\sum x_i^2 - \bar{x} \sum x_i} = \frac{\sum x_i y_i - n \overline{xy}}{\sum x_i^2 - n \bar{x}^2}$$

其中：
$$\bar{x} = \frac{1}{n} \sum x_i; \qquad \bar{y} = \frac{1}{n} \sum y_i$$

若令
$$L_{xx} = \sum (x_i - \bar{x})^2 = \sum x_i^2 - n \bar{x}^2$$

$$L_{xy} = \sum (x_i - \bar{x})(y_i - \bar{y}) = \sum x_i y_i - n \overline{xy}$$

$$L_{yy} = \sum (y_i - \bar{y})^2 = \sum y_i^2 - n \bar{y}^2$$

则上式可写成：

$$a = \bar{y} - b\bar{x}$$

$$b = \frac{\sum x_i y_i - n \overline{xy}}{\sum x_i^2 - n \bar{x}^2} = \frac{L_{xy}}{L_{xx}} \tag{2-5}$$

二、回归方程显著性检验

在建立回归模型时，我们假定两个变量之间是线性的，再根据最小二乘法原理，确定了回归系数 $\hat{a}$ 和 $\hat{b}$ 的值，那么，若要判定这两个变量之间是否真正是线性的，必须对原来的假定进行显著性检验。回归方程显著性检验就是对两个变量线性关系进行定量的评价，常用的方法有相关系数检验法与 F 检验法两种。

1. 方差分析

由前面分析知，三种离差平方和关系为：

$$G = Q + U$$

式中，G 表示观测点 y_i 与平均值 $\bar{y}$ 离差平方和，它反映了 y_i 的总波动情况，即反映了 y_i 之间所存在的离差。产生这种差异是由两方面因素引起的：一方面是由于 x 与 y 之间的线性相关所引起的，也就是由于变量 x_i 的取值不同引起的；另一方面是由于试验误差和除 x 与 y 线性关系之外一切因素所引起的。

U 表示回归值 $\hat{y}_i$ 与平均值 $\bar{y}$ 离差平方和，它是由于 x 与 y 之间线性相关引起那部分离差，它是由自变量 x 的变化引起的。

Q 表示观测值 y_i 与回归值 $\hat{y}_i$ 的离差平方和，它是在所有类似的直线中与观测点离差平方和最小的一个，也就是说它是除了 x 对 y 的线性变化影响之外的一切其他因素对 y 所产生的变差。

G、U、Q 的计算方法：

$$G = \sum_{i=1}^{n} (y_i - \bar{y})^2 = L_{yy} \tag{2-6}$$

$$U = \sum_{i=1}^{n} (\hat{y}_i - \bar{y})^2 = \sum_{i=1}^{n} (a + bx_i - a - b\bar{x})^2$$

$$= b^2 \sum (x_i - \bar{x})^2 = b^2 L_{xx} = \frac{L_{xy}^2}{L_{xx}} \tag{2-7}$$

$$Q = G - U = L_{yy} - \frac{L_{xy}^2}{L_{xx}} \tag{2-8}$$

2. 相关系数检验法

（1）显然，在总离差平方和一定的条件下，Q 越小，U 越接近 G，变量 x 与 y 之间的线性

关系就越密切,从而比值 U/G 就越接近 1,线性越好,反之线性越差。用 r^2 表示 U/G,即

$$r^2 = \frac{U}{G}$$

$$r = \sqrt{U/G} = \frac{L_{xy}}{\sqrt{L_{xx}L_{yy}}} \qquad (2\text{-}9)$$

称 r 为变量 x 与 y 的相关系数。其绝对值为 $0 \leqslant |r| \leqslant 1$,相关系数的正负号由 L_{xy} 决定,即 r 与 b 同号。$r>0$ 时为正相关;$r<0$ 时为负相关。

(2) 当对回归方程求出相关系数后,查相关系数表进行相关性检验。

查相关系数表时,遇到三个数,一个是变量数;一个是自由度,它等于数据组数减去变量数(如果数据组数为 10,则自由度等于 $10-2=8$);再一个是置信水平(一般取 5% 或 1%),只有当求出的相关系数大于表上相应的数值时,回归的线性方程才有意义。

3. F 检验法

自由度:$f_总 = n - 1$　　　　　　　　n 为观测次数

　　　　$f_回 = m$　　　　　　　　　　m 为回归方程中自变量个数

　　$F_残 = f_总 - f_回 = n - 1 - m$

$$F = \frac{U}{f_回} \Big/ \frac{Q}{f_残} \qquad (2\text{-}10)$$

式中,$f_回$ 为 F 检验的第一自由度;$f_残$ 为 F 检验的第二自由度,根据上式算出的 F 值按 $f_回$、$f_残$ 值的大小,在一定信度水平下查 F 分布表,在所取的信度的 α 的水平下,如果

$$F_计 > F_表$$

则说明回归方程显著,即 x 与 y 的线性关系密切。

三、回归方程的预测精度检验

寻求回归方程的目的是为了通过 x 值来预测 y 值,但是,由于 x 与 y 之间存在的是相关关系,所以由回归方程计算得到的只能是观测值的平均值 $\hat{y}$。那么,要明确实际的 y 值和 $\hat{y}$ 偏差有多大,这就需要对回归方程的预测精度进行检验。

在一元线性回归方程中,x 是确定性变量,y 是服从正态分布的随机变量,并按正态分布规律波动,如果能计算出波动的标准差,则回归方程的预测精度就能估计出来。

由于剩余平方和 Q 是随机因素造成的,它排除了线性关系的影响。

我们把剩余标准离差 σ 作为衡量 y 随机波动大小的一个估计量,即

$$\sigma = \sqrt{\frac{Q}{n-2}} = \sqrt{\frac{\sum (y_i - \hat{y}_i)^2}{n-2}} \qquad (2\text{-}11)$$

若 $x = x_0$,则 y 的取值是以 $\hat{y}_0$ 为中心而对称分布。越靠近 $\hat{y}_0$,出现的概率越大,相反,越远离 $\hat{y}_0$,则出现的概率越小,y_0 与剩余标准差 σ 之间有如下关系:

观测值 y_i 落在 $\hat{y}_0 \pm 0.5\sigma$ 区间内的概率为 38%;

观测值 y_i 落在 $\hat{y} \pm \sigma$ 区间内的概率为 68.3%;

观测值 y_i 落在 $\hat{y} \pm 2\sigma$ 区间内的概率为 95.4%;

观测值 y_i 落在 $\hat{y} \pm 3\sigma$ 区间内的概率为 99.73%;

观测值 y_i 落在 $\hat{y} \pm 4\sigma$ 区间内的概率为 99.99%。

如上所述,σ 越小,则回归方程预测值 $\hat{y}$ 越接近实测值,预测就精确。因此,可以把剩余

标准差 σ 作为预测回归方程精度的标志。

四、一元线性回归算法

1. 计算步骤

计算 $\sum x_i, \sum x_i^2, \sum y_i, \sum y_i^2$；

计算回归方程系数 a, b；

计算建立回归方程后的预测值 $\hat{y_i}$；

计算回归平方和 U 和剩余平方和 Q；

计算相关系数 r、标准离差 σ、F 检验值。

2. 形式参数说明

n——样本数；

x——存放自变量 x_i 的一维数组；

y——存放自变量 y_i 的一维数组；

qq——存放建立回归方程后的预测值 $\hat{y_i}$ 的一维数组；

a, b——一元线性回归方程的两个系数；

U——回归平方和；

Q——剩余平方和；

r——相关系数；

σ——剩余标准离差；

F——F 检验值。

3. 子程序

子程序详见附录程序一。

作业 2-1 根据某选煤厂某年浮沉试验结果(见表 2-1)，建立其灰分与密度的一元线性回归方程，并求密度为 $1.35\ g/cm^3$、$1.4\ g/cm^3$、$1.5\ g/cm^3$、$1.85\ g/cm^3$ 时的灰分值。

表 2-1   **某选煤厂某年浮沉试验结果**

月份 \ 密度/(g/cm³) \ 灰分/%	−1.3	1.3~1.4	1.4~1.5	1.5~1.6	1.6~1.8	+1.8
1	2.93	7.51	17.65	26.35	36.87	79.24
2	2.36	7.01	16.65	26.66	40.64	79.34
3	2.32	6.96	17.14	24.47	38.63	78.65
4	3.77	8.39	18.64	26.23	38.98	80.25
5	2.71	6.84	16.38	26.39	38.32	81.02
6	2.75	6.62	16.71	26.36	38.88	82.96
7	2.55	6.89	16.66	26.11	37.85	80.30
8	2.18	7.09	17.24	26.73	38.24	80.61
9	3.12	7.75	18.13	29.04	39.86	79.58
10	2.76	7.06	16.82	26.33	36.53	80.38
11	2.87	6.89	16.48	25.50	38.06	78.86
12	2.38	6.72	16.89	25.76	38.74	82.06

第三节　一元非线性可化为线性的回归模型

一、模型选配

在实际生产中,常常遇到两个变量之间并不是线性关系,尤其在选矿模型中,一元线性函数并不多,多数为一元非线性函数,即两个变量之间存在着某种曲线关系,在这种情况下,按直线回归方程来求解就不太合适了,即使经检验两变量间有一定程度的线性相关,其直线回归方程精度也不会高,所以应根据两变量之间的曲线关系选配合适的数学表达式;有时对某一曲线可以选配多个数学表达式描述,然后进行检验对比,确定最终模型。

在确定非线性模型形式时可通过以下几步进行:

(1)根据专业知识和经验,确定恰当的曲线函数类型。

例如:选矿过程中,有用成分在尾矿中的采收率 y 与选矿时间 t 之间有负指数关系, $y=ae^{-kt}$;筛分过程中,筛下物累计产率 y 与筛孔尺寸 x 之间有幂函数关系, $y=ax^b$;重选过程中,不同密度级物料在重产物中的分配率可以用 S 形曲线表示;等等。

(2)当根据理论或经验无法确定曲线类型时,可以根据试验点的分布形状与已知的某些典型函数图形进行比较选取。这些曲线函数往往比较复杂,但有些初等函数可通过坐标变换,使它直线化,这时就可以利用线性函数的计算方法,去确定非线性函数的参数。

下面我们给出一些常用的可线性化的非线性初等函数:

(1)双曲线

$$\frac{1}{y}=a+\frac{b}{x} \tag{2-12}$$

令 $y'=\dfrac{1}{y}$, $x'=\dfrac{1}{x}$,则有

$$y'=a+bx'$$

(2)指数函数

$$y=ae^{bx} \tag{2-13}$$

取对数　　　　　　　　　　$\ln y=\ln a+bx$

令 $y'=\ln y$, $a'=\ln a$,则有

$$y'=a'+bx$$

(3)指数函数

$$y=ae^{\frac{b}{x}} \tag{2-14}$$

取对数　　　　　　　　　　$\ln y=\ln a+\dfrac{b}{x}$

令 $y'=\ln y$, $a'=\ln a$, $x'=\dfrac{1}{x}$,则有

$$y'=a'+bx'$$

(4)幂函数

$$y=ax^{\pm b} \tag{2-15}$$

取对数　　　　　　　　　　$\lg y=\lg a\pm b\lg x$

令 $y'=\lg y$, $a'=\lg a$, $x'=\lg x$,则有

$$y' = a' \pm bx'$$

（5）半对数函数

$$y = a + b\lg x$$

令 $x' = \lg x$，则有

$$y = a + bx'$$

（6）S 形曲线函数

$$y = \frac{1}{a + be^{-x}} \tag{2-16}$$

令 $y' = \dfrac{1}{y}$，$x' = e^{-x}$，则有

$$y' = a + bx'$$

实际上，可以线性化的非线性函数形式还有很多，在实际应用中仍可以选配其他形式的函数。

综上所述，对可线性化的非线性函数模型的回归分析可按以下方法进行：

（1）根据经验或将所收集到的数据在坐标系中画出散点图，对比初等函数，初步选定曲线函数形式。

（2）按所选用的函数进行坐标变换，将非线性函数转换成线性函数。

（3）用线性回归计算转换后回归方程系数。

（4）进行反变换，将线性回归方程的回归系数转换成非线性方程的回归系数。

（5）进行统计检验。

由于一元线性回归分析上节已介绍过，所以这里只对一元非线性回归分析的统计检验作一强调。

二、可线性化的非线性回归方程的检验

（1）相关系数计算时，变量应该用经过转换后的变量，只有这样才能检验回归方程的线性相关性，即

$$r = \frac{L_{x'y'}}{\sqrt{L_{x'x'}L_{y'y'}}} \tag{2-17}$$

（2）计算剩余平方和和标准差时，都应该用非线性方程的变量 x 和 y，以便较清楚地反映原方程中 y 的变差大小。

注意：在线性回归分析中，回归系数的估计是以因变量的剩余平方和最小为基础的，所以得到的回归方程是最优的拟合结果，但在曲线化为直线的回归分析中，所求的回归方程是按坐标变换以后的因变量剩余平方和最小为基础的。例如幂函数模型是以 $(\lg y - \lg \hat{y})^2$ 最小为基础的，所以对原来的函数不一定为最优拟合，在这种情况下，要衡量回归方程优劣，往往选配不同类型曲线函数进行计算比较，比较时，主要比较 Q、σ、r 三者任意之一。

子程序详见附录程序二。

例 2-1 根据某矿无烟煤粒度特性资料（见表 2-2），试用线性化回归分析建立其粒度特性模型。

解 （1）根据经验，我们选用高登-安德烈耶夫粒度特性方程和洛辛-拉姆勒粒度特性方程，并进行比较。

表 2-2 某矿无烟煤粒度特性资料

筛孔 x/mm	50	25	13	6	3	0.5
筛上物累计产率 y/%	9.91	18.82	32.32	47.38	63.92	91.44

若以 y 表示筛上产物的累计产率，x 表示筛孔直径，则高登-安德烈耶夫粒度特性方程可表达为：（原方程表达的是负累计关系）

$$(100-y)=Ax^k (\%)$$

式中，A,k 为粒度分布参数。

洛辛-拉姆勒粒度特性方程可表达为：（原方程表达的是正累计关系）

$$y=100e^{-bx^n} (\%)$$

（2）将上述两个粒度特性方程进行坐标变换。

① 高登-安德烈耶夫方程：

取对数 $$\ln(100-y)=\ln A+k\ln x$$

令 $y_1=\ln(100-y)$，$x_1=\ln x$，$a_1=\ln A$，$b_1=k$，则有

$$y_1=a_1+b_1 x_1$$

② 洛辛-拉姆勒方程：

取对数 $$\ln\left(\frac{100}{y}\right)=bx^n$$

$$\ln\ln\left(\frac{100}{y}\right)=\ln b+n\cdot\ln x$$

令 $y_2=\ln\ln\left(\frac{100}{y}\right)$，$x_2=\ln x$，$a_2=\ln b$，$b_2=n$，则有

$$y_2=a_2+b_2 x_2$$

（3）根据坐标变换，将原始数据 (x,y) 变换成相应的 (x_1,y_1) 及 (x_2,y_2) 并计算（见表2-3）。

表 2-3 某矿无烟煤粒度特性及计算表

筛孔 x/mm	筛上物累计产率 y/%	$x_1=x_2$ $=\ln x$	$y_1=$ $\ln(100-y)$	$y_2=$ $\ln\ln\left(\frac{100}{y}\right)$	高登-安德烈耶夫公式		洛辛-拉姆勒公式	
					预报 $\hat{y_1}$	$(\hat{y_1}-y)^2$	预报 $\hat{y_2}$	$(\hat{y_2}-y)^2$
50	9.91	3.912	4.500 8	0.838 0	−19.857	886.056	6.477	11.783
25	18.82	3.219	4.396 7	0.513 0	15.834	8.917	18.549	0.073
13	32.32	2.565	4.214 8	0.121 8	39.703	54.503	34.440	4.496
6	47.38	1.792	3.963 1	−0.291 7	59.351	143.316	53.772	40.862
3	63.92	1.099	3.585 7	−0.804 0	71.456	56.787	68.256	18.799
0.5	91.44	−0.693	2.147 1	−2.413 7	88.554	8.330	89.677	3.108
求和	—	—	—	—	—	1 157.909	—	79.121

$$L_{x_1x_1}=13.566\ 37 \qquad L_{x_2x_2}=12.566\ 37$$
$$L_{y_1y_1}=3.823\ 82 \qquad L_{y_2y_2}=6.846\ 41$$
$$L_{x_1y_1}=6.912\ 23 \qquad L_{x_2y_2}=9.545\ 61$$

求得 $a_1 = 2.791\ 34$ $a_2 = -1.734\ 25$

                        $b_1 = 0.509\ 51$ $b_2 = 0.703\ 62$

（4）反变换。

① 对高登-安德烈耶夫方程：

$$\left. \begin{array}{l} A = \ln^{-1} a_1 = e^{a_1} = 16.302\ 91 \\ k = b_1 = 0.509\ 51 \end{array} \right\} \Rightarrow \hat{y}_1 = 100 - 16.30 x^{0.51} (\%)$$

② 洛辛-拉姆勒方程：

$$\left. \begin{array}{l} b = \ln^{-1} a_2 = e^{a_2} = 0.176\ 53 \\ n = b_2 = 0.703\ 62 \end{array} \right\} \Rightarrow \hat{y}_2 = 100 e^{-0.177 x^{0.70}} (\%)$$

（5）检验精度。

为了检验两方程的拟合精度，可以对 Q、σ、r 三者任意之一进行比较。

① 相关系数：

$$r_1 = \frac{L_{x_1 y_1}}{\sqrt{L_{x_1 x_1} L_{y_1 y_1}}} = 0.959\ 71$$

$$r_2 = \frac{L_{x_2 y_2}}{\sqrt{L_{x_2 x_2} L_{y_2 y_2}}} = 0.990\ 47$$

② 剩余平方和：

$$Q_1 = \sum (y - \hat{y}_1)^2 = 1\ 157.909$$

$$Q_2 = \sum (y - \hat{y}_2)^2 = 79.121$$

③ 剩余标准离差：

$$\sigma_1 = \sqrt{\frac{Q_1}{n-2}} = 17.01$$

$$\sigma_2 = \sqrt{\frac{Q_2}{n-2}} = 4.45$$

因此，可以得出洛辛-拉姆勒方程拟合效果比高登-安德烈耶夫方程好。

第四节　多元线性回归模型

在选矿过程中，由于影响因变量的因素不止一个，往往有许多个，这时要寻找变量之间的关系，往往采用多元线性回归分析，其原理与一元线性回归分析相同，只是计算复杂些。

二元线性回归是多元线性回归中最简单的一种，下面我们以二元线性回归为例来说明多元线性回归的方法。

一、二元线性回归分析

二元线性回归的模型为：

$$\hat{y} = b_0 + b_1 x_1 + b_2 x_2 \tag{2-18}$$

式中，b_0 为常数；b_1，b_2 为自变量 x_1，x_2 的回归系数。

n 组观测数据 x_{1i}，x_{2i}，y_i，利用最小二乘法求出回归方程的待定常数的最佳值。

欲使 b_0，b_1，b_2 有最佳值，必使剩余平方和 Q 最小，即

$$Q = \sum_{i=1}^{n} (y_i - \hat{y}_i)^2 = \sum_{i=1}^{n} (y_i - b_0 - b_1 x_{1i} - b_2 x_{2i})^2 \tag{2-19}$$

由极值原理，有

$$\begin{cases} \dfrac{\partial Q}{\partial b_0} = -2\sum_{i=1}^{n}(y_i - b_0 - b_1 x_{1i} - b_2 x_{2i}) = 0 \\[2mm] \dfrac{\partial Q}{\partial b_1} = -2\sum_{i=1}^{n}(y_i - b_0 - b_1 x_{1i} - b_2 x_{2i})x_{1i} = 0 \\[2mm] \dfrac{\partial Q}{\partial b_2} = -2\sum_{i=1}^{n}(y_i - b_0 - b_1 x_{1i} - b_2 x_{2i})x_{2i} = 0 \end{cases} \tag{2-20}$$

经整理后可得到关于 b_0, b_1, b_2 的一个线性正规方程组,即

$$\begin{cases} nb_0 + b_1\sum x_{1i} + b_2\sum x_{2i} = \sum y_i \\[2mm] b_0\sum x_{1i} + b_1\sum x_{1i}^2 + b_2\sum x_{1i}x_{2i} = \sum y_i x_{1i} \\[2mm] b_0\sum x_{2i} + b_1\sum x_{1i}x_{2i} + b_2\sum x_{2i}^2 = \sum y_i x_{2i} \end{cases} \tag{2-21}$$

为了便于记忆和求解,我们将正规方程组形式进行改变。

由第一个方程可得:

$$b_0 = \bar{y} - b_1\bar{x}_i - b_2\bar{x}_2 \tag{2-22}$$

其中: $\bar{x}_i = \dfrac{1}{n}\sum x_{1i}, \bar{x}_2 = \dfrac{1}{n}\sum x_{2i}, \bar{y} = \dfrac{1}{n}\sum y_i$。

把上式代入后两个方程,经整理可得:

$$\begin{cases} b_1\sum_{i}^{n}(x_{1i}-\bar{x}_1)^2 + b_2\sum(x_{1i}-\bar{x}_1)(x_{2i}-\bar{x}_2) = \sum(x_{1i}-\bar{x}_1)(y_1-\bar{y}) \\[2mm] b_1\sum(x_{1i}-\bar{x}_1)(x_{2i}-\bar{x}_2) + b_2\sum(x_{2i}-\bar{x}_2)^2 = \sum(x_{2i}-\bar{x}_2)(y_i-\bar{y}) \end{cases} \tag{2-23}$$

令

$$L_{11} = \sum(x_{1i}-\bar{x}_1)^2$$

$$L_{22} = \sum(x_{2i}-\bar{x}_2)^2$$

$$L_{1y} = \sum(x_{1i}-\bar{x}_1)(y_i-\bar{y})$$

$$L_{2y} = \sum(x_{2i}-\bar{x}_2)(y_i-\bar{y})$$

$$L_{12} = L_{21} = \sum(x_{1i}-\bar{x}_1)(x_{2i}-\bar{x}_2)$$

即

$$\begin{cases} L_{11}b_1 + L_{12}b_2 = L_{1y} \\ L_{21}b_1 + L_{22}b_2 = L_{2y} \end{cases} \tag{2-24}$$

解上式得到参数 b_1, b_2,则

$$b_0 = \bar{y} - b_1\bar{x}_1 - b_2\bar{x}_2$$

从而可得二元线性回归方程

$$\hat{y} = b_0 + b_1 x_1 + b_2 x_2$$

推论 我们可以由二元线性回归正规方程推导出多元线性回归的正规方程。

设自变量个数为 p,则多元线性回归方程可表示为:

$$\hat{y} = b_0 + b_1 x_1 + b_2 x_2 + \cdots + b_p x_p \tag{2-25}$$

其中 $b_0, b_1, b_2, \cdots, b_p$ 为方程的回归系数。

由二元线性回归正规方程可推出多元线性回归正规方程,即

$$\begin{cases} L_{11}b_1 + L_{12}b_2 + \cdots + L_{1p}b_p = L_{1y} \\ L_{21}b_1 + L_{22}b_2 + \cdots + L_{2p}b_p = L_{2y} \\ \quad\vdots \qquad\qquad\qquad\qquad\qquad \vdots \\ L_{p1}b_1 + L_{p2}b_2 + \cdots + L_{pp}b_p = L_{py} \end{cases} \quad (2\text{-}26)$$

其中：

$$L_{jk} = \sum_i (x_{ij} - \bar{x}_j)(x_{ik} - \bar{x}_k) = \sum_i x_{ij}x_{ik} - \frac{1}{n}\left(\sum_i x_{ij}\right)\left(\sum_i x_{ik}\right)$$

$$L_{ky} = \sum_i (x_{ik} - \bar{x}_k)(y_i - \bar{y}) = \sum_i x_{ik}y_i - \frac{1}{n}\left(\sum_i x_{ik}\right)\left(\sum_i y_i\right)$$

$$j, k = 1, 2, \cdots, p$$

同样 $\qquad\qquad b_0 = \bar{y} - b_1\bar{x}_1 - b_2\bar{x}_2 - \cdots - b_p\bar{x}_p$

对于多元线性回归的正规方程的求解就不像二元线性正规方程求解那么容易，为了便于多元线性回归正规方程的计算，我们可以把多元线性回归正规方程用矩阵形式表示。

若令 $\qquad L = \begin{vmatrix} L_{11} & L_{12} & \cdots & L_{1p} \\ L_{21} & L_{22} & \cdots & L_{2p} \\ \vdots & \vdots & & \vdots \\ L_{p1} & L_{p2} & \cdots & L_{pp} \end{vmatrix} \quad B = \begin{vmatrix} b_1 \\ b_2 \\ \vdots \\ b_p \end{vmatrix} \quad F = \begin{vmatrix} L_{1y} \\ L_{2y} \\ \vdots \\ L_{py} \end{vmatrix}$

则有： $\qquad\qquad\qquad\qquad LB = F \qquad\qquad\qquad\qquad (2\text{-}27)$

对于上述正规方程通常有两种求解方法，即高斯消元法和求逆矩阵方法，这里主要介绍高斯消元法。

二、高斯消元法求解正规方程组

1. 高斯消元法

高斯消元法的思想就是通过对正规方程组的增广矩阵进行初等变换，使之成为上三角矩阵，然后通过回代求得方程组解。

首先通过一个例子加以说明：

$$\begin{cases} x_1 + x_2 + x_3 = 6 & ① \\ 4x_2 - x_3 = 5 & ② \\ 2x_1 - 2x_2 + x_3 = 1 & ③ \end{cases}$$

第一步：①式×(−2)＋③式得：

$$-4x_2 - x_3 = -11 \qquad\qquad ④$$

第二步：②式＋④式得：

$$-2x_3 = -6 \qquad\qquad ⑤$$

这样就得到一个等价于原方程组的三角形方程组。

$$\begin{cases} x_1 + x_2 + x_3 = 6 \\ 4x_2 - x_3 = 5 \\ -2x_3 = -6 \end{cases}$$

显然该方程组的解是容易求得的，即 $(1,2,3)^T$。上述过程相当于：

$$(A/b) = \begin{bmatrix} 1 & 1 & 1 & \vdots & 6 \\ 0 & 4 & -1 & \vdots & 5 \\ 2 & -2 & 1 & \vdots & 1 \end{bmatrix} \rightarrow \begin{bmatrix} 1 & 1 & 1 & \vdots & 6 \\ 0 & 4 & -1 & \vdots & 5 \\ 0 & -4 & -1 & \vdots & -11 \end{bmatrix} \rightarrow \begin{bmatrix} 1 & 1 & 1 & \vdots & 6 \\ 0 & 4 & -1 & \vdots & 5 \\ 0 & 0 & -2 & \vdots & -6 \end{bmatrix}$$

2. 列主元高斯消元法

（1）思想

由高斯消元法可以想到,在消元过程中可能出现 $a_{kk}=0$ 的情况,这时消元法将无法进行,即使主元素 $a_{kk}^{(k)}\neq0$,但很小时,用其作除数,会导致其他元素数量级的严重增长和舍入误差的扩散,最后使得计算结果不可靠,为此,我们采用列主元消元法。

（2）方法

所谓列主元消元法,是在高斯消元过程中,第 k 步($k=1,2,\cdots,n-1$)增加选主元操作,即在第 k 列中,从 $a_{kk}^{(k-1)},a_{k+1,k}^{(k-1)},\cdots,a_{nk}^{(k-1)}$ 中选出绝对值最大者,经过行交换,把绝对值最大的元素所在行的元素交换到 a_{kk} 的单元中,然后做高斯消元过程的第 k 步,使得第 k 列的主对角线以下的 $n-k$ 个元素为 0,回代过程与高斯消元法的回代过程相同。

（3）算法

① 消元过程

对于 $k=1,2,\cdots,n-1$,假设已做了第 $(k-1)$ 步消元,接下来做第 k 步消元：

$$(A/b)\to[A^{(k-1)}/b^{(k-1)}]=\begin{bmatrix} a_{11}^{(1)} & a_{12}^{(1)} & & \cdots & a_{1n}^{(1)} & b_1^{(1)} \\ & a_{22}^{(2)} & & \cdots & a_{2n}^{(2)} & b_2^{(2)} \\ & & \ddots & \cdots & \vdots & \vdots \\ & & & a_{kk}^{(k-1)} & \cdots & a_{kn}^{(k-1)} & b_k^{(k-1)} \\ & & & \vdots & & \vdots & \vdots \\ & & & a_{nk}^{(k-1)} & \cdots & a_{nn}^{(k-1)} & b_n^{(k-1)} \end{bmatrix} \tag{2-28}$$

第一步：按列法主元：$w\Leftarrow a_{kk}^{(k-1)}$(初始最大值)；$t\Leftarrow k$(初始最大值行)。

若 $|a_{ik}^{(k-1)}|>|w|$,则 $w\Leftarrow a_{ik}^{(k-1)}$(最大值)；$t\Leftarrow i$(最大值行),$i=k+1,k+2,\cdots,n$。

第二步：判断,若 $w=0$ 说明方程的系数矩阵是奇异阵,则终止计算,否则转第三步。

第三步：行交换,若 $t\neq k$ 则 $u\Leftarrow a_{kj}^{(k-1)}$；$a_{kj}^{(k-1)}\Leftarrow a_{ij}^{(k-1)}$；$a_{tj}^{(k-1)}\Leftarrow u,j=k,k+1,\cdots,n+1$｛增广矩阵｝；否则直接转入第四步。

第四步：计算（消元）

$$a_{ij}^{(k)}\Leftarrow a_{ij}^{(k-1)}+a_{kj}^{(k-1)}\cdot\left(-\frac{a_{ik}^{(k-1)}}{a_{kk}^{(k-1)}}\right) \tag{2-29}$$

$$(i=k+1,k+2,\cdots,n;j=k,k+1,\cdots,n+1)$$

② 回代计算（已消为上三角阵）

$$x_n=a_{n,n+1}^{(n-1)}/a_{n,n}^{(n-1)} \tag{2-30}$$

$$x_k=\left[a_{k,n+1}^{(n-1)}-\sum_{j=k+1}^n a_{kj}^{(n-1)}x_j\right]\Big/a_{kk}^{(n-1)} \quad(k=n-1,\cdots,1) \tag{2-31}$$

$$(A/b)\to[A^{(k)}/b^{(k)}]=\begin{bmatrix} a_{11}^{(1)} & a_{12}^{(1)} & & \cdots & a_{1n}^{(1)} & b_1^{(1)} \\ & a_{22}^{(2)} & & \cdots & a_{2n}^{(2)} & b_2^{(2)} \\ & & \ddots & \cdots & \vdots & \vdots \\ & & & a_{kk}^{(k)} & \cdots & a_{kn}^{(k)} & b_k^{(k)} \\ & & & \vdots & & \vdots & \vdots \\ & & & a_{nk}^{(k)} & \cdots & a_{nn}^{(k)} & b_n^{(k)} \end{bmatrix} \tag{2-32}$$

（4）程序

子程序详见附录程序三。

3. 高斯-约当消元法

（1）思想

高斯消元法是将方程组系数矩阵化为上三角阵形式,再经过回代求出方程组的解。其实回代过程也可以放在消元过程来实现,即消元过程中把主对角线上方的元素也化为零,使系数矩阵化为一个对角矩阵,即

$$\begin{bmatrix} a_{11}^{(n)} & & & 0 \\ & a_{22}^{(n)} & & \\ & & \ddots & \\ 0 & & & a_{nn}^{(n)} \end{bmatrix} \begin{vmatrix} b_1 \\ b_2 \\ \vdots \\ b_n \end{vmatrix}$$

这时方程组的解是:

$$x_k = bk / a_{kk}^{(k)} \quad (k = 1, 2, \cdots, n) \tag{2-33}$$

这种消元法称为高斯-约当消元法。

（2）求逆矩阵的高斯-约当消元法

高斯-约当消元法是将矩阵 A 化为对角阵,进而化为单位阵 E。根据线性代数知识,将 A 化为单位阵的一系列初等变换时,依次施予单位阵 E,则可将 E 化为 A^{-1}。

（3）不选主元的高斯-约当消元法求逆矩阵计算步骤

当 $k = 1, 2, \cdots, n$ 时,对增广矩阵 $(A | E)$ 做如下操作:

第一步:计算 k 列元素

$$v \Leftarrow 1 / a_{kk}; a_{kk} \Leftarrow v; a_{ik} \Leftarrow -v \cdot a_{ik} \quad (i \neq k)$$

第二步:计算除第 k 列、第 k 行以外的其余元素

$$a_{ij} \Leftarrow a_{ij} + a_{ik} a_{kj} \quad (i, j \neq k)$$

第三步:计算第 k 行其余元素

$$a_{kj} \Leftarrow v \cdot a_{kj} \quad (j \neq k)$$

（4）选主元的高斯-约当消元法求逆矩阵计算步骤

① 当 $k = 1, 2, \cdots, n$ 时,对增广矩阵 $(A | E)$ 做如下操作:

第一步:选主元:

$$w \Leftarrow a_{kk}; I_0 \Leftarrow k$$

对于 $j = k+1, k+2, \cdots, n$,若 $|a_{jk}| > |w|$,则 $w \Leftarrow a_{jk}; I_0 \Leftarrow j$。

第二步:把第 k 行与第 I_0 行交换:

若 $I_0 \neq k$,则记下所交换行行号 $T_k \Leftarrow I_0$;并对于 $j = 1, 2, \cdots, n$,做

$$u \Leftarrow a_{kj}; a_{kj} \Leftarrow a_{I_0 j}; a_{I_0 j} \Leftarrow u$$

否则直接转第三步。

第三步:计算第 k 列元素:

$$v \Leftarrow 1 / a_{kk}; a_{kk} \Leftarrow v; a_{ik} \Leftarrow -v \cdot a_{ik} (i \neq k)$$

第四步:计算除第 k 列、第 k 行以外其余元素:

$$a_{kj} \Leftarrow v \cdot a_{kj} \quad (j \neq k)$$

② 当 $k = n-1, n-2, \cdots, 1$ 时,做列交换:

若 $T_k \neq k$，则对于 $i=1,2,\cdots,n$，做

$$v \Leftarrow a_{iT_k} ; a_{iT_k} \Leftarrow a_{ik} ; a_{ik} \Leftarrow v$$

③ 写出 A^{-1}。

（5）程序

子程序详见附录程序四。

三、多元线性回归的矩阵格式

1. 矩阵运算法则和正规方程的矩阵格式

（1）对于二元正规方程组

$$\begin{cases} L_{11}b_1 + L_{12}b_2 = L_{1y} \\ L_{21}b_1 + L_{22}b_2 = L_{2y} \end{cases} \tag{2-34}$$

若用矩阵 L、B、Ly 分别表示其方程系数矩阵、未知数矩阵和观测值 y 矩阵，则：

$$L = \begin{bmatrix} L_{11} & L_{12} \\ L_{21} & L_{22} \end{bmatrix} \qquad B = \begin{bmatrix} b_1 \\ b_2 \end{bmatrix} \qquad Ly = \begin{bmatrix} L_{1y} \\ L_{2y} \end{bmatrix}$$

L 称为二维方阵，B、Ly 称为 2×1 维矩阵列向量。

（2）矩阵乘法

若矩阵 A 为 m 行 n 列，B 为 n 行 s 列，则其积矩阵 C 为 m 行 s 列。积矩阵 C 中的各元素 C_{ik} 可以表示为：

$$C_{ik} = \sum_{j=1}^{n} a_{ij}b_{jk} \quad (i = 1,\cdots,m, k = 1,\cdots,s) \tag{2-35}$$

例如：
$$A = \begin{bmatrix} 2 & 2 & 4 \\ 3 & 2 & 5 \\ 1 & 0 & 0 \end{bmatrix} \qquad B = \begin{bmatrix} 4 & 0 \\ 2 & 3 \\ 1 & 2 \end{bmatrix}$$

则
$$C = AB = \begin{bmatrix} 18 & 17 \\ 21 & 16 \\ 10 & 12 \end{bmatrix} \tag{2-36}$$

显然，只有当 A 的列数与 B 的行数相等时，A 与 B 才能相乘。

（3）矩阵相等

当两矩阵的行数、列数相等且对应元素均相等时，称这两个矩阵相等。

根据矩阵的乘法法则和矩阵相等的概念，正规方程组可以表示成矩阵运算形式：

$$\begin{bmatrix} L_{11} & L_{12} \\ L_{21} & L_{22} \end{bmatrix} \begin{bmatrix} b_1 \\ b_2 \end{bmatrix} = \begin{bmatrix} L_{1y} \\ L_{2y} \end{bmatrix} \tag{2-37}$$

把上式按乘法展开后就是原正规方程组。在多维情况下，采用矩阵形式表示正规方程组非常简明，通常表示为：

$$LB = Ly \Rightarrow \begin{bmatrix} L_{11} & L_{12} & \cdots & L_{1p} \\ L_{21} & L_{22} & \cdots & L_{2p} \\ \vdots & \vdots & & \vdots \\ L_{p1} & L_{p2} & \cdots & L_{pp} \end{bmatrix} \begin{bmatrix} b_1 \\ b_2 \\ \vdots \\ b_p \end{bmatrix} = \begin{bmatrix} L_{1y} \\ L_{2y} \\ \vdots \\ L_{py} \end{bmatrix} \tag{2-38}$$

这就是正规方程的矩阵表示。下面介绍正规方程组的解法。

（4）利用实测数据建立正规方程组矩阵方法

设有 m 个自变量 $x_1, x_2, \cdots, x_m$，因变量为 $y_1, y_2, \cdots, y_n$，共有 n 次观测值，那么自变量和全部观测值可以用 $n \times m$ 维矩阵表示，并记为 x。

$$x = \begin{pmatrix} x_{11} & x_{12} & \cdots & x_{1m} \\ x_{21} & x_{22} & \cdots & x_{2m} \\ \vdots & \vdots & & \vdots \\ x_{n1} & x_{n2} & \cdots & x_{nm} \end{pmatrix}$$

而因变量 y 的观测值可以用 $(n \times 1)$ 维列向量表示，并记为：

$$y = \begin{pmatrix} y_1 \\ y_2 \\ \vdots \\ y_n \end{pmatrix}$$

现在把矩阵 x 的行换成列，则转换后的矩阵称为 x 的转置矩阵，并记为 x^{T}。

x^{T} 与 x 相乘的结果为：

$$
x^{\mathrm{T}} x = \begin{pmatrix} x_{11} & x_{21} & \cdots & x_{n1} \\ x_{12} & x_{22} & \cdots & x_{n2} \\ \vdots & \vdots & \vdots & \vdots \\ x_{1m} & x_{2m} & \cdots & x_{nm} \end{pmatrix} \begin{pmatrix} x_{11} & x_{12} & \cdots & x_{1m} \\ x_{21} & x_{22} & \cdots & x_{2m} \\ \vdots & \vdots & & \vdots \\ x_{n1} & x_{n2} & \cdots & x_{nm} \end{pmatrix}
$$

$$
= \begin{pmatrix} \sum x_{i1}^2 & \sum x_{i1} x_{i2} & \cdots & \sum x_{ij} x_{im} \\ \sum x_{i2} x_{i1} & \sum x_{i2}^2 & \cdots & \sum x_{i2} x_{im} \\ \vdots & \vdots & & \vdots \\ \sum x_{im} \cdot x_{i1} & \sum x_{im} \cdot x_{i2} & \cdots & \sum x_{im}^2 \end{pmatrix} \tag{2-39}
$$

这个矩阵是一个 $m \times m$ 维方阵，恰好是多元回归方程 $y = b_1 x_1 + b_2 x_2 + b_3 x_3 + \cdots + b_m x_m$ 的正规方程组系数矩阵 L，这里 L 可表示成：

$$L = x^{\mathrm{T}} x \tag{2-40}$$

若要表示 $y = b_0 + b_1 x_1 + b_2 x_2 + \cdots + b_m x_m$ 的正规方程组系数矩阵 L，只要对自变量的实测数据所组成的矩阵中增加一维元素为 1 的列向量，则 x^{T} 就等于增加一维元素为 1 的行向量，即：

$$
L = x^{\mathrm{T}} x = \begin{pmatrix} 1 & 1 & 1 & \cdots & 1 \\ x_{11} & x_{21} & x_{31} & \cdots & x_{n1} \\ x_{12} & x_{22} & x_{32} & \cdots & x_{n2} \\ \vdots & \vdots & \vdots & & \vdots \\ x_{1m} & x_{2m} & x_{3m} & \cdots & x_{nm} \end{pmatrix} \begin{pmatrix} 1 & x_{11} & x_{12} & \cdots & x_{1m} \\ 1 & x_{21} & x_{22} & \cdots & x_{2m} \\ 1 & x_{31} & x_{32} & \cdots & x_{3m} \\ \vdots & \vdots & \vdots & & \vdots \\ 1 & x_{n1} & x_{n2} & \cdots & x_{nm} \end{pmatrix}
$$

$$
= \begin{pmatrix} N & \sum x_{i1} & \sum x_{i2} & \cdots & \sum x_{im} \\ \sum x_{i1} & \sum x_{i1}^2 & \sum x_{i1} \cdot x_{i2} & \cdots & \sum x_{i1} x_{im} \\ \sum x_{i2} & \sum x_{i1} x_{i2} & \sum x_{i2}^2 & \cdots & \sum x_{i2} \cdot x_{im} \\ \vdots & \vdots & \vdots & & \vdots \\ \sum x_{im} & \sum x_{im} x_{i1} & \sum x_{im} x_{i2} & \cdots & \sum x_{im}^2 \end{pmatrix} \tag{2-41}
$$

同样把矩阵 x^T 与列向量 y 相乘,则有

$$x^T y = \begin{bmatrix} \sum y_i \\ \sum x_{i1} y_i \\ \sum x_{i2} y_i \\ \vdots \\ \sum x_{im} y_i \end{bmatrix} \qquad (2\text{-}42)$$

它恰好是 $y=b_0+b_1 x_1+b_2 x_2+\cdots+b_m x_m$ 多元回归方程的正规方程组右端项:

$$Ly = x^T y \qquad (2\text{-}43)$$

因此,通过对观测值的矩阵运算,可以很容易地得到正规方程组的矩阵形式,即

$$x^T x B = x^T y \Rightarrow L \cdot B = Ly \qquad (2\text{-}44)$$

上式只有列向量 B 为待定回归系数。

由于在方阵 L 的行列式 $|L|\neq 0$ 的条件下,L 的逆矩阵 L^{-1} 存在,则

$$L^{-1} \cdot L \cdot B = L^{-1} Ly$$

即

$$B = (x^T x)^{-1} \cdot x^T y \qquad (2\text{-}45)$$

因此,对回归系数 B 的求解就归结为求解正规方程组系数矩阵的逆矩阵 L^{-1}。

2. 系数矩阵 L 的求逆

现以二维方阵 $L = \begin{bmatrix} L_{11} & L_{12} \\ L_{21} & L_{22} \end{bmatrix}$ 为例。

假设其逆矩阵为 $L^{-1} = \begin{bmatrix} C_{11} & C_{12} \\ C_{21} & C_{22} \end{bmatrix}$,则应满足 $L \cdot L^{-1} = I$,即

$$\begin{bmatrix} L_{11} & L_{12} \\ L_{21} & L_{22} \end{bmatrix} \begin{bmatrix} C_{11} & C_{12} \\ C_{21} & C_{22} \end{bmatrix} = \begin{pmatrix} 1 & 0 \\ 0 & 1 \end{pmatrix} \qquad (2\text{-}46)$$

按矩阵乘法法则及矩阵相等定义,上式可展开成两个方程组。

$$\begin{cases} L_{11} C_{11} + L_{12} C_{21} = 1 \\ L_{21} C_{11} + L_{22} C_{21} = 0 \end{cases} \qquad (2\text{-}47)$$

$$\begin{cases} L_{11} C_{12} + L_{12} C_{22} = 0 \\ L_{21} C_{12} + L_{22} C_{22} = 1 \end{cases} \qquad (2\text{-}48)$$

对于上述两个方程组可以分别用消元法求得逆矩阵元素 C_{ij},由于上述两个方程组的系数矩阵 L 完全相同,为此,只需把系数矩阵的右端项用二维单位矩阵代替。

$$\begin{bmatrix} L_{11} & L_{12} & \vdots & 1 & 0 \\ L_{21} & L_{22} & \vdots & 0 & 1 \end{bmatrix}$$

在消元过程中,当左端变成单位阵时,右端即成为逆矩阵。

$$\begin{bmatrix} 1 & 0 & \vdots & C_{11} & C_{12} \\ 0 & 1 & \vdots & C_{21} & C_{22} \end{bmatrix}$$

因此上面方程组求的正是未知数 C_{ij}。

对于更多维的正规方程组,可以用相同的方法求得其逆矩阵。因此,只需把系数矩阵的右端项用相应维数的单位矩阵代替。

$$\begin{bmatrix} L_{11} & L_{12} & \cdots & L_{1m} & 1 & 0 & \cdots & 0 \\ L_{21} & L_{22} & \cdots & L_{2m} & 0 & 1 & \cdots & 0 \\ \vdots & \vdots & \vdots & \vdots & \vdots & \vdots & \vdots & \vdots \\ L_{m1} & L_{m2} & \cdots & L_{mn} & 0 & 0 & \cdots & 1 \end{bmatrix} \rightarrow \begin{bmatrix} 1 & 0 & \cdots & 0 & C_{11} & C_{12} & \cdots & C_{1m} \\ 0 & 1 & \cdots & 0 & C_{21} & C_{22} & \cdots & C_{2m} \\ \vdots & \vdots & \vdots & \vdots & \vdots & \vdots & \vdots & \vdots \\ 0 & 0 & \cdots & 1 & C_{m1} & C_{m2} & \cdots & C_{mn} \end{bmatrix}$$

上述方法是高斯消元法的一种改进,称为高斯-约当消元法,下面我们介绍利用这种方法求逆矩阵。

设利用高斯-约当消元法已完成$(k-1)$步,正规方程组的增广矩阵变换为上述形式,下面进行第k步计算:

$$k = 1, 2, \cdots, m$$

(1) 按列选主元素,即确定i_k使

$$|L_{i_k, k}| = \max_{k \leqslant i \leqslant m} |L_{i_k}|$$

(2) 换行(当$i_k \neq k$),交换(L, I_m)矩阵中第k行与第i_k行元素,即:

$$L_{kj} \longleftrightarrow L_{i_k, j}; C_{kj} \longleftrightarrow C_{i_k, j}$$

(3) 消元计算:

$$C'_{ij} = \begin{cases} C_{kj}/L_{kk} & \text{当} i = k \text{ 时} \\ C_{ij} - C_{kj} \cdot L_{ik}/L_{kk} & \text{当} i \neq k \text{ 时} \end{cases}$$

分析:

① 上式中当对k列$(j=k)$消元时,C_{kk}初始状态必定为1,所以对于$i=k$、$j=k$情况,则有:

$$C'_{kk} = 1/L_{kk}$$

② 而对逆矩阵中k列$(j=k)$的其他元素$C_{ik}(i \neq k)$,其初始状态必定为0,所以,对于$i \neq k$、$j=k$的情况,则有:

$$C'_{ik} = 0 - C_{kj} \cdot L_{ik}/L_{kk} = 0 - C_{kk} \cdot L_{ik}/L_{kk} = 0 - L_{ik}/L_{kk}$$

此时

$$C_{kj} = C_{kk} = 1$$

因此对多元线性正规方程$L \cdot B = Ly$,若求得L^{-1},则

$$L^{-1} \cdot L \cdot B = L^{-1} \cdot Ly \Rightarrow B = L^{-1} \cdot Ly$$

四、多元线性回归方程的显著性检验

1. 复相关系数法

在多元线性回归中,回归平方和U与离差平方和G之比的方根称为复相关系数。

(1) 总离差平方和$G = Q + U$

计算公式:

$$G = \sum (y_i - \bar{y})^2 = \sum (y_i)^2 - \frac{1}{n} \left(\sum y_i \right)^2 = \sum y_i^2 - n\bar{y}^2 \tag{2-49}$$

总自由度$f = n - 1$。

G的大小反映了数据y_i的总波动。

(2) 回归平方和U

U反映了因素x_i对变量y的线性关系密切程度。

一元线性回归中:

$$U = \sum_{i=1}^{n} (\hat{y}_i - \bar{y})^2 = bL_{xy} \tag{2-50}$$

其中：$L_{xy} = \sum (x_i - \bar{x})(y_i - \bar{y})$

$$U = \sum (\hat{y}_i - \bar{y})^2 = \sum [(a + bx_i) - (a + b\bar{x})]^2$$

$$= \sum [b(x_i - \bar{x})]^2 = b^2 \sum (x_i - \bar{x})^2$$

$$= b^2 L_{xx} = b \cdot b \cdot L_{xx} = b \cdot \frac{L_{xy}}{L_{xx}} \cdot L_{xx} = bL_{xy}$$

对于多元线性回归：

计算公式：

$$U = \sum_{i=1}^{n} (\hat{y}_i - \bar{y})^2 = \sum_{j=1}^{p} b_j L_{jy} \tag{2-51}$$

式中，b_j 为 x_j 的回归系数；L_{jy} 按下式计算：

$$L_{jy} = \sum (x_{ij} - \bar{x}_j)(y_i - \bar{y}) \quad (j = 1, 2, \cdots, p)$$

证明　$y = b_0 + b_1 x_1 + \cdots + b_p x_p$

$$U = \sum_{i=1}^{n} (\hat{y}_i - \bar{y})^2 = \sum_{i=1}^{n} [(b_0 + b_1 x_{1i} + \cdots + b_p x_{pi}) - (b_0 + b_1 \bar{x}_1 + \cdots + b_p \bar{x}_p)]^2$$

$$= \sum_{i=1}^{n} [b_1(x_{1i} - \bar{x}_1) + b_2(x_{2i} - \bar{x}_2) + \cdots + b_p(x_{pi} - \bar{x}_p)]^2$$

$$= \sum_{i=1}^{n} \Big[\sum_{j=1}^{p} b_j (x_{ji} - \bar{x}_j) \Big]^2 = \sum_{\substack{j=1 \\ f=1}}^{p} b_j b_f \sum_{i=1}^{n} (x_{ji} - \bar{x}_j)(x_{fi} - \bar{x}_f)$$

$$= \sum_{\substack{j=1 \\ f=1}}^{p} b_j b_f L_{jf} = \sum_{j=1}^{p} b_j L_{jy}$$

回归自由度 $f_{回} = p$（自变量个数为 p 个）。

（3）剩余平方和 Q

$$Q = G - U \tag{2-52}$$

$$f_{剩} = n - p - 1 \tag{2-53}$$

G 一定的情况下，Q 越小，U 越大，则说明回归效果越好。

由此可导出复相关系数：

$$r = \sqrt{\frac{U}{G}} = \sqrt{\frac{G-Q}{G}} = \sqrt{1 - \frac{Q}{G}} \tag{2-54}$$

2. F 检验法（在多元线性回归中常用）

$$F = \frac{U/p}{Q/(n-p-1)} \tag{2-55}$$

3. 剩余标准离差

估计回归方程的精度仍用剩余标准离差

$$\sigma = \sqrt{\frac{Q}{n-p-1}} \tag{2-56}$$

服从第一自由度为 p、第二自由度为 $n-p-1$ 的 F 分布。

对于给定置信度 α，相应的自由度 p 和 $n-p-1$，可查 F 分布表，从而得到对应的临界值 F_α，若 $F>F_\alpha$，则认为 y 与 x 存在线性关系。

4. 偏回归平方和的显著性检验

在处理多元回归的实际问题中，往往不满足于仅仅判断回归方程是否显著，因为回归方程显著，并不意味着每个自变量对 y 的影响都显著，其中有些次要的自变量是可有可无的，为了剔除这些次要自变量，建立既简单又不失准确性的回归方程，往往还要进行回归系数的显著性检验。

因为 $G=U+Q$，当 G 一定时，U 越大，则 Q 越小。

回归平方和 U 是所有 x 对 y 的总影响，若剔除一个自变量 x_k，新的回归方程的 U 值只会减小，不会增加。U 减小得越多，说明该自变量对 y 的影响越大，若用 p_k 表示这个减少量，则 p_k 是衡量回归方程中自变量 x_k 对 y 影响大小的指标，称为偏回归平方和。

设 $U^{(p)}$ 表示 p 个自变量 $x_1,x_2,\cdots,x_p$ 所引起的回归平方和，$U^{(p-1)}$ 表示 $p-1$ 个自变量 $x_1,x_2,\cdots,x_k,x_{k+1},\cdots,x_p$ 所引起的回归平方和，则

$$p_k=U^{(p)}-U^{(p-1)} \tag{2-57}$$

（证明略）

$$p_k=\frac{b_k^2}{C_{kk}} \tag{2-58}$$

式中　b_k——x_k 所对应的偏回归系数；

　　　C_{kk}——正规方程组系数矩阵的逆矩阵主对角线上第 k 个元素。

若用行列式表示，则

$$C_{kk}=\Delta_{kk}/\Delta$$

式中　Δ——系数行列式 $\begin{vmatrix} L_{11} & L_{12} & \cdots & L_{1p} \\ L_{21} & L_{22} & \cdots & L_{2p} \\ \vdots & \vdots & & \vdots \\ L_{p1} & L_{p2} & \cdots & L_{pp} \end{vmatrix}$；

　　　Δ_{kk}——划去 k 行、k 列后的行列式。

当求出偏回归平方和后，要进行 F 检验，通常采取如下步骤：

(1) 按式(2-58)计算出回归方程中各因素的偏回归平方和 $p_1,p_2,\cdots,p_p$，比较其大小，首先对偏回归平方和最小者进行显著性检验，如果检验结果发现其不显著，则将它从回归方程中剔除，剔除该因素后，重新计算新回归方程的回归系数，然后再对新回归方程的各因素进行显著性检验，直到各因素都显著为止。

(2) 对偏回归平方和进行 F 检验。

$$F_k=\frac{p_k/1}{Q/(n-p-1)}$$

F_k 是服从第一自由度为 1、第二自由度为 $n-p-1$ 的 F 分布，对于给定的置信度 α，若 $F_k>F_\alpha$，则 F_k 对 y 的影响显著，否则就不显著，即可以将不显著的变量剔除。

例 2-2　根据经验认为，在人的身高相等的情况下，血压的收缩压 y 与体重 x_1、年龄 x_2 有关，为了了解其相关关系，现收集了 13 个男子的数据，见表 2-4。

表 2-4

序　号	x_1	x_2	y	x'_1	x'_2	y'
1	152	50	120	2	5	0
2	183	20	141	33	2	21
3	171	20	124	21	2	4
4	165	30	126	15	3	6
5	158	30	117	8	3	−3
6	161	50	125	11	5	5
7	149	60	123	−1	6	3
8	158	50	125	8	5	5
9	170	40	132	20	4	12
10	153	55	123	3	5.5	3
11	164	40	132	14	4	12
12	190	40	155	40	4	35
13	185	20	147	35	2	27
和				209	50.5	130
平均				16.08	3.88	10
平方和				5 439	219.25	2 812
x'_1 与各变量乘积				—	658.5	3 697
x'_2 与各变量乘积				—	—	433.5

解　对于多元回归分析,不是首先根据数据作散点图,因为多元回归不像一元回归那样可以在平面上表示出来,多元回归要想表示,只有在多维空间中表示,一般达不到,所以多元回归分析,首先,是根据经验给定一个模型形式,然后检验。

为了考察它们的相关关系,选择模型形式为:

$$y = b_0 + b_1 x_1 + b_2 x_2$$

这里 $p=2$,即二元线性回归。

由于变量取值较大,为减少计算量,我们先对各变量分别作线性变换,即

$$x'_1 = x_1 - 150$$
$$x'_2 = x_2 / 10$$
$$y' = y - 120 \Rightarrow y' = \beta_0 + \beta_1 x'_1 + \beta_2 x'_2$$

我们用变换后的数据先求出 y' 关于 x'_1、x'_2 的二元线性回归方程,然后再恢复到 y 关于 x_1、x_2 的二元线性回归方程。

(1)计算回归方程系数

按公式计算变换后的正规方程组系数 $L_{ij}, L_{iy}(i, j = 1, 2)$

$$L_{11} = \sum_i x'^2_{i1} - \frac{1}{n} \left(\sum_i x'_{i1} \right)^2 = 5\,439 - \frac{1}{13} \times 209^2 = 2\,078.923\,1$$

$$L_{12} = L_{21} = \sum_i x'_{i1} \cdot x'_{i2} - \frac{1}{n} \left(\sum_i x'_{i1} \right) \left(\sum_i x'_{i2} \right)$$

$$= 658.5 - \frac{1}{13} \times 209 \times 50.5 = -153.384\,6$$

$$L_{22} = \sum_i x'^2_{i2} - \frac{1}{n} \left(\sum_i x'_{i2} \right)^2 = 219.25 - \frac{1}{13} \times 50.5^2 = 23.076\,9$$

$$L_{1y} = \sum_i x'_{i1} y'_i - \frac{1}{n} \left(\sum_i x'_{i1} \right) \left(\sum_i y'_i \right) = 3\,697 - \frac{1}{13} \times 209 \times 130 = 1\,607$$

$$L_{2y} = \sum_i x'_{i2} y'_i - \frac{1}{n} \left(\sum_i x'_{i2} \right) \left(\sum_i y'_i \right) = 433.5 - \frac{1}{13} \times 50.5 \times 130 = -71.5$$

这样可以列出变换后的二元线性方程组

$$\begin{cases} 2\,078.923\,1\beta_1 - 153.384\,6\beta_2 = 1\,607 \\ -153.384\,6\beta_1 + 23.076\,9\beta_2 = -71.5 \end{cases}$$

解此方程组,得

$$\beta_1 = 1.068\,3, \quad \beta_2 = 4.002\,2$$

$$\beta_0 = \bar{y} - \beta_1 \bar{x}'_1 - \beta_2 \bar{x}'_2 = 10 - 16.08 \times 1.068\,3 - 3.88 \times 4.002\,2 = -22.706\,8$$

故 $$y' = -22.706\,8 + 1.068\,3x'_1 + 4.002\,2x'_2$$

即 $$y - 120 = -22.706\,8 + 1.068\,3(x_1 - 150) + 4.002\,2x_2/10$$

得 $$y = -62.951\,8 + 1.068\,3x_1 + 0.400\,2x_2$$

(2) 回归方程显著性检验

对回归方程显著性检验,等价于对回归方程系数显著性检验:

$$G = \sum_i y_i^2 - \frac{1}{n} \left(\sum_i y_i \right)^2 = 2\,812 - \frac{1}{13} \times (130)^2 = 1\,512$$

$$U = \sum_{i=1}^p b_i L_{iy} = \beta_1 L_{1y} + \beta_2 L_{2y} = 1.068\,3 \times 1\,607 + 4.002\,2 \times (-71.5) = 1\,430.600\,8$$

$$Q = G - U = 81.399\,2$$

则 $$F = \frac{U/f_回}{Q/(n - f_回 - 1)} = \frac{1\,430.600\,8/2}{81.399\,2/(13 - 2 - 1)} = 87.88$$

查 F 分布表,在 $\alpha = 0.01$ 水平下 $F_{0.01}(2,10) = 7.56$,则

$$F = 87.88 > F_{0.01}(2,10) = 7.56$$

因此可知回归方程是显著的。

也可采用复相关系数:

$$r = \sqrt{\frac{U}{G}} = \sqrt{\frac{1\,430.600\,8}{1\,512}} = 0.972\,7$$

(3) 回归系数的显著性检验

① 利用求偏回归平方和 $p_k = \dfrac{b_k^2}{C_{kk}}$,其中 $C_{kk} = \Delta_{kk}/\Delta$。那么对于本例:

$$\Delta = \begin{vmatrix} 2\,078.923\,1 & -153.384\,6 \\ -153.384\,6 & 23.076\,9 \end{vmatrix} = 24\,448.265\,0$$

$$\Delta_{11} = 23.076\,9 \quad \Delta_{22} = 2\,078.923\,1$$

$$p_1 = \frac{b_1^2}{C_{11}} = \frac{1.068\,3^2}{23.076\,9/24\,448.265\,0} = 1\,209.085\,6$$

$$p_2 = \frac{b_2^2}{C_{22}} = \frac{4.002\ 2^2}{2\ 078.923\ 1/24\ 448.265\ 0} = 188.368\ 0$$

② 对偏回归平方和进行 F 检验。

$$F_k = \frac{p_k/1}{Q/(n-p-1)}$$

$$F_1 = \frac{1\ 209.085\ 6}{81.399\ 2/(13-2-1)} = 148.54 > F_{0.01}(1,10) = 7.56$$

$$F_2 = \frac{188.369\ 0}{81.399\ 2/(13-2-1)} = 23.14 > F_{0.01}(1,10) = 7.56$$

第五节　逐步回归分析

一、概述

逐步回归分析可以采用逐步增元回归分析和逐步降元回归分析两种。

1. 逐步增元回归分析

特点：从所考虑的全部自变量中每次挑选一个与因变量关系最密切的因素进入回归方程（比较因变量 y 与每个自变量 x_i 之间的偏相关系数）。新变量引入后，对回归方程的所有自变量进行显著性检验，剔除其中不显著因素。为此逐个引入，逐个剔除，反复检验，直至回归方程中所有自变量都显著，所有显著因素都引入为止。

2. 逐步降元回归分析

特点：首先建立包括全部自变量的回归方程，然后对其中每个自变量都进行显著性检验，找出最不显著的一个自变量，进行偏回归平方和的 F 检验，若小于 F_α 值，则把这个变量剔除。然后重新建立回归方程，对余下的自变量再重复进行显著性检验，直到所有自变量均显著为止。该回归方法特点是比较稳妥，不容易漏掉有显著影响的因素。由于选矿过程中模型的自变量并不是太多，工作量不是太大，所以这种方法应用较多。

二、逐步降元回归分析

逐步降元回归分析的步骤如下：

（1）用多元回归分析方法建立一个包括全部因素在内的多元回归方程。

（2）用 F 检验法检验各回归系数的显著性，将不显著因素中 F 值最小的一个因素剔除。

（3）剔除了一个因素后，重新建立新的多元回归方程，并按上述步骤重复进行显著性检验，剔除方程中所有不显著因素，直至全部因素均显著为止。

例 2-3　某种水泥在凝固时放出的热量 y 可能与水泥中下列 4 种化学成分有关：

x_1——3CaO·Al_2O_3 的成分（%）；

x_2——3CaO·SiO_2 的成分（%）；

x_3——4CaO·Al_2O_3·Fe_2O_3 的成分（%）；

x_4——2CaO·SiO_3 的成分（%）。

测得的数据见表 2-5，试建立 y 与这些因素的回归方程。

表 2-5

编号	x_1	x_2	x_3	x_4	y	编号	x_1	x_2	x_3	x_4	y
1	7	26	6	60	78.5	8	1	31	22	44	72.5
2	1	29	15	52	74.3	9	2	54	18	22	93.1
3	11	56	8	20	104.3	10	21	47	4	26	115.9
4	11	31	8	47	87.6	11	1	40	23	34	83.8
5	7	52	6	33	95.9	12	11	66	9	12	113.3
6	11	55	9	22	109.2	13	10	68	8	12	109.4
7	3	71	17	6	102.7						

解 第一步:求多元线性回归方程

$$y = b_0 + b_1 x_1 + b_2 x_2 + b_3 x_3 + b_4 x_4$$

由观测数据可得:

$$\sum_i x_{i1} = 97, \sum_i x_{i2} = 626, \sum_i x_{i3} = 153, \sum_i x_{i4} = 390, \sum_i y_i = 1\,240.5$$

$$\bar{x}_1 = 7.46, \bar{x}_2 = 48.15, \bar{x}_3 = 11.77, \bar{x}_4 = 30, \bar{y} = 95.42$$

由

$$L_{jk} = \sum_i x_{ij} x_{ik} - \frac{1}{n} \left(\sum_i x_{ij} \right) \left(\sum_i x_{ik} \right)$$

$$L_{ky} = \sum_i x_{ik} y_i - \frac{1}{n} \left(\sum_i x_{ik} \right) \left(\sum_i y_i \right)$$

根据观测数据可写出正规方程转变后的 L 矩阵元素:

$L_{11} = 415.23$ 　　　　$L_{22} = 2\,905.69$ 　　　　$L_{34} = L_{43} = 38.00$

$L_{12} = L_{21} = 251.08$ 　$L_{23} = L_{32} = -166.54$ 　$L_{44} = 3\,362.00$

$L_{13} = L_{31} = -372.62$ 　$L_{24} = L_{42} = -3\,041.00$

$L_{14} = L_{41} = -290.00$ 　$L_{33} = 492.31$

$L_{1y} = 775.96$

$L_{2y} = 2\,295.95$

$L_{3y} = -618.23$

$L_{4y} = -2\,481.70$

即:

$$\begin{bmatrix} 415.23 & 251.08 & -372.62 & -290.00 \\ 251.08 & 2\,905.69 & -166.54 & -3\,041.00 \\ -372.62 & -166.54 & 492.31 & 38.00 \\ -290.00 & -3\,041.00 & 38.00 & 3\,362.00 \end{bmatrix} \begin{bmatrix} b_1 \\ b_2 \\ b_3 \\ b_4 \end{bmatrix} = \begin{bmatrix} 775.96 \\ 2\,295.95 \\ -618.23 \\ -2\,481.70 \end{bmatrix}$$

$$L \cdot B = F \rightarrow B = L^{-1} F$$

只要求出 L 的逆矩阵 L^{-1} 即可。

$$\left(\begin{array}{cccc:cccc} 415.23 & 251.08 & -372.62 & -290.00 & 1 & 0 & 0 & 0 \\ 251.08 & 2\,905.69 & -166.54 & -3\,041.00 & 0 & 1 & 0 & 0 \\ -372.62 & -166.54 & 492.31 & 38.00 & 0 & 0 & 1 & 0 \\ -290.00 & -3\,041.00 & 38.00 & 3\,362.00 & 0 & 0 & 0 & 1 \end{array} \right) \longrightarrow$$

$$\begin{bmatrix} 1 & 0 & 0 & 0 & 0.092\ 763 & 0.085\ 736 & 0.092\ 691 & 0.084\ 504 \\ 0 & 1 & 0 & 0 & 0.085\ 736 & 0.087\ 607 & 0.087\ 917 & 0.085\ 644 \\ 0 & 0 & 1 & 0 & 0.092\ 691 & 0.087\ 91 & 0.095\ 255 & 0.086\ 441 \\ 0 & 0 & 0 & 1 & 0.084\ 504 & 0.085\ 644 & 0.086\ 441 & 0.084\ 076 \end{bmatrix} = (I/L^{-1})$$

根据 $B = L^{-1}F$ 得

$$b_1 = 1.551\ 1, b_2 = 0.510\ 1, b_3 = 0.101\ 9, b_4 = -0.144\ 1$$
$$b_0 = \bar{y} - b_1\bar{x}_1 - b_2\bar{x}_2 - b_3\bar{x}_3 - b_4\bar{x}_4 = 62.411\ 1$$

这样可得多元回归方程：

$$y = 62.411\ 1 + 1.551\ 1x_1 + 0.510\ 1x_2 + 0.101\ 9x_3 - 0.144\ 1x_4$$

第二步：检验回归方程的显著性。

计算方程的回归平方和 U 和总离差平方和 G，方差计算见表 2-6。

$$U = \sum_{j=1}^{4} b_j L_{jy} = 1.551\ 1 \times 775.96 + 0.510\ 1 \times 2\ 295.95 + 0.101\ 9 \times (-618.23) +$$
$$(-0.144\ 1) \times (-2\ 481.70) = 2\ 669.39$$

$$G = \sum_i y_i^2 - \frac{1}{n}\left(\sum_i y_i\right)^2 = 121\ 088.09 - \frac{1}{13} \times 1\ 538\ 840.25 = 2\ 715.76$$

表 2-6　　　　　　　　　　　　　　　方差分析表

方差来源	平方和	自由度	均方和	F 比值
回　归	2 669.39	4	$U/f = 667.35$	115.06
剩　余	46.37	8	$Q/f = 5.8$	
总　和	2 715.76	12		

对于 $\alpha = 0.01$，查得 $F_{0.01}(4,8) = 7.01$，因此有

$$F = 115.06 > F_{0.01}(4,8) = 7.01$$

所以求得的回归方程是显著的。

第三步：检验回归系数显著性。

首先计算各自变量的偏回归平方和。由公式 $p_k = \dfrac{b_k^2}{C_{kk}}$，则

$$p_1 = \frac{b_1^2}{C_{11}} = \frac{(1.551\ 1)^2}{0.092\ 763} = 4.47 \times 5.8$$

$$p_2 = \frac{b_2^2}{C_{22}} = \frac{(0.510\ 1)^2}{0.087\ 607} = 0.51 \times 5.8$$

$$p_3 = \frac{b_3^2}{C_{33}} = \frac{(0.101\ 9)^2}{0.095\ 255} = 0.02 \times 5.8$$

$$p_4 = \frac{b_4^2}{C_{44}} = \frac{(-0.144\ 1)^2}{0.084\ 076} = 0.04 \times 5.8$$

对偏回归平方和进行 F 检验。

由公式：
$$F_k = \frac{p_k/1}{Q/(n-p-1)}$$

得
$$F_1 = \frac{p_1}{Q/(n-p-1)} = \frac{4.47 \times 5.8}{46.37/(13-4-1)} = 4.47$$
$$F_2 = 0.51, F_3 = 0.02, F_4 = 0.04$$

查 F 分布表,对显著性水平 $\alpha = 0.10$,查得 $F_{0.01}(1,8) = 3.46$,则有 $F_1 = 4.47 > F_{0.10}$,$F_2 = 0.51 < F_{0.10}$,$F_3 = 0.02 < F_{0.10}$,$F_4 = 0.04 < F_{0.10}$。

因此 x_1 是显著的,x_2、x_3 和 x_4 均不显著,上面求得的回归方程并非"最优"。为此,需对不显著变量进行剔除。因为 F_3 最小,先剔除 x_3。

重复上述三步。

第一步:求出 y 对 x_1,x_2 及 x_4 的回归方程
$$y = 71.648\ 2 + 1.451\ 9x_1 + 0.416\ 1x_2 - 0.236\ 5x_4$$

第二步:经检验知回归方程是显著的。

第三步:经检验知 x_4 不显著。剔除 x_4。

再重复上述三步。

第一步:求得回归方程
$$y = 52.577\ 3 + 1.468\ 3x_1 + 0.662\ 3x_2$$

第二步:经检验知回归方程是显著的。

第三步:经检验知 x_1 及 x_2 都是在 $\alpha = 0.01$ 水平上显著的,这就是要求的"最优"回归方程。

作业 2-2 由于 C、H、O 是煤燃烧过程中产生热量的主要元素,现从某矿的原煤中取出 12 块煤样,经化验后其发热量 $Q(kJ/g)$ 与 $C(\%)$、$H(\%)$、$O(\%)$ 元素的数据如表 2-7 所示,试建立它们的多元回归模型。

表 2-7

编号	$Q(y_i)$	$C(\%)(x_1)$	$H(\%)(x_2)$	$O(\%)(x_3)$
1	6.5	62	5.0	15
2	7.0	70	6.0	20
3	7.2	75	6.5	25
4	7.5	75	5.0	10
5	7.7	78	5.5	15
6	8.0	80	5.2	4.0
7	8.4	85	6.0	6.0
8	8.5	88	4.5	3.0
9	8.8	90	5.0	5.0
10	8.0	90	0.8	2.5
11	8.5	92	2.0	3.0
12	8.7	95	3.5	3.5

第六节　多项式回归模型

在实践中,几个变量之间的关系并不局限于线性相关,而是更广泛地存在着非线性相关关系。解决非线性相关问题,主要有两种途径:

(1) 通过变量变换的方法,把非线性关系转化为线性关系。为此,首先要确定曲线的函数关系,而曲线的函数关系可以根据理论、专业经验或试验数据的散点图来确定,然后通过变量代换转化为线性回归问题求解。但是,这种线性化变量变换法只能用于极少量的非线性回归问题。

(2) 如果实际问题的曲线类型很复杂,不易做出线性化变量的判断,则可采用多项式进行逼近。因为任何复杂的非线性函数一般均可按泰勒级数展开,即

$$y = f(x_0) + f(x_0)^{(1)} x + \frac{1}{2!} f(x_0)^{(2)} x^2 + \cdots + \frac{1}{n!} f(x_0)^{(n)} x^n + \cdots \tag{2-59}$$

如果令 $b_0 = f(x_0)$, $b_1 = f(x_0)^{(1)}$, $b_2 = \frac{1}{2!} f(x_0)^{(2)}$, $\cdots$, $b_n = \frac{1}{n!} f(x_0)^{(n)}$, $\cdots$, 则

$$y = b_0 + b_1 x + b_2 x^2 + \cdots + b_n x^n + \cdots \tag{2-60}$$

所以,任意曲线都可以近似地用多项式逼近。

一、多项式模型及多项式回归分析

一般来说,对于包含多变量的任意多项式可以通过变换而变成多元线性回归方程。如对抛物线方程

$$y = b_0 + b_1 x + b_2 x^2 \tag{2-61}$$

令 $x_1 = x$, $x_2 = x^2$, 则上述方程转化为

$$y = b_0 + b_1 x_1 + b_2 x_2 \tag{2-62}$$

又如包含两个自变量的二次多项式

$$y = b_0 + b_1 z_1 + b_2 z_2 + b_3 z_1^2 + b_4 z_2^2 + b_5 z_1 z_2 \tag{2-63}$$

令 $x_1 = z_1$, $x_2 = z_2$, $x_3 = z_1^2$, $x_4 = z_2^2$, $x_5 = z_1 z_2$, 则式(2-63)转化为

$$y = b_0 + b_1 x_1 + b_2 x_2 + b_3 x_3 + b_4 x_4 + b_5 x_5 \tag{2-64}$$

因此,一般来说,对于包含多变量的任意多项式

$$y = b_0 + b_1 z_1 + b_2 z_2 + b_3 z_3 + b_4 z_1^2 + b_5 z_2^2 + b_6 z_3^2 + b_7 z_1 z_2 + b_8 z_1 z_3 + b_9 z_2 z_3 +$$
$$b_{10} z_1^3 + b_{11} z_2^3 + b_{12} z_3^3 + b_{13} z_1^2 z_2 + \cdots \tag{2-65}$$

都可以通过类似变换把它们化成多元线性回归方程,然后按照多元线性回归分析的方法处理。

再如非线性方程

$$y = k x_1^{b_1} x_2^{b_2} \cdots x_m^{b_m} \tag{2-66}$$

两边取对数,得

$$\ln y = \ln k + b_1 \ln x_1 + b_2 \ln x_2 + \cdots + b_m \ln x_m$$

令 $y' = \ln y$, $b_0 = \ln k$, $x'_1 = \ln x_1$, $x'_2 = \ln x_2$, $\cdots$, $x'_m = \ln x_m$, 则

$$y' = b_0 + b_1 x'_1 + b_2 x'_2 + \cdots + b_m x'_m \tag{2-67}$$

对许多非线性问题,都可以采用上述方法转换为线性问题来处理。

在多元非线性向多元线性问题转化的过程中,多项式模型是最为特殊的。

1. 多项式模型

(1) 仅包含一个自变量的 k 次多项式(一元 k 次多项式)

$$y = b_0 + b_1 x + b_2 x^2 + \cdots + b_k x^k \tag{2-68}$$

(2) 包含两个自变量的二次多项式

$$y = b_0 + b_1 x_1 + b_2 x_2 + b_3 x_1^2 + b_4 x_2^2 + b_5 x_1 x_2 \tag{2-69}$$

多项式模型的一般形式为

$$y = b_0 + b_1 f_1(x_1, x_2, \cdots, x_k) + b_2 f_2(x_1, x_2, \cdots, x_k) + \cdots + b_m f_m(x_1, x_2, \cdots, x_k) \tag{2-70}$$

2. 多项式回归分析的处理步骤

多项式回归在回归分析中占有很重要地位,由高等数学微积分的知识可以知道,任何一个函数、一条曲线至少在一个比较小的区域内可用多项式任意逼近,因此在比较复杂的实际问题中可以不问因变量与自变量的确切关系,而采用多项式进行计算,称为多项式逼近。利用这种办法可以处理许多非线性问题。如已知某个变量 x 与 y 的关系是 $y = bf(x)$,其中 $f(x)$ 是 x 的已知函数[例如指数函数 $\exp(-ax^k)$,a、k 为已知常数],则可将这类非线性项作为一个新变量加入回归方程中去。

多项式回归分析的一般处理步骤如下:

(1) 将多项式模型线性化。例如,针对包含一个自变量的 k 次多项式(一元 k 次多项式),令

$$x_1 = x, x_2 = x^2, x_3 = x^3, \cdots, x_k = x^k$$

则

$$y = b_0 + b_1 x_1 + b_2 x_2 + \cdots + b_k x_k \tag{2-71}$$

对于上述多项式模型的一般形式,令

$$x'_1 = f_1(x_1, x_2, \cdots, x_k), x'_2 = f_2(x_1, x_2, \cdots, x_k), \cdots, x'_m = f_m(x_1, x_2, \cdots, x_k)$$

则

$$y = b_0 + b_1 x'_1 + b_2 x'_2 + \cdots + b_m x'_m \tag{2-72}$$

(2) 按照多元线性回归分析的方法求解模型参数 $b_0, b_1, b_3, \cdots, b_k(b_m)$。

(3) 进行回归模型的统计检验。

(4) 回代,恢复多项式模型的本来形式。

二、常用的一元多项式模型的求解

在建立选矿过程的数学模型中,有时不一定能选择到合适的曲线类型,在这种情况下,可以采用建立多项式回归模型。

一般形式为:

$$y = b_0 + b_1 x + b_2 x^2 + \cdots + b_p x^p \tag{2-73}$$

常用的有二次多项式: $y = b_0 + b_1 x + b_2 x^2$

三次多项式: $y = b_0 + b_1 x + b_2 x^2 + b_3 x^3$

1. 多项式阶数的确定

(1) 多项式的阶数判别方法:采用差分判别法。

(2) 差分:所谓的差分就是函数的变化率。

设有 $n+1$ 对试验数据 $(x_i, y_i)(i = 0, 1, 2, \cdots, n)$,其中 x_i 若按照等间距$(x_{i+1} - x_i = h)$

列出,此时所对应的 y_i 则有:

一阶差分
$$\Delta y_i = y_{i+1} - y_i$$

二阶差分
$$\Delta^2 y_i = \Delta y_{i+1} - \Delta y_i$$

三阶差分
$$\Delta^3 y_i = \Delta^2 y_{i+1} - \Delta^2 y_i$$

当第 n 阶差分列内所有数字相等时,差分计算即可停止。

(3) 差分判别原则:若第 n 阶差分是常数,$n+1$ 阶差分为零时,则函数应是 n 阶多项式。

注意:在差分判别时,在其差分中会引起加倍误差。

(4) 实际计算机计算方法:给定拟合误差 E 和拟合最高次数 N。

2. 参数估计

若某一元函数有 N 组试验数据 $(x_i, y_i)(i=1,2,\cdots,N)$,可以构造一个 $p(p<N)$ 次的多项式回归方程,即

$$\hat{y} = b_0 + b_1 x + b_2 x^2 + \cdots + b_p x^p \tag{2-74}$$

式中 $b_0, b_1, \cdots, b_p$——回归系数。

计算回归系数,同样要采用最小二乘法,要使 y 的 N 个实测值与回归方程计算值的偏差平方和最小,即

$$Q = \sum_{i=1}^{N} (y_i - \hat{y}_i)^2 = \sum_{i=1}^{N} [y_i - (b_0 + b_1 x + b_2 x^2 + \cdots + b_p x^p)]^2 \tag{2-75}$$

为最小。

为了计算 $p+1$ 个回归系数,可令 $\partial Q/\partial b_j = 0(j=0,1,2,\cdots,p)$,整理后得到包括 $p+1$ 个方程的正规方程组

$$\begin{cases} b_0 N + b_1 \sum x_i + b_2 \sum x_i^2 + \cdots + b_p \sum x_i^N = \sum y_i \\ b_0 \sum x_i + b_1 \sum x_i^2 + b_2 \sum x_i^3 + \cdots + b_p \sum x_i^{N+1} = \sum y_i x_i \\ \vdots \qquad\qquad\qquad\qquad\qquad\qquad\qquad\qquad \vdots \\ b_0 \sum x_i^p + b_1 \sum x_i^{p+1} + b_2 \sum x_i^{p+2} + \cdots + b_p \sum x_i^{N+p} = \sum y_i x_i^p \end{cases} \tag{2-76}$$

解正规方程组,可以求出其中的待定系数。为了便于分析,可把式(2-76)写成矩阵形式

$$\begin{bmatrix} N & \sum x_i & \sum x_i^2 & \cdots & \sum x_i^N \\ \sum x_i & \sum x_i^2 & \sum x_i^3 & \cdots & \sum x_i^{N+1} \\ \vdots & \vdots & \vdots & & \vdots \\ \sum x_i^p & \sum x_i^{p+1} & \sum x_i^{p+2} & \cdots & \sum x_i^{N+p} \end{bmatrix} \begin{bmatrix} b_0 \\ b_1 \\ \vdots \\ b_p \end{bmatrix} \begin{bmatrix} \sum y_i \\ \sum y_i x_i \\ \vdots \\ \sum y_i x_i^p \end{bmatrix} \tag{2-77}$$

若以

$$A = \begin{bmatrix} N & \sum x_i & \sum x_i^2 & \cdots & \sum x_i^N \\ \sum x_i & \sum x_i^2 & \sum x_i^3 & \cdots & \sum x_i^{N+1} \\ \vdots & \vdots & \vdots & & \vdots \\ \sum x_i^p & \sum x_i^{p+1} & \sum x_i^{p+2} & \cdots & \sum x_i^{N+p} \end{bmatrix}$$

$$B = \begin{bmatrix} b_0 \\ b_1 \\ \vdots \\ b_p \end{bmatrix} \qquad D = \begin{bmatrix} \sum y_i \\ \sum y_i x_i \\ \vdots \\ \sum y_i x_i^p \end{bmatrix}$$

则 $$AB = D \tag{2-78}$$

线性方程组有许多解法,比较简单的是高斯消元法。它通过一系列变换,使系数矩阵 A 成为上三角矩阵,然后通过回代计算算出方程组的解 $b_0, b_1, b_2, \cdots, b_p$。

线性方程组还可以使用逆矩阵求解。因为正规方程组的系数矩阵 A 是对称矩阵,所以可以分解成结构矩阵 X 及其转置矩阵 X^T 的乘积,若 $x_{11} = x_1, x_{12} = x_1^2, \cdots,$ 则

$$A = \begin{bmatrix} 1 & 1 & 1 & \cdots & 1 \\ x_{11} & x_{21} & x_{31} & \cdots & x_{N1} \\ x_{12} & x_{22} & x_{32} & \cdots & x_{N2} \\ \vdots & \vdots & \vdots & & \vdots \\ x_{1p} & x_{2p} & x_{3p} & \cdots & x_{Np} \end{bmatrix} \begin{bmatrix} 1 & x_{11} & x_{12} & \cdots & x_{1p} \\ 1 & x_{21} & x_{22} & \cdots & x_{2p} \\ 1 & x_{31} & x_{32} & \cdots & x_{3p} \\ \vdots & \vdots & \vdots & & \vdots \\ 1 & x_{N1} & x_{N2} & \cdots & x_{Np} \end{bmatrix} = X^T X \tag{2-79}$$

正规方程组中右端的常数矩阵 D 也可以用 X^T 及因变量矩阵 Y 的乘积表示,即

$$D = \begin{bmatrix} \sum y_i \\ \sum y_i x_i \\ \vdots \\ \sum y_i x_i^p \end{bmatrix} = \begin{bmatrix} 1 & 1 & 1 & \cdots & 1 \\ x_{11} & x_{21} & x_{31} & \cdots & x_{N1} \\ x_{12} & x_{22} & x_{32} & \cdots & x_{N2} \\ \vdots & \vdots & \vdots & & \vdots \\ x_{1p} & x_{2p} & x_{3p} & \cdots & x_{Np} \end{bmatrix} \begin{bmatrix} y_1 \\ y_2 \\ y_3 \\ \vdots \\ y_N \end{bmatrix} = X^T Y \tag{2-80}$$

因此,正规方程组的矩阵形式可以写成

$$(X^T X)B = X^T Y \tag{2-81}$$

在系数矩阵 A 满秩(即方阵 A 的行列式 $|A| \neq 0$)的条件下 A 的逆矩阵 A^{-1} 存在,因而

$$B = A^{-1}D = (X^T X)^{-1} \cdot X^T Y \tag{2-82}$$

式(2-82)说明,回归系数可以通过正规方程组系数矩阵 A 的逆矩阵和常数项矩阵相乘求得,而系数矩阵 A 及常数项矩阵又很方便地用结构矩阵求出。

一元多项式回归模型的统计检验,将在多元回归中叙述。

图 2-2 为一元多项式回归的程序框图。该程序是根据高斯消元法计算回归系数。

一元多项式回归模型是多项式回归模型中最简单的一种形式。一元多项式回归模型通常是通过变换成多元线性回归模型,然后按照多元线性回归分析的办法处理。

若某一元函数有 n 组试验数据 $(x_i, y_i)(i = 1, 2, \cdots, n)$,可以构造一个 $p(p < n)$ 次多项式回归方程,即

$$\hat{y} = b_0 + b_1 x + b_2 x^2 + \cdots + b_p x^p$$

式中,$b_0, b_1, b_2, \cdots, b_p$ 为回归系数。

令 $x_1 = x, x_2 = x^2, x_3 = x^3, \cdots, x_p = x^p$,则

$$\hat{y} = b_0 + b_1 x_1 + b_2 x_2 + \cdots + b_p x_p$$

求解该回归方程参数 $b_0, b_1, \cdots, b_p$ 可采用多元线性回归分析方法。

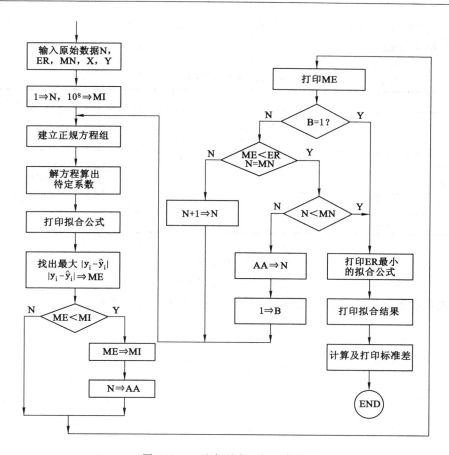

图 2-2 一元多项式回归程序框图

3. 计算机算法

一元多项式回归的次数 p 可以使用本节中的差分判别法事先加以确定,在实际计算机计算时也可以规定一个拟合误差,根据允许的拟合误差来确定多项式的拟合次数。该程序采用的方法首先规定一个模型拟合的允许最高次数 MN 和要求的拟合误差 ER,然后从低次多项式开始拟合。第一次拟合时多项式的次数 $N=1$,所得的模型为一次方程。即

$$y = b_0 + b_1 x$$

利用实测的 x_1 值,可以计算出一组计算值 $\hat{y}_i$ 和它与实测值 y_i 之差,记录其中最大的差值 ME,如果 ME 小于允许误差,所得的方程就是所要建立的回归方程;如果不能满足,则可令 $N=2$,建立二次模型,即

$$y = b_0 + b_1 x + b_2 x^2$$

重复上述步骤,直至多项式回归方程的计算差值满足了允许的拟合误差为止。如果 $N=MN$ 还找不到满足误差的方程,则输出过去所计算的最好的一次结果。

一元多项式回归程序详见附录程序四。

例 2-4 利用例 2-1 的粒度特性数据,试用多项式回归,建立多项式粒度模型。

解 设多项式模型的允许误差 ER 定为 0.5%,方程的最高次数 MN 定为 5,将原始数据输入,利用多项式回归程序,可算出结果如下:

$$y=0.905\ 9-1.618x+1.786x^2-0.103\ 5x^3+0.002\ 7x^4+0.000\ 025\ 65x^5$$

其计算结果见表 2-8。

表 2-8 　　　　　　　　　　　　　多项式回归计算结果

x	y	$\hat{y}$	$ER=y-\hat{y}$
50	9.91	9.91	0
25	18.82	18.80	0.02
13	32.32	32.30	0.02
6	47.38	47.30	0.08
3	63.92	64.00	−0.08
0.5	91.44	91.40	0.04

标准差＝0.059 1

最大误差＝0.098 2

多项式粒度模型的拟合精度比洛辛-拉姆勒和指数函数模型都要准确。

第三章　非线性模型拟合

第一节　概　　述

先看一个例子:设 x—y 平面上有 5 个点,其分布图形和观测数据分别见图 3-1、表 3-1。

欲把各坐标点连成曲线,方法有两种:① 所连曲线要通过各坐标点;② 按坐标点总趋势画一光滑曲线。

第一种是插值法所应用的方法,第二种按要求可以画出很多条曲线,那么就有一个找出最优曲线的问题。最优是相对的,是在一定约束条件下的最优。按一定约束条件画出坐标点总趋势的最优曲线就是曲线的拟合问题。

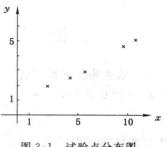

图 3-1　试验点分布图

表 3-1　　　　　　　　　　　　　　　　　　观测数据

k	x_k	y_k
1	2	2.01
2	4	2.98
3	5	3.50
4	8	5.02
5	9	5.47

一、插值法与曲线拟合法

它们都是由给定的试验点构造一个原函数 $f(x)$ 的近似表达式 $p(x)$(由试验点去作曲线的具体图形)。插值法要求近似曲线 $y=p(x)$ 严格地通过所给的 $n+1$ 个点 (x_k,y_k) $(k=0,1,\cdots,n)$,这种要求将会使近似曲线 $y=p(x)$ 保留数据的全部试验误差(通过试验所得的数据总是带有测试误差),如果个别数据误差很大,那么插值的效果显然会很不理想;而曲线拟合法不严格通过试验点,在一定约束条件下,可能比原试验点更准确(例如约束条件是偏差平方和最小的)。

二、回归方程与曲线拟合

回归方程处理的因变量是随机变量,自变量是确定性变量或随机变量;而曲线拟合对变量的性质不苛求。回归方程与曲线拟合在处理方法上(都是应用最小二乘法)是相似的,但它们研究的内容重点是不一样的。回归方程的模型形式往往选用多项式,而曲线拟合虽也经常选用这种形式,但选择形式的范围可更加广泛。

曲线拟合中,首先是选择模型形式,这个问题与客观实际联系得十分紧密,必须深入实际作调查研究。其次是估计模型参数,也就是选取最优的约束条件,按以下标准选取。

（1）确定参数将使残差的最大绝对值达到最小。

$$T = \max |e_k| \qquad \text{为最小}$$

（2）确定参数将使残差绝对值之和达到最小。

$$A = \sum_k |e_k| \qquad \text{为最小}$$

（3）确定参数将使残差平方之和达到最小

$$Q = \sum_k e_k^2 \qquad \text{为最小}$$

本章只讨论最后一种条件下的曲线拟合问题。

第二节　线性模型及其推广的曲线拟合

一、线性模型曲线拟合

m 个自变量 $x_1, x_2, \cdots, x_m$ 的线性模型有如下标准形式：

$$y = b_1 x_1 + b_2 x_2 + \cdots + b_m x_m \tag{3-1}$$

其中试验数据可表示为 $x_{k1}, x_{k2}, \cdots, x_{km}, y_k \quad (k = 1, 2, \cdots, n)$。

$$Q = \sum [y_k - (b_1 x_{k1} + b_2 x_{k2} + \cdots + b_m x_{km})]^2 \tag{3-2}$$

对 Q 求极值：

$$\frac{\partial Q}{\partial b_i} = 2 \sum_{k=1}^{n} [y_k - (b_1 x_{k1} + b_2 x_{k2} + \cdots + b_m x_{km})](-x_{ki}) = 0 \quad (i = 1, 2, \cdots, m) \tag{3-3}$$

令

$$\begin{cases} S_{ij} = S_{ji} = \sum_{k=1}^{n} x_{ki} x_{kj} \\ S_{iy} = \sum_{k=1}^{n} x_{ki} y_k \end{cases} \tag{3-4}$$

由式（3-4）可建立正规方程

$$\begin{cases} S_{11} b_1 + S_{12} b_2 + \cdots + S_{1m} b_m = S_{1y} \\ S_{21} b_1 + S_{22} b_2 + \cdots + S_{2m} b_m = S_{2y} \\ \vdots \qquad\qquad\qquad\qquad\qquad \vdots \\ S_{m1} b_1 + S_{m2} b_2 + \cdots + S_{mn} b_m = S_{my} \end{cases} \tag{3-5}$$

解正规方程可应用高斯消元法等，不再重复。

有些问题，使用简单的最小二乘法原则优选曲线是不够的，故引入加权最小二乘原则。加权最小二乘原则问题的实质，是由于各试验点对 y 有不同的重要作用，那么对于作用重要的变量应给予重权。

$$Q = \sum_{k=1}^{n} W_k [y_k - (b_1 x_{k1} + b_2 x_{k2} + \cdots + b_m x_{km})]^2 \tag{3-6}$$

对 W 的选择是关键，需根据数据的精度或 y 值的数量级大小等差异来确定，但 $\sum W_k = 1$。

正规方程

$$\begin{cases} S_{ij} = \sum_{k=1}^{n} W_k x_{ki} x_{kj} \\ S_{iy} = \sum_{k=1}^{n} W_k x_{ki} y_k \end{cases} \quad (i,j=1,2,\cdots,m) \tag{3-7}$$

二、广义的线性模型

前面介绍的标准线性模型

$$y = b_1 x_1 + b_2 x_2 + \cdots + b_m x_m \tag{3-8}$$

形式简单,在实际中有一些较复杂的模型,往往可以通过变量变换的方法简化成标准线性模型,下面通过一些例子来说明这些变换方法。

(1) $\quad y = b_1 + b_2 x + b_3 x^2 + b_4 x^3$

令 $\quad Z_1 = 1, Z_2 = x, Z_3 = x^2, Z_4 = x^3$

则 $\quad y = b_1 Z_1 + b_2 Z_2 + b_3 Z_3 + b_4 Z_4$

(2) $\quad y = a_0 + \sum_{i=1}^{2} [a_i \cos(ix) + b_i \sin(ix)]$

令 $\quad b_3 = a_1, b_4 = a_2, b_5 = a_0, Z_1 = \sin x$

$Z_2 = \sin 2x, Z_3 = \cos x, Z_4 = \cos 2x, Z_5 = 1$

则 $\quad y = b_1 Z_1 + b_2 Z_2 + b_3 Z_3 + b_4 Z_4 + b_5 Z_5$

(3) $\quad y = a e^{[b_1 x_1 + b_2 x_2 + (x_2 x_2 - 1)/c]}$

两边取对数

$$\ln y = \ln a + b_1 x_1 + b_2 x_2 + (x_1 x_2 - 1)/c$$

令 $\quad Z = \ln y, b_3 = 1/c, b_4 = \ln a, x_3 = x_1 x_2 - 1, x_4 = 1$

则 $\quad Z = b_1 x_1 + b_2 x_2 + b_3 x_3 + b_4 x_4$

这个标准线性模型求出参数 b 后,要经过反变换求出原参数。

注意:(1)变量 y 变换后的模型,残差的最小二乘解是新变量的,而不是原变量的,但人们往往不理会这种差异。

(2)模型的参数一般是数学参数,没有特定的物理意义,所以可进行变换。若模型参数有其物理意义,如果变换就失去了原意义,此时不能进行变换。

三、拟合误差

评价拟合误差曲线的优劣或对比不同模型的优劣,主要是看拟合误差的大小。曲线拟合是近似方法,尽管是最优曲线也仍有误差。

由于对模型有不同要求,可以选用不同表示误差的方法。

1. 均方误差

$$\sigma = \sqrt{\frac{\sum V_i^2}{n-m}} \tag{3-9}$$

式中　n——组数;

m——项数;

V_i——偏差。

2. 或然误差

$$r = 0.674\,5\sigma = 0.674\,5\sqrt{\frac{\sum V_i^2}{n-m}} \tag{3-10}$$

3. 精确度指标

$$H = \sqrt{\frac{n-m}{2\sum V_i^2}} \tag{3-11}$$

4. h 阶多项式平均平方偏差

$$S_h = \frac{\sigma_h}{n-(h+1)} \tag{3-12}$$

式中　σ_h——h 阶均方差；

　　　h——阶数。

第三节　非线性模型的最优化方法参数估计

使用回归分析进行参数估计的一个共同点,就是将全部观测值和计算值的偏差平方和作为参数估计的判别式,求这个判别式的最小值。如果是线性模型,则判别式求导后,正规方程组是个多元的线性方程组,可以有解析解;如果是非线性模型,则判别式求导后,仍然是一组非线性方程组,通常是得不到解析解的,在这种情况下,只能求数值的迭代解,即采用无约束条件的最优化方法来实现。

最优化方法实际上是求问题的极小值(或极大值),寻优的方法一般采用搜索法。搜索法是一种数值方法,它根据局部区域上的一些已知点的数值,决定下一步计算的点,经过一步步的搜索、逼近,最后达到最优点。

寻优的方法有很多,单变量函数的寻优一般采用黄金分割法,无约束条件多变量函数的寻优可用梯度法、单纯形法、阻尼最小二乘法等。对非线性模型的参数估计,比较合适的方法是黄金分割法和阻尼最小二乘法。如果非线性模型的待定参数只有一个,则用黄金分割法;如果有多个待定参数,可用阻尼最小二乘法。

一、黄金分割法（0.618 法）

黄金分割法是一种单变量函数的寻优方法。该方法是利用搜索,逐步缩小搜索区间,直到其最小点存在的范围达到允许的误差范围为止。

设函数 $f(x)$ 如图 3-2 所示。起始的搜索区间为 $[a_0,b_0]$,x^* 为所要寻求的函数最小点。

在搜索区间 $[a_0,b_0]$ 内任取两点 x_1 与 x_2,且 $x_1>x_2$。计算函数值 $f(x_1)$ 与 $f(x_2)$。将 $f(x_1)$ 的值与 $f(x_2)$ 的值比较时,可能有下列三种情况:

(1) $f(x_2)<f(x_1)$,如图 3-2(a)所示,若 x_1,x_2 在 x^* 的右侧,则必然 $f(x_2)<f(x_1)$。在这种情况下,最小点 x^* 必然在区间 $[a_0,x_1]$ 之内,所以,可以去掉 $[x_1,b_0]$ 部分;

(2) $f(x_2)>f(x_1)$,如图 3-2(b)所示,若 x_1,x_2 在 x^* 的左侧,则必然 $f(x_2)>f(x_1)$。在这种情况下,最小点 x^* 必然在区间 $[x_2,b_0]$ 之内,所以,可以去掉 $[a_0,x_2]$ 部分;

(3) $f(x_1)=f(x_2)$,如图 3-2(c)所示,若 x_1,x_2 在 x^* 的两侧,且 $f(x_1)=f(x_2)$,可以去掉 $[a_0,x_2]$ 和 $[x_1,b_0]$,其最小点 x^* 必在所留下部分以内。

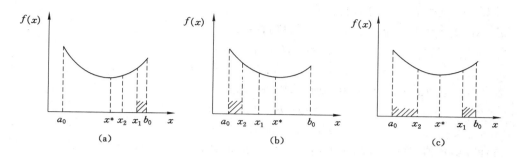

图 3-2 搜索区间的缩短

因此只要在搜索区间内任取两点,计算它们的函数值并加以比较后,总可以将搜索区间缩小,这种方法称为消去法。可以实现消去法的方案很多,衡量的标准是 $f(x)$ 的计算次数为最少,可以使搜索区间由 $[a_0,b_0]$ 缩小到允许的误差范围内,在这误差范围内求得近似的最小值。黄金分割法是计算次数较少、计算过程比较简单的一种搜索法。

黄金分割法的搜索方案主要应考虑以下两点:

(1) 在实际寻优过程中,$f(x_1)$ 和 $f(x_2)$ 两个函数哪个值大,事先并不知道。所以消去哪一段事先不能预测,消去左边部分或右边部分都有可能。因此,最有利的方案是使它们一样长,也就是把 x_1,x_2 布置在 $[a_0,b_0]$ 区间的对称位置。

(2) 为了简化函数值的计算,希望经过消去以后,所保留的点仍处在留下区间相应的位置上,在进一步搜索时,仍然是一个有用点。

根据以上两点可以算出,x_1 最有利的位置是在全长的 0.618 处。只要第一个点取在原始区间 0.618 处,那么,第二个点在它的对称位置上,就能保证无论经过多少次消去,所保留的点始终在新区间的 0.618 处,要进一步缩短区间,只要增加一个对称点,只需对对称点再做一次函数值的计算即可。

若给定区间缩短的允许精度为 δ(δ 为充分小的小数),则黄金分割法的具体步骤如下:

(1) 设初始区间为 $[a_0,b_0]$,第一次进行区间缩短时,要取两个点,如图 3-3(a)所示,分别为:

$$x_1 = a_0 + 0.618(b_0 - a_0) \tag{3-13}$$
$$x_2 = b_0 - 0.618(b_0 - a_0) \tag{3-14}$$

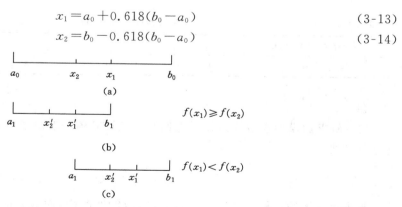

图 3-3 黄金分割法的取点图

计算 $f(x_1)$ 和 $f(x_2)$，并进行比较。

若 $f(x_1) \geqslant f(x_2)$，如图 3-3(b)所示，则进一步取

$$a_1 = a_0, b_1 = x_1, x'_1 = x_2$$
$$x'_2 = b_1 - 0.618(b_1 - a_1)$$

若 $f(x_1) < f(x_2)$，如图 3-3(c)所示，则进一步取

$$a_1 = x_2, b_1 = b_0, x'_2 = x_1$$
$$x'_1 = a_1 + 0.618(b_1 - a_1)$$

再计算函数值，进行比较，用上述方法进一步缩短区间。

（2）每缩短一次区间，需要判断是否满足下式

$$\left| \frac{b-a}{b_0 - a_0} \right| \leqslant \delta \tag{3-15}$$

式中　$b-a$——现时求得的区间；

　　　$b_0 - a_0$——初始区间；

　　　δ——允许的精度。

若不满足式(3-15)，则再缩短区间，直至满足要求为止。

（3）若已满足允许精度，可根据现时区间的界限，求出其中点 A

$$A = \frac{b+a}{2} \tag{3-16}$$

即为所求的最优点。

例 3-1　根据浮选动力学，分批浮选的浮选速度公式为：
$$R = R_\infty (1 - e^{-kt})$$

式中　t——浮选时间，min；

　　　R——浮选时间为 t 时的回收率；

　　　R_∞——物料的最大回收率；

　　　k——浮选速度常数。

通过实验室浮选试验，得出浮选时间与回收率的数据（见表 3-2），若 R_∞ 为 95%，试用 0.618 法计算最合适的模型参数 k。

表 3-2　　　　　　　　　　　　　　　　**实验室浮选试验结果**

累计浮选时间 t/min	1	2	3	4.5	6.5	8.5
累计回收率/%	60.63	75.95	82.43	85.96	87.57	89.15

解

（1）所求的模型参数 k 应使浮选回收率的计算值与实测值的偏差平方和为最小，从而建立判别式

$$F_x = \sum_{i=1}^{N} [R_i - R_\infty (1 - e^{-kt_i})]^2$$

根据浮选试验，每一个浮选时间都有对应的回收率，而最大的回收率设定为 R_∞，所以判别式中 t_i、R_i、R_∞ 均为已知数，未知数只有浮选速度常数 k，所以，判别式可看作单变量的函数。

（2）以 F_x 为目标函数，k 为优化变量，用 0.618 法求目标函数最小时的 A 值，其计算框图如图 3-4 所示。为了编写程序方便，R_∞ 用 RI 表示，t_1 用 T1 表示，t_2 用 T2 表示。

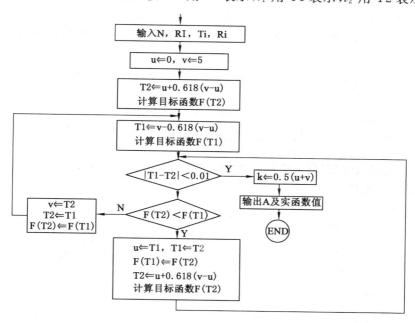

图 3-4　用 0.618 法计算浮选速度常数

在图 3-4 中，搜索范围规定从 0 到 5，允许的精度规定为 0.01。

（3）根据框图编写计算机程序，计算后可得结果

$$k = 7.343\ 275\ 740e{-}01$$

$$F_x = 244.848\ 138\ 5$$

$$标准差\ \sigma = 15.65$$

（4）子程序详见附录程序五。

二、高斯-牛顿法

它是用最优化方法进行模型参数估计的一种算法。对于非线性模型，用一般的最小二乘法求不出它的参数，高斯-牛顿法是比较合适的方法。高斯-牛顿法是非线性最小二乘法的基本方法，其基本思想是把非线性模型函数在一局部范围内进行泰勒级数展开，作为原函数的线性近似式，将此线性近似式代入目标函数中，就成为线性的最小二乘方，因为它有解析解，所以可以求出它的精确极小值。以此点作为下一次线性近似的出发点，反复采用同样方法逐次逼近真正的极小点。

设有一个非线性函数

$$y = f(x, b_1, b_2, \cdots, b_m) \tag{3-17}$$

式中　x——函数的变量；

$b_1, b_2, \cdots, b_m$——函数的待定参数。

若有 n 组观测值 $(x_k, y_k)(k=1,2,\cdots,n)$，由于式（3-17）是非线性函数，无法用一般的最小二乘法作参数估计，为此，可用泰勒级数展开，取其一次项，近似为线性函数，再进一步

处理。

若给 b_i 一个初值,记作 $b_i^{(0)}$,并记初值与真值之差为 Δ_i,这时有

$$b_i = b_i^{(0)} + \Delta_i \quad (i=1,2,\cdots,m) \tag{3-18}$$

这样,求 b_i 变成了求 Δ_i 的问题。为了求 Δ_i,可在 $b_i^{(0)}$ 附近作泰勒级数展开,略去二次以上的高次项,得

$$f(x_k,b_1,b_2,\cdots,b_m) = f_{k0} + \frac{\partial f_{k0}}{\partial b_1}\Delta_1 + \frac{\partial f_{k0}}{\partial b_2}\Delta_2 + \cdots + \frac{\partial f_{k0}}{\partial b_m}\Delta_m \tag{3-19}$$

式中

$$f_{k0} = f(x_k,b_1^{(0)},b_2^{(0)},\cdots,b_m^{(0)})$$

$$\frac{\partial f_{k0}}{\partial b_i} = \frac{\partial f(x,b_1,b_2,\cdots,b_m)}{\partial b_i}\bigg|_{\substack{x=x_k \\ b_i=b_i^{(0)}}}$$

当 $b_i^{(0)}$ 给定时,它们都是自变量 x 的函数,可以直接算出。将式(3-19)代入最小二乘法的目标函数中,可得

$$\begin{aligned}
Q &= \sum_{k=1}^{n} \left[y_k - f(x_k,b_1,b_2,\cdots,b_m) \right]^2 \\
&= \sum_{k=1}^{n} \left[y_k - \left(f_{k0} + \frac{\partial f_{k0}}{\partial b_1}\Delta_1 + \frac{\partial f_{k0}}{\partial b_2}\Delta_2 + \cdots + \frac{\partial f_{k0}}{\partial b_m}\Delta_m \right) \right]^2
\end{aligned} \tag{3-20}$$

$$\begin{aligned}
\frac{\partial Q}{\partial b_i} &= \frac{\partial Q}{\partial \Delta_i} \\
&= 2\sum_{k=1}^{n} \left[y_k - \left(f_{k0} + \frac{\partial f_{k0}}{\partial b_1}\Delta_1 + \frac{\partial f_{k0}}{\partial b_2}\Delta_2 + \cdots + \frac{\partial f_{k0}}{\partial b_m}\Delta_m \right) \right] \left(-\frac{\partial f_{k0}}{\partial b_i} \right) \\
&= 2\left[\Delta_1 \sum_{k=1}^{n} \frac{\partial f_{k0}}{\partial b_1}\frac{\partial f_{k0}}{\partial b_i} + \cdots + \Delta_m \sum_{k=1}^{n} \frac{\partial f_{k0}}{\partial b_m}\frac{\partial f_{k0}}{\partial b_i} - \sum_{k=1}^{n} \frac{\partial f_{k0}}{\partial b_i}(y_k - y_{k0}) \right] \tag{3-21}
\end{aligned}$$

令

$$\begin{cases}
a_{ij} = \sum_{k=1}^{n} \frac{\partial f_{k0}}{\partial b_i}\frac{\partial f_{k0}}{\partial b_j} & (i,j=1,2,\cdots,m) \\
a_{iy} = \sum_{k=1}^{n} \frac{\partial f_{k0}}{\partial b_i}(y_k - y_{k0}) & (i=1,2,\cdots,m)
\end{cases} \tag{3-22}$$

因此,可写出正规方程组

$$\begin{cases}
a_{11}\Delta_1 + a_{12}\Delta_2 + \cdots + a_{1m}\Delta_m = a_{1y} \\
a_{21}\Delta_1 + a_{22}\Delta_2 + \cdots + a_{2m}\Delta_m = a_{2y} \\
\vdots \qquad\qquad\qquad\qquad\qquad \vdots \\
a_{m1}\Delta_1 + a_{m2}\Delta_2 + \cdots + a_{mn}\Delta_m = a_{my}
\end{cases} \tag{3-23}$$

当给出了观测值和 $b_i^{(0)}$ 初值时,即可计算出 a_{ij} 和 a_{iy},再解正规方程组(3-23),即可求得 Δ_i,从而可求出

$$b_i = b_i^{(0)} + \Delta_i \quad (i=1,2,\cdots,m)$$

当 $|\Delta_i|$ 较大时,可令当前 b_i 作为新值 $b_i^{(0)}$,进行第二次迭代,如此反复进行,直至 $|\Delta_i|$ 值小到一定程度,达到要求时,b_i 即为近似解。

高斯-牛顿法的计算步骤,可归纳如下:

(1) 给出初值 $b_i^{(0)}$,则 $b_i = b_i^{(0)} + \Delta_i$,把求解 b_i 的问题化为求解 Δ_i;

(2) 利用泰勒展开,将函数线性化,Δ_i 可从线性方程组解出;

(3) 用 Δ_i 修正 $b_i^{(0)}$,把它作为新的初始值,重复(1)、(2),直到 $\max\limits_{1\leqslant i\leqslant m} |\Delta_i| = \varepsilon$。

　　求解过程之所以要反复迭代进行修正,是因为在泰勒级数展开时,所得线性函数只是近似式,因此,得到的 b_i 也是近似的。若 $|\Delta_i|$ 较大,Δ_i 的二次及二次以上的项就不能忽略,这时,只含线性项的泰勒展开式的精度较差。不过,一般来说,经修正后得到的 b_i 虽然还不是真正的解,但可能比原来的 b_i 更接近于真值,逐次迭代的结果,将使当前的 b_i 值越来越接近真值解。换句话说,这时的修正量 $|\Delta_i|$ 逐次缩小,当 $|\Delta_i|$ 小到它的二次项可以忽略时,函数的一次项可看作精确的等式,这就等于得到真解了。上述的过程称为迭代收敛。

　　当初值 $b_i^{(0)}$ 选得不合适时,泰勒展开式完全失真,用上述方法算出的 b_i 可能比原来的 $b_i^{(0)}$ 更远离真值解,而且越迭代越差,这时候,迭代是发散的。迭代的收敛和发散,关键在于初值 $b_i^{(0)}$ 的选取。非线性问题的难点,远不是大量反复的计算,而是选择初值,为了放宽初值的限制,可以采用阻尼最小二乘法。

三、阻尼最小二乘法

　　阻尼最小二乘法是高斯-牛顿法的一种改进方法。它也是一种迭代法,与高斯-牛顿法的差别仅在于确定 Δ_i 的方程组不同,这时在正规方程组系数矩阵的主对角线上加入一阻尼因子 d,$d \geqslant 0$,因此,正规方程组就变为:

$$\begin{cases} (a_{11}+d)\Delta_1 + a_{12}\Delta_2 + \cdots + a_{1m}\Delta_m = a_{1y} \\ a_{21}\Delta_1 + (a_{22}+d)\Delta_2 + \cdots + a_{2m}\Delta_m = 2_{2y} \\ \vdots \qquad\qquad\qquad\qquad\qquad\qquad\qquad \vdots \\ a_{m1}\Delta_1 + a_{m2}\Delta_2 + \cdots + (a_{mm}+d)\Delta_m = a_{my} \end{cases} \qquad (3\text{-}24)$$

显然,当 $d=0$ 时,阻尼最小二乘法就还原为高斯-牛顿法。d 可以改变迭代过程 a_{iy} 的最速下降方向,令

$$\Delta = (\Delta_1, \Delta_2, \cdots, \Delta_m) \qquad (3\text{-}25)$$
$$a_y = (a_{1y}, a_{2y}, \cdots, a_{my}) \qquad (3\text{-}26)$$

可以证明:

　　(1) 当 d 越来越大时,Δ 的长度越来越小,并以零为极限,即

$$\lim_{d \to \infty} |\Delta| = 0 \qquad (3\text{-}27)$$

　　(2) 当 d 越来越大时,Δ 与 a_y 两矢量的夹角 r 越来越小,并以零为极限,即

$$\lim_{d \to \infty} r = 0 \qquad (3\text{-}28)$$

　　由于 a_y 不随 d 改变,第(2)点结论实际上指出 Δ 的方向将随 d 的增大而逐渐接近 a_y 方向,而 a_y 的方向是梯度方向(最速下降方向),沿着这个方向,只要步长不太大,剩余平方和可以逐步减小。所以,只要 d 充分大,一定能保证下次迭代中得到的 Q 值比上一次小,除非 Q 已达到最小值。

　　上面的两个结论提供了选取阻尼因子 d 的原则,即在收敛的情况下,为了减少迭代次数,d 值选较小的值。当不能保证相应的 Q 比前次的小时,才被迫选取大的 d 值。因此,d 是随迭代过程而变化,其具体的选取可以采用不同的方法。

　　阻尼最小二乘法与高斯-牛顿法比较,它对初值的要求放宽了,但计算工作量比高斯-牛顿法要大。表 3-3 是两种方法的比较。

表 3-3	高斯-牛顿法与阻尼最小二乘法对初值要求的比较						
高斯-牛顿法	初值 $b^{(0)}$	0.02	0.03	0.04	0.05	0.1	0.2
	收敛时迭代次数	7	7	8	发散	发散	发散
阻尼最小二乘法	初值 $b^{(0)}$	0.02	0.1	0.4	0.5	0.6	1.0
	收敛时迭代次数	6	18	9	发散	发散	发散

表中数据表明,对于高斯-牛顿法,在 $b^{(0)} \geqslant 0.05$ 时,算法便告失败;但对于阻尼最小二乘法,当 $b^{(0)} \leqslant 0.4$ 时,还能取得结果,阻尼最小二乘法对初值的要求放宽了一个数量级。

四、粒子群算法

粒子群算法(Particle Swarm Optimization,PSO)是 Kennedy 和 Eberhart 于 1995 年提出的一种新的群集智能算法。它源于对鸟群捕食行为的研究。

PSO 中,每个优化问题的解都是搜索空间中的一只鸟,称之为"粒子"。所有的粒子都有一个由被优化的函数决定的适应值,每个粒子还有一个速度决定它们飞翔的方向和距离。

PSO 初始化为一群随机粒子(随机解)。然后通过迭代找到最优解。在每一次迭代中,粒子通过跟踪两个"极值"来更新自己。第一个就是粒子本身所找到的最优解,这个解叫作个体极值 pbest;另一个极值是整个种群目前找到的最优解,这个极值是全局极值 gbest。

在找到这两个最优值时,粒子根据如下的公式来更新自己的速度和新的位置:

$$v_i(t+1) = \omega \cdot v_i(t) + c_1 \cdot rand_1(t) \cdot [pbest_i(t) - x_i(t)] + c_2 \cdot rand_2(t) \cdot [gbest(t) - x_i(t)]$$
$$(3\text{-}29)$$

$$x_i(t+1) = x_i(t) + v_i(t+1) \qquad (3\text{-}30)$$

式中,$i=1,2,\cdots,n$,n 是粒子的数目;c_1 和 c_2 为学习系数;ω 为惯性系数;$rand_1$ 和 $rand_2$ 为 $[0,1]$ 之间的单位随机数;$v(t)$ 是粒子的速度;$x(t)$ 是当前粒子的位置。

自从粒子群算法提出以来,发展速度很快,又提出了很多经过优化的算法,但都是以标准 PSO 的算法为基础。标准 PSO 算法流程如下:

(1) 初始化一群微粒(群体规模为 m),包括随机的位置和速度;

(2) 评价每个微粒的适应度;

(3) 对每个微粒,将它的适应值和它经历过的最好位置 pbest 作比较,如果较好,则将其作为当前的最好位置 pbest;

(4) 对每个微粒,将它的适应值和全局所经历过的最好位置 gbest 作比较,如果较好,则重新设置 gbest 的索引号;

(5) 根据式(3-29)和式(3-30)变化微粒的速度和位置;

(6) 如未达到结束条件(通常为足够好的适应值或达到一个预设最大迭代数),回到(2)。

第四章 插值模型

第一节 插值法的基本思想

一、为何要建立插值模型

根据一组试验数据,我们可以用回归的方法建立经验模型,但在实际问题中,采用这种方法建立经验模型往往比较麻烦,一是难以找到明显合适的解析表达式;二是即使找到了合适的数学表达式,但求解非常困难。所以在许多情况下,往往采用插值法建立相应的插值模型,以求得问题的近似解。

二、插值法的基本思想

1. 概念

插值就是从一组离散的数据中,求出某些需要的中间值。例如有一组离散数据,其中点 $x_0,x_1,\cdots,x_n$ 称为节点,$y_0,y_1,\cdots,y_n$ 是它的函数值,若用 $y=f(x)$ 表示它的函数(未知),插值就是在这个函数表中再插进一些所需的中间值(见表 4-1)。

表 4-1

x	x_0	x_1	x_2	$\cdots$	x_n
$y=f(x)$	y_0	y_1	y_2	$\cdots$	y_n

2. 基本思想

(1) 设法构造一个简单函数 $y=P(x)$ 作为该函数 $f(x)$ 的近似式;

(2) 利用 $y=P(x)$,若已知插值点 u,求 $f(u)$ 的近似值 v。

3. 插值方法

插值所用的简单函数一般都是代数多项式,可以用以下几种方法来建立:

(1) 利用离散数据中的任意两点,建立一次插值多项式,这种方法称为线性插值。

(2) 利用其中任意三点,建立二项插值多项式,这种方法称为抛物线插值。

(3) 顺序选取三点,建立彼此有联系的三次多项式,这种方法称为样条插值。

(4) 如果利用全部 $n+1$ 点,建立 n 次多项式,则称为高阶插值。

4. 插值模型的特点

(1) 插值模型虽然是原函数的近似表达式,但在插值节点处,原函数值与插值函数值是相等的。

(2) 插值法主要是用在一元函数的计算中。

(3) 插值法只能用于内插,若要进行外插,需十分慎重,因为插值函数是在节点范围内建立的,超出这个范围,就很难保证准确性。

(4) 插值多项式的最高阶次 m 应比插值节点 n 小 1,若要建立更低阶次的多项式作为解析表达式,就应建立分段插值。

第二节 线性插值

一、线性插值模型建立

线性插值是最简单的插值,它仅需要两个点数据,建立直线方程来近似代替原函数 $f(x)$,然后在两点之间(区间)进行插值。

在选矿过程模拟中,常常碰到一些试验数据,如筛分、浮沉等一些表格函数,如果数据间隔小,则可以用线性插值解决。

设所建立的直线方程为 $y = P_1(x)$,根据插值模型特点,在节点中选取与插值点相邻的两点 (x_0, y_0),(x_1, y_1) 作为插值区间。

根据解析几何可在两点之间建立线性方程,即

$$y = P_1(x) = y_0 + \frac{y_1 - y_0}{x_1 - x_0}(x - x_0) \tag{4-1}$$

并且有
$$P_1(x_0) = y_0, P_1(x_1) = y_1$$

这样,利用上式就可以计算 $0, 1$ 两点之间任一插值点 x 的函数值。

二、线性插值算法

分段插值的方法实质上是在众多节点中根据插值点优选出所需的节点,一旦最优构模节点选定,就变为相应的多项式插值问题。线性插值计算框图如图 4-1 所示。

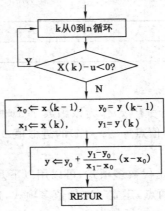

图 4-1 线性插值计算框图

假定给出 $n+1$ 对列表函数:
$$x_0 < x_1 < x_2 < \cdots < x_n$$
$$y_0 < y_1 < y_2 < \cdots < y_n$$

它们有 k 个区间($k = 1, 2, \cdots, n$),给定插值点,求对应的插值函数 v。

如果
$$x_{k-1} < u < x_k$$

则优选的节点为:
$$\begin{cases} x_0 = x_{k-1} \\ y_0 = y_{k-1} \end{cases} \begin{cases} x_1 = x_k \\ y_1 = y_k \end{cases}$$

使用计算机计算时,可根据插值点 u 自动选定插值节点。

第三节 抛物(一元三点)和拉格朗日插值模型

线性插值仅仅采用两个点的数据,精度自然很低,为了改善精度,可试图充分利用得到的数据,构造高阶多项式插值模型。

一、抛物线插值

上节中所构造的线性插值模型为:

$$P_1(x) = y_0 + \frac{y_1 + y_0}{x_1 - x_0}(x - x_0)$$

变化后:

$$P_1(x) = \frac{x - x_1}{x_0 - x_1}y_0 + \frac{x - x_0}{x_1 - x_0}y_1 \tag{4-2}$$

令

$$\frac{x - x_1}{x_0 - x_1} = A_0(x), \frac{x - x_0}{x_1 - x_0} = A_1(x)$$

则上式可写成:

$$P_1(x) = A_0(x)y_0 + A_1(x)y_1 \tag{4-3}$$

当 $x = x_0$ 时

$$A_0(x) = \frac{x - x_1}{x_0 - x_1} = 1 \qquad A_1(x) = \frac{x - x_0}{x_1 - x_0} = 0$$

当 $x = x_1$ 时

$$A_0(x) = 0, A_1(x) = 1$$

$A_0(x)$ 与 $A_1(x)$ 称为以 x_0, x_1 为节点的基本插值多项式。

$A_0(x)$ 与 $A_1(x)$ 通过线性组合可以构造成一项插值多项式。

假如我们有原函数 $f(x)$ 三个点的列表函数,见表 4-2。

表 4-2

x_i	x_0	x_1	x_2
y_i	y_0	y_1	y_2

按基本多项式插值研究方法,设所求的抛物线方程形式为:

$$P_2(x) = y_0 A_0(x) + y_1 A_1(x) + y_2 A_2(x) \tag{4-4}$$

根据插值思想,该方程应满足条件:

$$P_2(x_0) = y_0, P_2(x_1) = y_1, P_2(x_2) = y_2$$

那么所构造的二次基本多项式 $A_0(x)$ 应满足表 4-3 中所列内容。

表 4-3

	$A_0(x)$	$A_1(x)$	$A_2(x)$
x_0	1	0	0
x_1	0	1	0
x_2	0	0	1

对第一个 $A_0(x)$ 多项式

$$A_0(x_0)=1,A_0(x_1)=0,A_0(x_2)=0$$

因 $A_0(x_1)=A_0(x_2)=0$，而 $A_1(x)$ 都是 x 的二次函数，故 $A_0(x)$ 中必含有 $x-x_1$ 和 $x-x_2$ 两个因子，令

$$A_0(x)=\lambda(x-x_1)(x-x_2)$$

用 $x=x_0$ 代入上式，同时因 $A_0(x_0)=1$，所以

$$A_0(x_0)=\lambda(x_0-x_1)(x_0-x_2)=1$$

$$\lambda=\frac{1}{(x_0-x_1)(x_0-x_2)}$$

则得到

$$A_0(x)=\frac{(x-x_1)(x-x_2)}{(x_0-x_1)(x_0-x_2)}$$

同理构造基本二次多项式 $A_1(x),A_2(x)$ 使其满足条件：

$$A_1(x_0)=0,A_1(x_1)=1,A_1(x_2)=0$$
$$A_2(x_0)=1,A_2(x_1)=0,A_2(x_2)=1$$

则有：

$$A_1(x)=\frac{(x-x_0)(x-x_2)}{(x_1-x_0)(x_1-x_2)}$$

$$A_2(x)=\frac{(x-x_0)(x-x_1)}{(x_2-x_0)(x_2-x_1)}$$

其线性组合即抛物线插值模型为：

$$P_2(x)=A_0(x)y_0+A_1(x)y_1+A_2(x)y_2$$
$$=\frac{(x-x_1)(x-x_2)}{(x_0-x_1)(x_0-x_2)}y_0+\frac{(x-x_0)(x-x_2)}{(x_1-x_0)(x_1-x_2)}y_1+\frac{(x-x_0)(x-x_1)}{(x_2-x_0)(x_2-x_1)}y_2 \qquad (4-5)$$

二、一元三点插值算法

(1) 同样假定给出 $n+1$ 对列表函数：

$$x_0<x_1<x_2<\cdots<x_n$$
$$y_0<y_1<y_2<\cdots<y_n$$

它们有 k 个区间 $(k=1,2,\cdots,n)$，给定插值点 u，求对应的插值函数 v。

优选构模节点有三种情况：

① 若 $u\leqslant x_1$，则选 x_0,x_1,x_2 三点。

② 若 $u\geqslant x_{n-1}$，则应取 x_{n-2},x_{n-1},x_n 三点。

③ 若 $x_k<u<x_{k+1}$，又可分两种情况：

当 u 靠近 x_k 时，则选 x_{k-1},x_k,x_{k+1}。

当 u 靠近 x_{k+1} 时，则选 x_k,x_{k+1},x_{k+2}。

(2) 子程序：拉格朗日一元三点插值子程序详见附录程序六。

三、拉格朗日插值模型

从一元二点、一元三点插值模型的构造中，找出规律加以推广。

1. 关于基本插值多项式

一元二点基本插值多项式中

$$\left.\begin{array}{l}A_0(x_0)=1,A_0(x_1)=0\\A_1(x_0)=0,A_1(x_1)=1\end{array}\right|\left.\begin{array}{l}A_0(x)=\dfrac{x-x_1}{x_0-x_1}\\A_1(x)=\dfrac{x-x_0}{x_1-x_0}\end{array}\right\}\Rightarrow A_i(x)=\frac{x-x_j}{x_i-x_j},\text{其中 }i\neq j。$$

一元三点基本插值多项式中

$$A_0(x_0)=1,A_0(x_1)=0,A_0(x_2)=0$$
$$A_1(x_0)=0,A_1(x_1)=1,A_1(x_2)=0 \quad \middle| \quad A_i(x)=\prod_{\substack{j=0\\j\neq i}}^{k-1}\left(\frac{x-x_j}{x_i-x_j}\right)$$
$$A_2(x_0)=0,A_2(x_1)=0,A_2(x_2)=1$$

2. 关于插值模型

一元二点中：

$$P_1(x)=A_0(x)y_0+A_1(x)y_1$$

一元三点中：

$$P_2(x)=A_0(x)y_0+A_1(x)y_1+A_2(x)y_2$$

推广到一元 k 点应为：

$$P_{k-1}(x)=\sum_{i=0}^{k-1}[A_i(x)\cdot y_i]\quad(i=0,1,2,\cdots,k-1)$$

由此可以得到对 $n+1$ 个节点的拉格朗日插值模型为：

$$P_n(x)=\sum_{i=1}^{n}[A_i(x)\cdot y_i]=\sum_{i=0}^{n}\left[\prod_{\substack{j=0\\j\neq i}}^{n}\left(\frac{x-x_j}{x_i-x_j}\right)\cdot y_i\right]$$

$$=\sum_{i=0}^{n}\left[\frac{(x-x_0)\cdots(x-x_{i-1})(x-x_{i+1})\cdots(x-x_n)}{(x_i-x_0)\cdots(x_i-x_{i-1})(x_i-x_{i+1})\cdots(x_i-x_n)}\cdot y_i\right]\quad(4\text{-}6)$$

其中 $i=0,1,2,\cdots,n,j=0,1,2,\cdots,n$。

不难看出，一元二点、一元三点插值模型是拉格朗日插值模型在 $n=1,n=2$ 时的特例。

拉格朗日插值模型的优点在于能充分利用多点数据信息，但多项式阶数越高，越难以计算，同时精度又不一定提高，所以在处理实际问题时，我们则更多地采用分段插值法。

四、拉格朗日插值算法

1. 拉格朗日插值

设给定函数 $y=f(x)$ 的 $n+1$ 个数据点 $(x_0,y_0),(x_1,y_1),\cdots,(x_n,y_n)$，定义的插值基本函数或插值多项式 $A_0,A_1,\cdots,A_n$ 为：

$$A_i(x)=\frac{(x-x_0)\cdots(x-x_{i-1})(x-x_{i+1})\cdots(x-x_n)}{(x_i-x_0)\cdots(x_i-x_{i-1})(x_i-x_{i+1})\cdots(x_i-x_n)}\quad(4\text{-}7)$$

易知：$A_i(x_k)=\begin{cases}1 & k=i \quad i=0,1,2,\cdots,n\\0 & k\neq i \quad k=0,1,2,\cdots,n\end{cases}$

令

$$P_n(x)=\sum_{i=0}^{n}A_i(x)y_i\quad(4\text{-}8)$$

则

$$P_n(x_i)=y_i=f(x_i)\quad(i=1,2,\cdots,n)$$

这说明 n 次多项式 $P_n(x)$ 正好经过全部数据点，因此，$P_n(x)$ 就是要求的插值多项式。称形如式(4-8)的多项式为拉格朗日多项式。

2. 算法

$A\leftarrow1.0$

对 $i=0,1,\cdots,n$ 做循环

对 $j=0,1,\cdots,n$ 做循环

若 $i\neq j$，则 $A\leftarrow A\cdot(x-x_j)/(x_i-x_j)$

$$f(x) \leftarrow f(x) + A \cdot f(x_i)$$

子程序详见附录程序六。

例 4-1 给定函数 $y = f(x)$，见表 4-4。

表 4-4

x_i	20	22	24	26
$f(x_i)$	0.342 02	0.374 61	0.406 74	0.438 37

求 $x = 23$ 时的五位数近似插值 $P(23)$。

解 $A_0(x) = \prod_{i \neq 0} \dfrac{x - x_i}{x_0 - x_i}$; $A_0(23) = -0.062\ 5$

$A_1(x) = \prod_{i \neq 1} \dfrac{x - x_i}{x_1 - x_i}$; $A_1(23) = 0.562\ 5$

$A_2(x) = \prod_{i \neq 2} \dfrac{x - x_i}{x_2 - x_i}$; $A_2(23) = 0.562\ 5$

$A_3(x) = \prod_{i \neq 3} \dfrac{x - x_i}{x_3 - x_i}$; $A_3(23) = -0.062\ 5$

$y(23) = \sum_{i=0}^{3} f(x_i) \cdot A_i(23) = 0.390\ 74$

作业 4-1 某厂原煤浮沉试验资料如表 4-5 所示。试分别用线性插值、拉格朗日一元三点插值和拉格朗日插值计算密度为 $1.35\ \text{g/cm}^3$、$1.45\ \text{g/cm}^3$ 和 $1.55\ \text{g/cm}^3$ 时的浮物累计产率和灰分。

表 4-5

$\delta/(\text{g/cm}^3)$	-1.3	$1.3 \sim 1.4$	$1.4 \sim 1.5$	$1.5 \sim 1.6$	$1.6 \sim 1.8$	$+1.8$
$y/\%$	23.74	47.56	9.39	3.28	2.10	13.93
$A/\%$	5.76	10.11	19.31	28.75	38.96	80.18

第四节　样条插值的应用

一、样条插值的概念

分段插值的缺点是在连接处不能保证光滑地过渡，如果采用其插值结果绘制曲线，则很难保证曲线光滑，用高阶插值虽可弥补这个缺点，但因次数越高、计算越繁，误差往往也越大。要保证连接处有一定的光滑性，一般采用样条插值。

样条插值是一种改进的分段插值，它在每个由相邻节点组成的小区间内，都构造一个三次或二次函数，为了在连接处保持光滑，在节点上保持一阶连续导数。

二、三次样条函数的建立

设给定节点的序列为：

$$x_i, y_i \quad (i = 0, 1, 2, \cdots, n)$$

其中,$x_0 < x_1 < x_2 < \cdots < x_n$。

要求构造一个函数 $S(x)$,使其满足三次样条函数的三个条件:

(1) 函数通过相应的节点,即 $S(x_i) = y_i$,$i = 0,1,2,\cdots,n$。

(2) 在区间 $[x_0,x_n]$ 上,$S(x)$ 具有一阶和二阶连续导数。

(3) 在每个小区间 $[x_i,x_{i+1}]$ 上,$S(x)$ 是 x 的三次多项式。

根据上述条件可以导出三次样条函数表达式。设三次样条函数为 $S(x)$,在 $[x_i,x_{i+1}]$ 上,$S(x) = S_i(x)$,若要满足插值条件,则三次多项式可构造为:

$$S_i(x) = \frac{x-x_i}{i_{i+1}-x_i}y_{i+1} + \frac{x-x_{i+1}}{x_i-x_{i+1}}y_i + (ax+b)(x-x_i)(x-x_{i+1}) \tag{4-9}$$

根据第一个条件,显然有:

$$S_i(x_i) = y_i, \qquad S_i(x_{i+1}) = y_{i+1}$$

将式(4-9)对 x 求导:

$$S'_i(x) = \frac{y_{i+1}}{x_{i+1}-x_i} + \frac{y_i}{x_i-x_{i+1}} + a(x-x_i)(x-x_{i+1}) + (ax+b)(x-x_{i+1}) + (ax+b)(x-x_i) \tag{4-10}$$

若用 m_i 表示 $S_i(x)$ 在 x_i 处的一阶导数,则:

$$S'_i(x_i) = m_i, S'_i(x_{i+1}) = m_{i+1}$$

将 $x = x_i$ 和 $x = x_{i+1}$ 分别代入式(4-10)得

$$\begin{cases} m_i = \dfrac{y_{i+1}-y_i}{h_i} - (ax_i+b)h_i \\ m_{i+1} = \dfrac{y_{i+1}-y_i}{h_i} + (ax_{i+1}+b)h_i \end{cases} \tag{4-11}$$

式中,$h_i = x_{i+1} - x_i$。

解上面方程组可得:

$$\begin{cases} a = \dfrac{m_{i+1}+m_i}{h_i^2} + \dfrac{2(y_i-y_{i+1})}{h_i^3} \\ b = \dfrac{(x_{i+1}+x_i)(y_{i+1}-y_i)}{h_i^3} - \dfrac{x_i m_{i+1}+x_{i+1}m_i}{h_i^2} \end{cases} \tag{4-12}$$

$S(x)$ 的二阶导数为:

$$S''(x) = \left[\frac{6}{h_i^2} - \frac{12}{h_i^3}(x_{i+1}-x)\right]y_i + \left[\frac{6}{h_i^2} - \frac{12}{h_i^3}(x-x_i)\right]y_{i+1} +$$

$$h_i\left[\frac{2}{h_i^2} - \frac{6}{h_i^3}(x_{i+1}-x)\right]m_i - h_i\left[\frac{2}{h_i^2} - \frac{6}{h_i^3}(x-x_i)\right]m_{i+1} \tag{4-13}$$

于是有:

$$S''(x_i) = -\frac{6}{h_i^2}y_i + \frac{6}{h_i^2}y_{i+1} - \frac{4}{h_i}m_i - \frac{2}{h_i}m_{i+1}$$

$$S''(x_{i+1}) = -\frac{6}{h_i^2}y_i - \frac{6}{h_i^2}y_{i+1} + \frac{2}{h_i}m_i + \frac{4}{h_i}m_{i+1} \tag{4-14}$$

因此同样有,在区间 $[x_{i-1},x_i]$ 的右端点 x_i 的二阶导数为:

左导:
$$S''(x_i^-) = \frac{6}{h_{i-1}^2}y_{i-1} - \frac{6}{h_{i-1}^2}y_i + \frac{2}{h_{i-1}}m_{i-1} + \frac{4}{h_{i-1}}m_i$$

而 $S(x)$ 在子区间 $[x_i,x_{i+1}]$ 左端点 x_i 的二阶导数为:

右导： $$S''(x_i^+) = -\frac{6}{h_i^2}y_i + \frac{6}{h_i^2}y_{i+1} - \frac{4}{h_i}m_i - \frac{2}{h_i}m_{i+1}$$

根据 $S(x)$ 在连接点 x_i 处二阶导数连续,则有：

$$S''(x_i^-) = S''(x_i^+)$$

即： $$(1-a_i)m_{i-1} + 2m_i + a_i m_{i+1} = 3\left[\frac{1-a_i}{h_{i-1}}(y-y_{i-1}) + \frac{a_i}{h_i}(y_{i+1}-y_i)\right]$$

式中, $a_i = \frac{h_{i-1}}{h_{i-1}+h_i}$。

该式对所有连接点 $x_1, x_2, \cdots, x_{n-1}$ 均成立,由此可以得到 $n-1$ 个含 $m_i(i=0,1,\cdots,n)$ 的方程式。

将 a、b 值代入式(4-9)得：

$$S_i(x) = \left[\frac{3}{h_i^2}(x_{i+1}-x) - \frac{2}{h_i^3}(x_{i+1}-x)^3\right]y_i + \left[\frac{3}{h_i^2}(x-x_i)^2 - \frac{2}{h_i^3}(x-x_i)^3\right]y_{i+1} +$$

$$h_i\left[\frac{1}{h_i}(x_{i+1}-x)^2 - \frac{1}{h_i^3}(x_{i+1}-x)^3\right]m_i - h_i\left[\frac{1}{h_i^2}(x-x_i)^2 - \frac{1}{h_i^3}(x-x_i)^3\right]m_{i+1}$$

$$(4-15)$$

式中 x_i, y_i——插值节点及函数值;

h_i——系数, $h_i = x_{i+1} - x_i$;

m_i——$S(x)$ 在 x_i 处的一阶导数。

只要求出 $m_i(i=0,1,\cdots,n)$,即求出了三次样条函数。

m_i 可以通过二阶导数连续来求。

注意 两个边界点的二阶导数取 $m_0 = m_n = 0$,即按自然样条处理,可得方程组：

$$\begin{cases} 2m_0 + m_1 = \dfrac{3}{h_0}(y_1 - y_0) \\ m_{n-1} + 2m_n = \dfrac{3}{h_{n-1}}(y_n - y_{n-1}) \end{cases}$$

进一步可得方程组：

$$\begin{cases} (1-a_1)m_0 + 2m_1 + a_1 m_2 = \beta_1 \\ (1-a_2)m_1 + 2m_2 + a_2 m_3 = \beta_2 \\ \qquad\qquad \vdots \\ (1-a_{n-1})m_{n-2} + 2m_{n-1} + a_{n-1}m_n = \beta_{n-1} \end{cases} \qquad (4-16)$$

用矩阵表示为：

$$\begin{bmatrix} 2 & 1 & & & & \\ (1-a_1) & 2 & a_1 & & & \\ & (1-a_2) & 2 & a_2 & & \\ & & \ddots & & & \\ & & (1-a_{n-1}) & 2 & a_{n-1} \\ & & & 1 & 2 \end{bmatrix} \begin{bmatrix} m_0 \\ m_1 \\ m_2 \\ \vdots \\ m_{n-1} \\ m_n \end{bmatrix} = \begin{bmatrix} \beta_0 \\ \beta_1 \\ \beta_2 \\ \vdots \\ \beta_{n-1} \\ \beta_n \end{bmatrix} \qquad (4-17)$$

可采用追赶法解三对角线方程组：

$$\begin{bmatrix} b_1 & c_1 & & & & & \\ a_2 & b_2 & c_2 & & & & \\ & \ddots & \ddots & \ddots & & & \\ & & a_i & b_i & c_i & & \\ & & & \ddots & \ddots & \ddots & \\ & & & & a_{n-1} & b_{n-1} & c_{n-1} \\ & & & & & a_n & b_n \end{bmatrix} \begin{bmatrix} x_1 \\ x_2 \\ \vdots \\ x_n \end{bmatrix} = \begin{bmatrix} f_1 \\ f_2 \\ \vdots \\ f_n \end{bmatrix} \tag{4-18}$$

简记

$$a_x = f$$

其中，$a_{ij} = 0$，当 $|i-j| > 1$ 时：

(1) $|b_1| > |c_1| > 0$；

(2) $|b_i| \geqslant |a_i| + |c_i|$，$a_i, c_i \neq 0 (i=2,3,\cdots,n-1)$；

(3) $|b_n| > |a_n| > 0$。

首先将系数矩阵 A 分解为两个矩阵，即

$$A = LU$$

其中，L 为下三角矩阵，U 为单位上三角矩阵，则

$$A = \begin{bmatrix} b_1 & c_1 & & & & & \\ a_2 & b_2 & c_2 & & & & \\ & \ddots & \ddots & \ddots & & & \\ & & a_i & b_i & c_i & & \\ & & & \ddots & \ddots & \ddots & \\ & & & & a_{n-1} & b_{n-1} & c_{n-1} \\ & & & & & a_n & b_n \end{bmatrix} = \begin{bmatrix} \alpha_1 & & & & \\ r_2 & \alpha_2 & & & \\ & \ddots & \ddots & & \\ & & \ddots & \ddots & \\ & & & r_n & \alpha_n \end{bmatrix} \begin{bmatrix} 1 & \beta_1 & & & \\ & 1 & \beta_2 & & \\ & & \ddots & \ddots & \\ & & & \ddots & \beta_{n-1} \\ & & & & 1 \end{bmatrix}$$

其中，α_i, β_i, r_i 为待定系数。

比较上面矩阵两边和已知条件，可得分解的两个矩阵系数。

$$\begin{cases} \alpha_1 = b_1 \\ \beta_1 = c_1/b_1 \\ \beta_i = c_i/(b_i - a_i\beta_{i-1}) & (i=2,3,\cdots,n-1) \\ \alpha_i = b_i - a_i\beta_i & (i=2,3,\cdots,n) \\ v_i = a_i & (i=2,3,\cdots,n) \end{cases}$$

因此求解 $Ax = f$ 等价于解两个三角形方程组，即 $LUx = f$，$Ux = y$。

(1) $Ly = f$，求 y；

(2) $Ux = y$，求 x。

从而得到解三对角线方程组的追赶法公式：

(1) 计算 $\{\beta_i\}$ 的递推公式

$\beta_1 = c_1/b_1$

$\beta_i = c_i/(b_i - a_i\beta_{i-1})$ 　$(i=2,3,\cdots,n)$

(2) 解 $Ly = f$

$y_1 = f_1/b_1$

$$y_i = (f_i - a_i y_{i-1})/(b_i - a_i \beta_{i-1}) \quad (i = 2, 3, \cdots, n)$$

(3) 解 $Ux = y$

$$x_n = y_n$$

$$x_i = y_i - \beta_i x_{i+1} \quad (i = n-1, n-2, \cdots, 2, 1)$$

将计算系数 $\beta_1 \rightarrow \beta_2 \rightarrow \cdots \rightarrow \beta_{n-1}$ 及 $y_1 \rightarrow y_2 \rightarrow \cdots \rightarrow y_n$ 的过程称为追的过程,将计算方程组的解 $x_n \rightarrow x_{n-1} \rightarrow \cdots \rightarrow x_1$ 的过程称为赶的过程。

子程序详见附录程序七。

第五节　埃尔米特插值的应用

一、插值思想方法

这种插值方法是在相邻节点之间建立一个三次多项式 $P(x)$,这个多项式不但要通过节点,同时,在节点处的一阶导数应等于原函数的一阶导数,即:

$$\begin{cases} P(x_i) = f(x_i) \\ P'(x_i) = f'(x_i) \end{cases} \tag{4-19}$$

这样从几何上来看,近似式 $P(x)$ 和原函数 $f(x)$ 不但通过共同点,而且在这些点上的切线也相等,保证了插值函数所画出的曲线的光滑性。

二、函数的建立

设有 $n+1$ 组数据 $x_i, y_i (i = 0, 1, 2, \cdots, n)$。因此,可以分为 n 个分段,在每个分段中,相邻两节点可以建立一个三次多项式:

$$y_i = ax_i^3 + bx_i^2 + cx_i + d \quad (i = 1, 2, \cdots, n) \tag{4-20}$$

根据埃尔米特插值思想:① 通过节点;② 节点处一阶导数等于原函数一阶导数。则对相邻节点 $(x_i, y_i), (x_{i+1}, y_{i+1})$ 可列出下列方程组:

$$\begin{cases} ax_i^3 + bx_i^2 + cx_i + d = y_i \\ ax_{i+1}^3 + bx_{i+1}^2 + cx_{i+1} + d = y_{i+1} \\ 3ax_i^2 + 2bx_i + c = m_i \\ 3ax_{i+1}^2 + 2bx_{i+1} + c = m_{i+1} \end{cases} \tag{4-21}$$

式中,m_i, m_{i+1} 为原函数 $f(x)$ 在两节点处导数值。

上式中 x_i, y_i 为实测数据,如果能知道原函数 $f(x)$ 在节点处的一阶导数值 m_i, m_{i+1},则系数 a, b, c, d 就不难求出。

三、函数一阶导数 m_i, m_{i+1} 的计算

可以利用通过该节点 (x_i, y_i) 及其左右相邻节点 (x_{i-1}, y_{i-1}) 和 (x_{i+1}, y_{i+1}) 来建立一个二次抛物线方程,用该抛物线方程在该节点 (x_i, y_i) 上的导数值作为原函数 $f(x)$ 在该点的导数值。

通过 x_{i-1}, x_i 和 x_{i+1} 三点的抛物线方程为:

$$\begin{cases} px_{i-1}^2 + qx_{i-1} + r = y_{i-1} \\ px_i^2 + qx_i + r = y_i \\ px_{i+1}^2 + qx_{i+1} + r = y_{i+1} \end{cases} \tag{4-22}$$

解此方程组,可得系数 p,q 和 r。

因此可得:
$$m_i = 2px_i + q$$

这样把 m_i 和 m_{i+1} 代入上面式子,可得分段埃尔米特插值函数。

因此,分段埃尔米特函数插值也可以保持插值结果一定的光滑度,而所要求的条件更宽松,计算也较为简便。

四、二端点区间的插值计算

由于埃尔米特插值函数计算时,最前一个节点和最后一个节点,其二次抛物线方程无法建立,因此,最前一个区间和最后一个区间不能用埃尔米特插值解决,通常可以采用一元三点插值方法计算。

五、子程序

子程序详见附录程序八。

第五章　重选数学模型

重力选煤中,工艺计算一般要解决以下几个问题:

(1) 原煤的可选性分析;

(2) 分选产物的实际产率、灰分和分选效率的计算;

(3) 分选产物产率和灰分的预测;

(4) 最大产率的优化计算。

解决上述问题,以前一直是用手工进行计算并通过作图进行分析的,但是手工计算速度慢,效率低,作图精度也不够。

随着计算机技术的发展,计算机算法语言也日益成熟,利用计算机进行优化计算变得容易,计算机的预测与手工计算本质上是相同的,但由于引入了计算机,就可以使用一些新的数学方法,建立相应的数学模型进行优化计算。

目前重选数学模型一般包括以下两种:

(1) 可选性数学模型(包括理论可选性曲线模型、实际可选性曲线模型);

(2) 分配曲线模型。

建立原煤可选性数学模型,有助于进一步研究可选性变化规律,以便能预测原煤的密度组成。

另外,在重选数学模型的研究中,许多研究工作的重点都放在重选产物的预测上,其预测方法一般采用分配率的方法,所以提出了很多分配曲线的经验模型。

第一节　可选性曲线数学模型

煤的可选性是指按所要求的质量指标,从原煤中分选出产品的难易程度。煤的可选性与对产品的质量要求、分选的方法和原料本身所固有的特性等因素有关。通过浮沉试验,可获得有限的几个密度级产物量与质的数据,用图示的方法,将其关系曲线化,则可以在任意条件下了解各个密度范围的物料量与质的关系。因此,这种根据物料浮沉试验结果而绘制出的反映该物料所有密度级或任一密度物的质量分布情况的一组曲线,称为可选性曲线。

根据同一浮沉试验资料,绘制可选性曲线的方法可不同。目前煤的可选性曲线有两种:一种是 1905 年由亨利(Henry)提出、1911 年又被莱茵哈特(Reinhard)补充优化的 H-R 曲线,或称亨利曲线;另一种是 1950 年由迈耶尔(Mayer)提出的迈耶尔可选性曲线,简称 M 曲线。由于 H-R 曲线比 M 曲线要早近半个世纪,因此 H-R 曲线使用更多、更普遍。相比之下,尽管 M 曲线有更多优点,但由于人们的习惯,目前多使用 H-R 曲线,而 M 曲线使用较少。

一、H-R 曲线

H-R 曲线是一组曲线,它包括:基元灰分曲线(λ 曲线)、浮物曲线(β 曲线)、沉物曲线(θ

曲线)、密度曲线(δ 曲线)和 $\delta\pm0.1$ 含量曲线(ε 曲线)。图 5-1 是利用表 5-1 数据绘制出来的可选性曲线。表 5-1 中第 2、3 两栏数据是通过煤的浮沉试验来获得的,其他各栏数据是通过对这两栏数据进行计算、综合获得的。

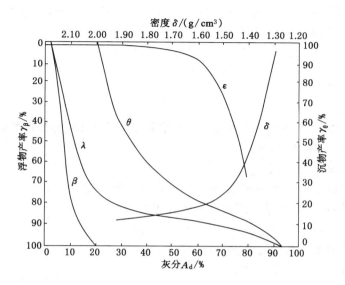

图 5-1　可选性曲线

表 5-1　　　　　　　　　　　0.5～50 mm 粒级原煤浮沉试验综合表

密度级 /(g/cm³)	产率 /%	灰分 /%	累计				分选密度±0.1	
			浮物		沉物			
			产率 /%	灰分 /%	产率 /%	灰分 /%	密度级 /(g/cm³)	产率 /%
1	2	3	4	5	6	7	8	9
<1.30	10.69	3.46	10.69	3.46	100.00	20.50	1.30	56.84
1.30～1.40	46.15	8.23	56.84	7.33	89.31	22.54	1.40	66.29
1.40～1.50	20.14	15.50	76.98	9.47	43.16	37.85	1.50	25.31
1.50～1.60	5.17	25.50	82.15	10.48	23.02	57.40	1.60	7.72
1.60～1.70	2.55	34.28	84.70	11.19	17.85	66.64	1.70	4.17
1.70～1.80	1.62	42.94	86.32	11.79	15.30	72.04	1.80	2.69
1.80～2.00	2.13	52.91	88.45	12.78	13.68	75.48	1.90	2.13
>2.00	11.55	79.64	100.00	20.50	11.55	79.64		
合计	100.00	20.50						
煤泥	1.01	18.16						
总计	100.00	20.48						

1. 基元灰分曲线(λ曲线)

基元灰分曲线,也称灰分特性曲线,简称λ曲线,它是可选性五条曲线中最基本的一条曲线。它是根据表5-1中第2、3两栏数据绘制而成的,表示原煤中各成分间的结合特性,即浮物的累计产率和其分界灰分的关系。该灰分是浮物中的最高灰分,因此,也可将分界灰分称为边界灰分。用数学形式可表述为:

$$\lambda = \lim_{\Delta\omega \to 0} \frac{\Delta(\omega \cdot A)}{\Delta\omega} \tag{5-1}$$

式中 ω——密度级含量;

A——密度级灰分。

λ曲线的形状反映了原煤中可燃物与不可燃物的结合特性,通过此特性,根据曲线的形状可判断分选的难易程度。

2. 浮物曲线(β曲线)

浮物曲线,简称β曲线,它是根据表5-1中第4、5两栏数据绘制而成的,表示煤中浮物累计产率与其平均灰分的关系。用数学形式表述为:

$$\gamma_{-\delta} = f(A_{-\delta})$$

式中 $\gamma_{-\delta}$——小于某一密度的浮物累计产率,%;

$A_{-\delta}$——小于该密度的浮物的平均灰分,%。

3. 沉物曲线(θ曲线)

沉物曲线,简称θ曲线,它是根据表5-1中第6、7两栏数据绘制而成的,表示煤中沉物累计产率与其平均灰分的关系。用数学形式表述为:

$$\gamma_{+\delta} = f(A_{+\delta})$$

式中 $\gamma_{+\delta}$——大于某一密度的沉物累计产率,%;

$A_{+\delta}$——大于该密度的沉物的平均灰分,%。

4. 密度曲线(δ曲线)

密度曲线,简称δ曲线,它是根据表5-1中第4、8两栏数据绘制而成的,表示煤中浮物累计产率与相应密度的关系。用数学形式表述为:

$$\gamma_{-\delta} = f(\delta)$$

式中 δ——某一密度,g/cm³;

$\gamma_{-\delta}$——小于该密度的浮物累计产率,%。

5. δ±0.1曲线(ε曲线)

δ±0.1曲线,简称ε曲线,它是根据表5-1中第8、9两栏数据绘制而成的,表示分选密度邻近物的含量与该密度的关系。用数学形式表述为:

$$\gamma_{\delta \pm 0.1} = f(\delta)$$

式中 δ——某一密度,g/cm³;

$\gamma_{\delta \pm 0.1}$——该密度的±0.1范围内邻近物的含量,%。

由上述5条曲线构成的 H-R 曲线,按规定一般是绘制在 200 mm×200 mm 的坐标纸上。根据表5-1中各栏数据,先在坐标系中绘制出相应的数据点,再把这些点连成一条光滑曲线。其中的基元灰分曲线(λ曲线)、浮物曲线(β曲线)和沉物曲线(θ曲线),都存在着与坐标轴相交的端点,这些端点不能由浮沉试验资料准确定位,要人为地根据曲线形状和专业知识来确定,这就是所谓虚拟型值点。

H-R 曲线又可分为灰分组曲线和密度组曲线,其中灰分组曲线包括基元灰分曲线(λ 曲线)、浮物曲线(β 曲线)和沉物曲线(θ 曲线),这 3 条曲线有着严格的数学关系,可以从 β 曲线推导出另外两条曲线。

设小于某一密度 δ 的浮物产率为 γ_1,其对应的浮物灰分为 β,大于某一密度 δ 的浮物产率为 γ_2,其对应的沉物灰分为 θ,则有

$$M_1 = \gamma_1 \cdot \beta = \int_0^{\gamma_1} \lambda \mathrm{d}\gamma_1 \qquad (5\text{-}2)$$

$$\lambda = \frac{\mathrm{d}M_1}{\mathrm{d}\gamma} = \frac{\mathrm{d}(\gamma \cdot \beta)}{\mathrm{d}\gamma} \qquad (5\text{-}3)$$

$$M_2 = \gamma_2 \cdot \theta = \int_0^{\gamma_2} \lambda \mathrm{d}\gamma_2 \qquad (5\text{-}4)$$

式中　λ——基元灰分;

　　　M_1——浮物累计灰分量;

　　　M_2——沉物累计灰分量。

由于存在

$$M = \int_0^{100} \lambda \mathrm{d}\gamma_1 = \int_0^{100} \lambda \mathrm{d}\gamma_2 \qquad (5\text{-}5)$$

$$\gamma_1 + \gamma_2 = 100 \qquad (5\text{-}6)$$

式中　M——物料总灰分量。

所以有

$$\theta = \frac{\int_0^{\gamma_2} \lambda \mathrm{d}\gamma_2}{\gamma_2} = \frac{\int_0^{100} \lambda \mathrm{d}\gamma_1 - \int_0^{\gamma_1} \lambda \mathrm{d}\gamma_1}{100 - \gamma_1} \qquad (5\text{-}7)$$

密度组曲线包括密度曲线(δ 曲线)和 $\delta \pm 0.1$ 曲线(ε 曲线),其曲线间数学关系可以表示为:

$$\varepsilon = \gamma_{\delta+0.1} - \gamma_{\delta-0.1} \qquad (5\text{-}8)$$

式中　δ——物料密度;

　　　ε——$\delta \pm 0.1$ 范围内的浮物产率。

所以,浮物曲线(β 曲线)和密度曲线(δ 曲线)是基础曲线,绘制其他三条曲线所需要的数据可由这两条曲线的数据计算得到。

二、迈耶尔曲线

迈耶尔曲线(M 曲线)是一种绘制简单并可以扩展的可选性曲线。最初应用在选煤工艺上,很快获得推广,以后又迅速地应用在选矿工艺。目前我国选煤工艺中,H-R 曲线和 M 曲线同等使用。

绘制 M 曲线仍使用原煤的筛分浮沉试验的综合资料,与 H-R 曲线相比,绘制 M 曲线仅使用表 5-1 中浮物累计的两栏数据。M 曲线在功能上代替了 H-R 曲线中的 λ、β 和 θ 三条曲线。

绘制 M 曲线同样使用直角坐标,一般要求绘制在 200 mm×350 mm 的坐标纸上。左侧纵坐标表示物料产率 γ,通常用 2 mm 长度表示 1% 产率,自上而下由 0 到 100%,故该坐标总长为 200 mm;下方横坐标表示灰分,一般 10 mm 长度代表 1% 的灰分。如果灰分也由

0 到 100％，那么横坐标总长度可达到 1 000 mm，这样既不方便绘制，也没有必要。因为实际上原煤灰分不会达到 100％，多数灰分在 20％～30％，极少数会达到 40％以上。因此横坐标轴的长度应根据原煤平均灰分的大小来决定，一般横坐标多采用 350 mm，主要是考虑统一作图规范。如在实际工作中，确需标注大于 35％以上的高灰分值，可用相似三角形原理，将灰分坐标延伸到右侧的纵坐标轴上。

M 曲线表示浮物累计重量与平均灰分、累计灰分的关系，即纵坐标表示浮物累计产率，横坐标表示浮物平均灰分。从 R 点向横坐标的连线，就是灰分平均值矢量。连线所交横坐标的数值，就是灰分平均值。根据浮物累计的产率和灰分值，可得到相应于浮沉级的点（P_1 至 P_5），用圆滑曲线把各点连接起来就得到 M 曲线。图 5-2 为 M 曲线。

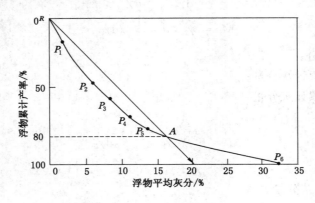

图 5-2　M 曲线

用 M 曲线以图解法计算产物灰分方法如下：如果想求产率为 80％的精煤灰分，只需从纵坐标 80％处引一横线交 M 曲线于点 A，连接 RA 延长交于横坐标，所得的数值就是精煤的灰分。用 M 曲线计算两产物和三产物分选过程的产物数量和质量，比 H-R 曲线更为方便。

范卡德生改进了 M 曲线，改进后的 M 曲线，纵坐标仍然是浮物累计产率，横坐标则是累计灰分量，所以改进后的 M 曲线表达的是浮物累计重量和灰分量的关系。

改进后的 M 曲线有许多优点：

（1）M 曲线上的两个端点可以由原始数据确定，不必设虚拟型值点。

因为，当

$$W = 0 \text{ 时}, \sum W \cdot A = 0$$
$$W = 100 \text{ 时}, \sum W \cdot A = 100 \times A_f$$

式中，A_f 为原煤灰分。

（2）用累计产率和灰分量的关系，可以比较方便地计算出其他数质量指标。

为了推导方便，把 M 曲线的自变量和因变量交换一下，即

$$L = f(W) \tag{5-9}$$

式中　W——浮物累计重量；

　　　 L——浮物累计灰分量。

这样，可以很方便地由 M 曲线计算出其他指标：

① 对 M 曲线微分，得到 λ 曲线

$$\lambda = \lim_{\Delta W \to 0} \frac{\Delta(W \cdot A)}{\Delta W} = \lim_{\Delta W \to 0} \frac{\Delta f(W)}{\Delta W} = f'(W) \tag{5-10}$$

② 式(5-9)在化简(W_i, W_{i+1})上一阶差分,就是该区间的平均灰分

$$A = \frac{f(W_{i+1}) - f(W_i)}{W_{i+1} - W_i} \tag{5-11}$$

③ 当 $W_i = 0$ 时,得到浮物累计灰分

$$A_\beta = \frac{f(W_{i+1})}{W_{i+1}} \tag{5-12}$$

④ 当 $W_{i+1} = 100$ 时,得到沉物累计灰分

$$A_\theta = \frac{f(100) - f(W_i)}{100 - W_i} \tag{5-13}$$

由于 M 曲线有上述优点,所以只要建立起 M 曲线和密度曲线的数学模型就可以得到全部可选性资料。

三、可选性曲线模型及拟合

可选性曲线是选煤专业最常用且必不可少的曲线,历来被选煤工作者所关注。可选性曲线表现的是原煤特性,主要有三个方面的用途:一是评定原煤的可选性;二是利用曲线确定重选过程的理论工艺指标;三是为计算数量效率和质量效率提供精煤理论产率及精煤理论灰分的数据。

目前,利用计算机绘制可选性曲线传统方法有两种:插值法和拟合法。

1. 插值法

一般做浮沉试验得到的数据是离散的,绘制在图上是一系列的点。要想得到一条平滑曲线,必须对数据进行插值,并把插值点连接方能得到平滑曲线。

插值是绘制曲线时常用的一种方法,它是在有限个离散数据的基础上补插连续函数,使得这条连续曲线通过全部给定的离散数据点。常用的插值法有拉格朗日插值法、牛顿插值法、Hermite 插值法、三次样条插值法、B 样条插值法等。

用插值法绘制曲线有时虽能得到比较理想的曲线形状,但是一般不容易得到准确的数学函数来表示数据间的规律和曲线走势,在用计算机预测和优化计算时不方便使用。

2. 拟合法

拟合法是希望求得一个拟合函数,使自变量的函数计算值与试验得到的数据值之间的偏差按某种方法度量能达到总体最小即可,并不要求拟合函数通过所有的试验数据点。

在拟合试验数据时,往往要根据两个变量 x 与 y 的若干组试验数据(x_1, y_1),(x_2, y_2),$\cdots$,(x_n, y_n),建立这两个变量的函数关系的近似表达式,这样得到的函数公式称为经验公式。

图 5-1 中,β 曲线的纵坐标为浮物累计产率,自下而上由 100% 变为 0。横坐标为浮物累计灰分,自左而右由 0 变为 100%。这条曲线表明随着密度的增加,原煤中小于该密度的浮物累计产率和灰分的关系。对比不同的可选性曲线,浮物曲线的形状各有所异,但也有共性,即它们都是单调下降的曲线,产率由 0 到 100%,灰分由小到大。β 曲线一般呈凹形,有时也有拐点,上部一般比较直,即产率和灰分基本呈线性关系,随后,由于各点灰分增加的速度逐渐大于产率而呈凹形,由于浮沉试验的最高密度一般只到 2.0 g/cm³,曲线下部的试验点很少,特别是原煤中矸石含量高时更为突出,最后一段往往按趋势画成凹形,但有时接近

下端时变成凸形。

δ 曲线,表示密度与小于该密度的浮物累计产率的关系。该曲线也是单调上升曲线,但两端往往趋于直线。

根据曲线的形状,可采用三种数学模型拟合可选性曲线。

（1）反正切模型

$$Y = \frac{100\{t_2 - \arctan[K(X-c)]\}}{t_2 - t_3} \tag{5-14}$$

（2）双曲正切模型

$$Y = 100\{a + c \cdot \text{th}[K(X-X_0)]\} \tag{5-15}$$

式中

$$\text{th}(u) = (e^U - e^{-U})/(e^U + e^{-U})$$

（3）复合双曲正切模型

$$Y = 100\{a + bX + c \cdot \text{th}[K(X-X_0)]\} \tag{5-16}$$

式中,X 为浮煤累计灰分或密度;Y 为浮煤累计产率;其他均为模型的参数。参数由实际的原煤浮沉资料确定。因此对于已经确定了的原煤可选性曲线,其模型的参数也就确定了。模型的参数可用非线性拟合等方法求得。当需要预测分选效果时,只要把密度曲线及浮物曲线模型及参数送入计算机即可。

曲线拟合的准确性对预测和评价结果有直接的影响,所以建立准确的可选性曲线的函数模型,是一个非常重要的问题。曲线拟合的数学模型有很多种,由于所选模型的不同,会产生不同的拟合效果,因此,需要按最优原则选择最佳函数模型。

根据煤质资料的不同,可选性曲线也是千变万化的,对同一种数学模型,曲线的差别体现在参数的不同上,拟合的过程就是寻找最优模型参数的过程,使其总体最接近试验值。一般拟合可选性曲线和分配曲线的数学经验公式都是非线性的,寻找参数的过程非常复杂,必须用计算机来实现,寻找最优参数的方法是迭代法。

拟合曲线前,先要寻找合适的数学模型,这要分析大量的试验数据,总结归纳出适合的拟合数据模型。拟合曲线时,首先要输入模型参数初值,然后计算拟合误差,当拟合误差大于要求时,根据寻优方法的要求调整参数值,再重新计算拟合误差,直到拟合误差小于规定值,完成模型参数寻优过程。在《评定煤用重选设备工艺性能的计算机算法》(MT/T 145—1997)中规定,评定拟合效果的标准是拟合误差,定义为:

$$\sigma = \sqrt{\frac{\sum_{i=1}^{n}(y_i - y'_i)^2}{n}} \tag{5-17}$$

式中,σ 是拟合误差;y_i 是试验所得的数据;y'_i 是由拟合公式计算得出的函数值;n 是试验数据的个数。

拟合误差越小越好,在标准中规定拟合误差应小于曲线纵坐标全尺度的 5%,否则可认为原始数据不合格或模型选用不合适。

3. 基于粒子群算法的拟合寻优

拟合曲线方法有很多种,在拟合可选性曲线和分配曲线时最常用的方法是带阻尼的最小二乘法,采用这种方法需要预先给定拟合参数初值,初值的选择对拟合结果有较大的影响,由于针对未知煤质资料不能给出合适的初值,因此往往会因搜索时间过长或不能实现拟合。

采用粒子群算法进行曲线拟合则不需要给定初值，只需要给定参数取值的范围，算法将会在参数范围内进行搜索，找到拟合模型的最优参数值，达到曲线拟合的目的。

粒子群算法是一种基于迭代的优化算法，系统初始化为一组随机解，通过迭代搜寻最优值。粒子群算法的优势在于概念简单、算法容易实现并且没有许多参数需要调整。当给定的参数取值空间比较合适时，参数寻优的迭代次数较少，可以较快地找到参数最优值。相对于传统的带阻尼的最小二乘法，粒子群算法更适合于多参数的拟合寻优。

（1）粒子群算法的拟合寻优过程

对可选性曲线和分配曲线的拟合数学模型进行分析，每个模型都需要拟合 n 个参数，所以拟合过程是一个多参数优化问题，可使用粒子群算法进行求解。寻优目标函数为：

$$\min \sigma = \sqrt{\frac{\sum_{i=1}^{n}\left[y_i - f(x_i,s)\right]^2}{n}} \tag{5-18}$$

约束函数为：

$$s \in \{S\} \tag{5-19}$$

式（5-18）和式（5-19）中，s 是模型的参数，S 是参数 s 可能的值域。

为了加快寻优速度，减少进化代数，用罚函数法将有约束最优化问题转化为无约束最优化问题，表示为：

$$\min \sigma = M + \sqrt{\frac{\sum_{i=1}^{n}(y_i - y'_i)^2}{n}} \tag{5-20}$$

式中，M 为惩罚因子，当 $s \notin \{S\}$ 时，$M = +\infty$；否则，$M = 0$。

具体的求解步骤为：

第一步，设定粒子群的规模为 n；设定初始进化代数 $gen = 0$，最大迭代数为 $MaxDT$（根据收敛效果进行调整），拟合误差要求为 σ'。

第二步，初始化粒子群：

① 第 i 个粒子初始位置的空间坐标 $x_i = x^- + (x^+ - x^-) \cdot rand$；

② 第 i 个粒子初始速度 $v_i = (x^+ - x^-) \cdot (0.2 \cdot rand + 0.1)$；

③ 第 i 个粒子个体最优位置的坐标 $x_{\min i} = x_i$；

④ 第 i 个粒子的初始值 $\sigma_i = +\infty$；

⑤ 第 i 个粒子的个体最优值 $\sigma_{\min i} = +\infty$。

其中，x^-、x^+ 分别为参数的下限和上限；$rand$ 为 $0 \sim 1$ 范围内的随机数；i 为粒子的序号，$i = 1, 2, \cdots, 20$。

第三步，设定群体最优值 $\sigma_{\min} = +\infty$，群体最优位置的坐标 $x_{\min} = x_1$。

第四步，计算每个粒子的拟合误差 σ_i。

第五步，将每个粒子的拟合误差 σ_i 与其个体最优值 $\sigma_{\min i}$ 作比较，如果 $\sigma_i < \sigma_{\min i}$，令 $\sigma_{\min i} = \sigma_i$，$x_{\min i} = x_i$。

第六步，将每个粒子的个体最优值 $\sigma_{\min i}$ 与群体最优值 $\sigma_{\min}$ 作比较，如果 $\sigma_{\min i} < \sigma_{\min}$，令 $\sigma_{\min} = \sigma_{\min i}$，$k = i$，$k$ 为个体最优值最大的粒子的序号。令 $x_{\min} = x_{\min k}$。

第七步,根据式(3-30)更新粒子的速度;根据式(3-31)更新粒子的坐标。

第八步,更新进化代数 $gen=gen+1$,如果 $gen<MaxDT$,返回第四步。

第九步, $\sigma \leqslant \sigma'$ 或 $gen=MaxDT$,达到结束条件,输出拟合结果。

粒子群算法算法拟合曲线的过程可用图 5-3 所示框图表示。

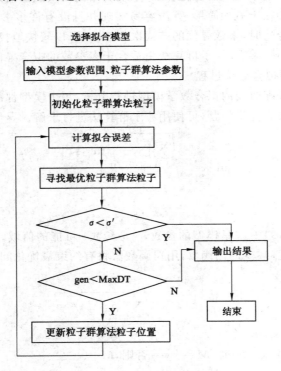

图 5-3　粒子群算法拟合曲线过程

（2）粒子群算法拟合可选性曲线实例

粒子群算法算法用于曲线拟合的效果,可以用已有数学模型来验证。

用表 5-2 中的入料浮沉试验数据绘制可选性曲线,并用复合双曲正切模型进行可选性曲线拟合,结果表明,采用粒子群算法对 β 曲线的拟合误差为 0.670 5,拟合参数为[−0.081 0, 0.011 4, 0.700 0, 0.244 6, 3.498 9];对 δ 曲线的拟合误差为 0.401 9,拟合参数为 [−47.252 9, 0.095 3, 47.795 0, 7.955 0, 0.966 2]。拟合后的可选性曲线如图 5-4 所示。从图中可以看到曲线非常光滑,拟合效果非常好,这表明用粒子群算法来进行曲线拟合和参数寻优是可行的,并且效果良好。

表 5-2　　　　　　　　　　　　　　　　入料与产品浮沉数据表

密度级 /(g/cm³)	原煤		精煤		中煤		矸石	
	产率/%	灰分/%	产率/%	灰分/%	产率/%	灰分/%	产率/%	灰分/%
−1.30	19.61	4.83	32.29	6.77	13.99	8.20	0.04	8.00
1.30~1.40	38.45	10.14	63.88	7.25	27.99	10.20	0.08	9.25

密度级 /(g/cm³)	原煤		精煤		中煤		矸石	
	产率/%	灰分/%	产率/%	灰分/%	产率/%	灰分/%	产率/%	灰分/%
1.40～1.45	5.54	15.61	2.60	15.52	17.69	16.97	0.02	14.87
1.45～1.50	2.88	20.66	1.01	20.01	11.84	21.56	0.21	19.99
1.50～1.60	2.03	27.38	0.21	24.95	13.48	28.81	0.27	30.55
1.60～1.80	2.67	40.80	0.01	34.90	9.17	39.12	0.81	39.47
1.80～2.00	0.85	55.14	0.00	0.00	1.54	53.35	1.98	53.66
+2.00	27.97	89.57	0.00	0.00	4.30	81.18	96.59	88.12
合计	100.00	33.47	100.00	7.48	100.00	21.34	100.00	86.64

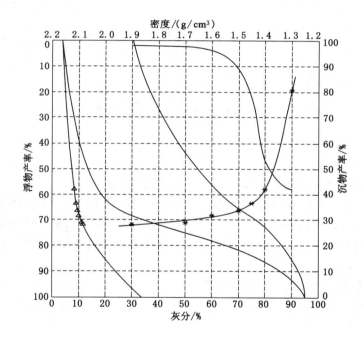

图 5-4　粒子群算法拟合后的可选性曲线

四、可选性数据的细化

在分选作业的计算中,为了使计算结果更准确,往往希望增加浮沉试验的密度级数量。但是,在试验时增加太多的密度级是十分困难的。而利用计算机,通过计算的方法增加浮沉试验的密度级数量,得到符合需要的一组新的可选性数据,这种方法称为可选性数据的细化。

我国选煤厂的浮沉试验大多数采用 6～8 个密度级,如果把它细化为 25 级,一般就可以达到所需的精度。为了使用方便,将每个密度级之间的产率都定为 4%,这样就可以得到 25 个每密度级产率为 4% 的可选性数据。

为了得到细化后的密度级的产率和灰分,要利用两个函数的关系:

$$W_A = f(W) \tag{5-21}$$
$$D = g(W) \tag{5-22}$$

式中 W_A——浮煤的灰分量；

$\quad\quad W$——浮煤的产率；

$\quad\quad D$——浮煤的分选密度。

式(5-21)表示了浮煤产率与灰分量的关系，它实际上就是 M 曲线的函数。式(5-22)则是浮煤产率与密度的关系，实际上是密度曲线的函数（见图 5-5）。这两个关系式都可以利用原煤浮沉试验的数据，用插值的方法找到它的表格函数。

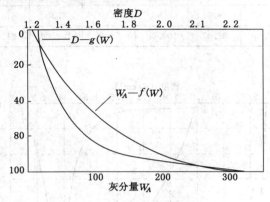

图 5-5 灰分量曲线与密度曲线

用样条函数插值求出式(5-21)和式(5-22)的表格函数。

要用样条函数算出 M 曲线的表格函数，可用原煤浮沉试验的数据算出各中间节点的产率和对应的灰分量。因为曲线必过$(0,0)$和$(100,WA_n)$两点（WA_n是累计的总灰分量），所以两个节点的数值也容易定出。但是两个边界条件却很难准确地确定，所以在计算中采用自然样条的情况，即 $m_0 = M_m = 0$。

对于计算机密度曲线，因为从开始浮煤的密度 D_0 和浮出最后一点煤的密度 D_n，只能根据具体的条件确定。在这里假定 $D_0 = 1.25$，$D_n = 2.6$，也就是两端的节点，边界条件也只能用自然样条确定，即 $M_0 = M_n = 0$。

M 曲线和密度曲线的样条函数求出后，根据可选性数据规格化的要求，浮煤产率的间隔定为 4%，即 W_i 即 4、8、$\cdots$、96、100，利用它就可以插值得到相应的 25 个灰分量和 W_A 密度 D。利用以下公式可以求出各密度级的重量和灰分，即

$$W_i = WI_i + 1^{-WI_i} \tag{5-23}$$
$$A_i = (WA_i + 1 - WA_i)/W_i \tag{5-24}$$

以及浮沉累计灰分：

$$A_{1i} = W_{A_i}/W_{1i} \tag{5-25}$$

图 5-6 是原煤可选性数据加密计算框图，在程序中，N、M 表示原煤浮沉试验的密度级别数和加密后的级别数，D、W、A 表示浮沉试验材料中的密度、产率、灰分。只要按要求的顺序，即可进行计算。

子程序详见附录程序十。

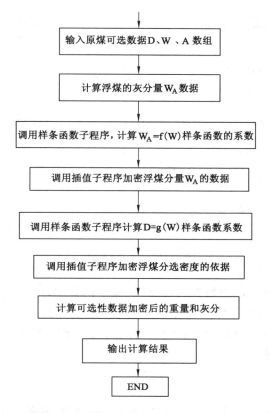

图 5-6　原煤可选性数据加密计算框图

第二节　分配曲线数学模型

预测重力选煤产品的质量、评价分选设备与系统的性能都要用分配曲线。分配曲线是以煤的密度为横坐标、以分配率为纵坐标而绘成的一种特性曲线(见图 5-7)。重选的分配曲线一般是利用单机检查或系统检查中入料和产物的浮沉组成,用格式法计算产物的产率,然后按某一密度的物料在重产物中的重量计算出分配率而绘制的。由于分配曲线是重力选煤预测计算的基础,所以研究分配曲线的特性和它的数学模型,是重选过程模拟中的一个重要问题。

一、分配曲线的基本特点

分配曲线反映了重选过程的效果。理想的分配曲线应该是图 5-7 中折线型曲线(OBCD),但实际上它是一条 S 形曲线。分配曲线越接近折线,其分选效果越好,曲线越陡,其分选效率越高。由于分配曲线本身的变化比较复杂,故很难用曲线来反映分选过程,所以只能利用几个特性参数表示。

分配曲线的特性参数一般包括分选密度、可能偏差 E 和不完善度 I,这几个参数确定了分配曲线的基本形态。

分选密度是指分配率为 50% 时所对应的密度,以 δ_p 表示。密度大于 δ_p 的物料,分配到

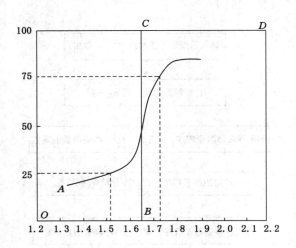

图 5-7　选煤分配曲线

尾煤中概率较大;密度小于 δ_p 的物料,分配到精煤中的概率较大;从逻辑上说,当分配到精煤和尾煤中的分配率相等时,其对应的密度可以视为分选密度。

可能偏差(E)用以衡量分选设备的效率,它是根据分配曲线上分配率为 75% 和 25% 所对应的密度而算出的,即

$$E=\frac{\delta_{75}-\delta_{25}}{2} \tag{5-26}$$

实际上,可能偏差体现的是分配曲线中间线段的陡度,E 越小,曲线越陡,分选效率 η 越高。

可能偏差能否代表分选机的工作性能,长期以来有不同的看法。重力选煤设备的类型很多,分选过程的影响因素也比较复杂,如果可能偏差能代表分选机的性能,它就应该不受分选的工作条件影响,它只与分选设备的类型有关。关于这个问题比较一致的看法是:

(1) E 与原煤可选性无关,也就是与原煤的密度组成无关。只有当原煤性质特殊时,两者才可能有关。

(2) E 与粒度有关,粒度 d 越小,分选效果越差,E 越大。粒度对 E 的影响,重介选比跳汰选的要小。

(3) E 与跳汰机的单位负荷有关,负荷越大,E 也越大。

(4) E 随分选密度 δ_p 增大而增大,其中跳汰选变化明显,对跳汰选来说,可能偏差随分选密度变化较大,也就是说,当分配曲线平移时,其形状会发生变化。

实验证明,当横坐标采用 $\lg(\delta-1)$ 时,分配曲线形状就不随分选密度而变化了。在此情况下,可以导出新的特性参数——不完善度(I)表示分选机的性能。即

$$I=\frac{E}{\delta_p-1} \tag{5-27}$$

不完善度 I 不随分选密度变化而变化,因此跳汰机一般用不完善度 I 表示分选性能。对于重介选,由于可能偏差 E 值基本上不随 δ_p 而变化,所以重介选仍采用可能偏差 E 表示分选性能。

二、分配曲线的正态分布模型

根据数理统计知识,正态分布表达了随机变量的概率分布。日常中许多事件出现的概率是符合正态分布的。

正态分布函数的表达为:

$$f(x) = \frac{1}{\sigma\sqrt{2\pi}} \cdot e^{-\frac{x^2}{2\sigma^2}} \quad (-\infty < x < +\infty) \tag{5-28}$$

式中　σ——标准差。

正态分布的图形见图 5-8,这个图形具有以下性质:

(1) 正态分布曲线是单峰曲线。

当 $x < 0$ 时,函数递增;

当 $x > 0$ 时,函数递减;

当 $x = 0$ 时,函数达到极大值。

(2) 正态分布曲线是对称的,$x = 0$ 为曲线的对称轴。

(3) 在对称轴的两侧,相同位置上各有一个拐点,拐点的位置在 $x = \pm\sigma$ 处。

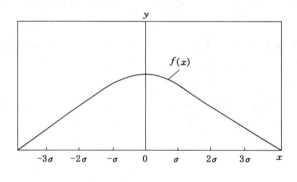

图 5-8　正态分布曲线

如果以标准差 σ 为 x 轴的度量单位,即取 $t = x/\sigma$,并将上式积分,则得到正态分布积分函数,即

$$f(t) = \frac{1}{\sqrt{2\pi}} \int_{-\infty}^{t} e^{-\frac{t^2}{2}} dt \tag{5-29}$$

正态分布积分函数表达了随机变量出现的累计概率,也就是图 5-8 中"倒钟形"曲线与 x 轴的局部面积。如果以局部面积占全部面积的百分数为纵坐标,以 σ 为单位作横坐标,则可得到正态分布积分曲线。正态分布积分曲线在形状上近似于分配曲线,如图 5-9 所示。

该曲线的主要特征如下:

(1) t 方向从 $-\infty$ 到 $+\infty$,$f(t)$ 方向从 0 到 100%,并以 $f(t) = 0$、$f(t) = 100\%$ 为渐近线;

(2) 拐点位置在 $t = 0$,$f(t) = 50\%$ 处;

(3) 曲线以拐点为对称中心。

重选过程的密度级的分布规律与正态分布规律的物理意义是不同的,只不过是分配曲线与正态分布积分曲线外形上较相似,归纳起来有以下几点:

(1) 它们的形状都类似 S 形;

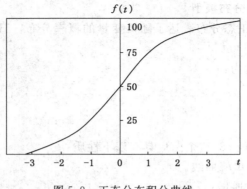

图 5-9　正态分布积分曲线

（2）渐近线都处在 $f(t)=0$ 和 $f(t)=100\%$ 的水平线上；

（3）拐点都在 $f(t)=50\%$ 处。

实际上，两者也存在较明显的差别：

（1）正态分布积分曲线形状是以拐点对称的；而分配曲线除了重介质分选机以外均不对称，高密度端较为平缓。

（2）正态分布积分曲线的拐点在纵轴上，即它的分布中心在纵轴上；而分配曲线的拐点却在分选密度上，即它的分布中心不在纵轴上。

（3）正态分布积分曲线的形状比分配曲线平缓。

所以，若要用正态分布积分曲线来表达分配曲线，或者说，要建立分配曲线的正态分布模型，则要进行一些数学转换，转换方法分为三步（见图 5-10）：

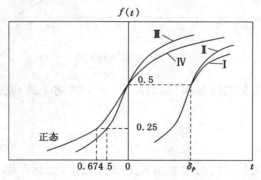

图 5-10　分配曲线形态变换

（1）改变横坐标的比例，使分配曲线呈对称。在重选中，除了重介选外，分配曲线对其拐点来说都是不对称的。所以要使重介选之外的分配曲线对称，就要改变横坐标的比例。

对跳汰选，把横坐标改变为对数坐标，即改为 $\lg(\delta-1)$，就可以近似地达到这个要求。因为在对数坐标中，随着数值的增大，横坐标的实际间隔要缩小，所以能使分配曲线的高密度端变陡，低密度端变缓，从而使曲线对其拐点呈对称，分配曲线由不对称的曲线 I 转变为曲线 II。

（2）移轴，将分配曲线的分布中心（拐点）平移到纵轴上。因此，分配曲线上每一点的横坐标值，都应减去原拐点的横坐标（即分选密度），对于 $\lg(\delta-1)$ 的横坐标，平移后的新坐标

为 $\lg(\delta-1)-\lg(\delta_p-1)$，分配曲线由曲线 Ⅱ 转变为曲线 Ⅲ。

（3）扩大横坐标的比例，使分配曲线与正态分布积分曲线重合。由于正态分布积分曲线比分配曲线平缓，要使两曲线重合，必须把分配曲线横坐标的刻度间距扩大，但利用扩大横坐标刻度间距的办法使两曲线完全重合较困难，简便的办法是使两者在分配率 25%、50% 和 75% 三点重合，从而近似地达到曲线重合的目的。

对正态分布积分曲线，当 $P(t)=25\%$ 时，$t=0.6745$；对分配曲线，当分配率 $f(t)=25\%$ 时，横坐标为 $\lg(\delta_p-1)-\lg(\delta_p-E-1)$，显然，$\lg(\delta_p-1)-\lg(\delta_p-E-1)<0.6745$，两者相差倍数为：

$$n=\frac{0.6745}{\lg(\delta_p-1)-\lg(\delta_p-E-1)} \tag{5-30}$$

若把对数坐标的分配曲线的横坐标刻度间距扩大 n 倍，则使分配曲线变得平缓，而且两曲线在纵坐标为 25%、50%、75% 的三点大致重合。

综合以上转换，可把分配曲线的横坐标 δ 用下式转化为 t。

$$t=\frac{0.6745}{\lg(\delta_p-1)-\lg(\delta_p-E-1)}\lg\frac{\delta-1}{\delta_p-1} \tag{5-31}$$

这样就可以用正态积分函数来计算分配率了。

但是，对跳汰分选来说，E 值是随分选密度 δ_p 而变化的，所以上式右边还不是一个常数，如果 E 能用不完善度 I 表示，则上式就是一个常数了。

为此还要进行变换：

因为在新坐标中，跳汰的分配曲线已对称。

在上式中 $\lg(\delta_p-1)-\lg(\delta_p-1-E)=\lg(\delta_p-1)-\lg(\delta_{25}-1)=\lg\dfrac{\delta_p-1}{\delta_{25}-1}=\lg a$

或

$$a=\frac{\delta_p-1}{\delta_{25}-1}$$

因为在对数坐标中，跳汰选的分配曲线是对称的，所以有

$$\lg(\delta_p-1)-\lg(\delta_{25}-1)=\lg(\delta_{75}-1)-\lg(\delta_p-1)$$

或

$$\frac{\delta_p-1}{\delta_{25}-1}=\frac{\delta_{75}-1}{\delta_p-1}=a$$

根据不完善度的定义：

$$I=\frac{E}{\delta_p-1}=\frac{\delta_{75}-\delta_{25}}{2(\delta_p-1)}=\frac{(\delta_{75}-1)-(\delta_{25}-1)}{2(\delta_p-1)}=\frac{1}{2}\left(\frac{\delta_{75}-1}{\delta_p-1}-\frac{\delta_{25}-1}{\delta_p-1}\right)=\frac{1}{2}\left(a-\frac{1}{a}\right)$$

或

$$a^2-2aI-1=0$$

解之，得

$$a=I+\sqrt{I^2+1}$$

代入原式得

$$t=\frac{0.6745}{\lg(I+\sqrt{I^2+1})}\lg\left(\frac{\delta-1}{\delta_p-1}\right) \tag{5-32}$$

对于重介选，由于分配曲线是对称的，不必将横坐标转换为对数坐标，只需经过移轴和扩大坐标比例，所以有

$$t=\frac{0.6745}{E}(\delta-\delta_p) \tag{5-33}$$

如果已知分选密度 δ_p 和不完善度 I（或可能偏差 E），就可根据每一密度级的平均密度

求出相应的随机变量 t，从而用正态分布积分函数来计算分配率。

但是，如果直接用正态分布积分函数计算分配率是很困难的，可以用泰勒级数进行近似计算。

一般函数都可用泰勒级数展开，成为一个多项式，若函数为 e^{-x^2}，则其泰勒级数为：

$$e^{-x^2} = 1 - x^2 + \frac{x^4}{2!} - \frac{x^6}{3!} + \frac{x^8}{4!} - \frac{x^{10}}{5!} + \frac{x^{12}}{6!} - \frac{x^{14}}{7!} + \frac{x^{16}}{8!} - \cdots \tag{5-34}$$

经过适当变换，$e^{-\frac{t^2}{2}}$ 可变为 e^{-x^2} 的形式。

令 $x^2 = \frac{t^2}{2}$，则 $x = \frac{t}{\sqrt{2}}$，$dt = \sqrt{2}\,dx$，代入式(5-29)，可得

$$f(x) = \frac{1}{\sqrt{2\pi}} \int e^{-x^2} \sqrt{2}\,dx = \frac{1}{\sqrt{\pi}} \int e^{-x^2}\,dx \tag{5-35}$$

又

$$f(x) = \frac{1}{\sqrt{\pi}} \int_{-\infty}^{x} e^{-x^2}\,dx = \frac{1}{\sqrt{\pi}} \int_{-\infty}^{0} e^{-x^2}\,dx + \frac{1}{\sqrt{\pi}} \int_{0}^{x} e^{-x^2}\,dx$$

因为正态分布函数从 $-\infty$ 到 0 的累计概率为 0.5，故

$$f(x) = 0.5 + \frac{1}{\sqrt{\pi}} \int_{0}^{x} \left(1 - x^2 + \frac{x^4}{2!} - \frac{x^6}{3!} + \frac{x^8}{4!} - \frac{x^{10}}{5!} + \frac{x^{12}}{6!} - \frac{x^{14}}{7!} + \frac{x^{16}}{8!} \right) dx$$

$$= 0.5 + 0.564\,189\,5 \left(x - \frac{x^3}{3} + \frac{x^5}{10} - \frac{x^7}{42} + \frac{x^9}{216} - \frac{x^{11}}{1\,320} + \frac{x^{13}}{9\,360} - \frac{x^{15}}{75\,600} + \frac{x^{17}}{685\,400} \right)$$

$$\tag{5-36}$$

根据计算，当 $x = 1.79$ 时，$f(x) = 0.994\,3$，而 $x = -1.79$ 时，$f(x) = 0.057$，为了简化计算，规定在区间

$$x > 1.79, f(x) \cong 1$$

$$x < -1.79, f(x) \cong 0$$

$$-1.79 \leqslant x \leqslant 1.79，用式(5-36)计算$$

分配曲线正态分布模型的计算步骤如下：

(1) 计算各密度级分配率，需要输入分选作业的可能偏差 E（对重介选）或不完善度 I（对跳汰选）和分选密度 δ_p。

(2) 根据各密度级平均密度 δ_i，计算正态分布积分函数的随机变量 t_i，对重介选或跳汰选常用各自的公式，然后换算成变量 x_i。

(3) 根据 x_i，计算分配率 $f(x)$。

分配曲线正态分布模型的计算程序详见附录程序十一。

三、分配曲线的经验模型

1. 常用的经验模型

自从 K. F. Tromp 提出采用分配曲线来表达重力分选效果以来，分配曲线数学模型就一直是选矿人员的研究重点，而正态分布模型就一直作为传统的重选分配曲线模型被广泛采用。但是实践和理论基本上已经肯定了分配曲线的非正态性，因为将各种情况下的分配曲线都向标准正态分布靠拢，显然是过分简化了分配曲线所包含的信息。从这一点上讲，正态分布模型只能是重力分选分配曲线的理论模型。

随着计算机在选矿过程中的应用,已经能够通过寻优的方法找到更符合实际分配曲线形态的经验模型,人工绘制分配曲线的方式也被替代,转变为通过建立分配曲线的经验模型。自从 T. C. Erasmus 提出用反正切模型模拟分配曲线以来,国内外很多选矿研究工作者先后提出了各自不同的分配曲线经验模型。由于分配曲线呈 S 形,所以可选择适当的 S 形函数,用实测的数据进行拟合,确定模型参数,建立经验模型。

路迈西教授曾于 1984 年提出了 6 种分配曲线数学模型,其中以复合双曲正切模型和反正切模型的拟合效果最优。煤炭科学研究总院唐山分院李学琨曾采用 8 种模型对 136 个重选数据进行计算表明,反正切模型和指数模型与实际最接近。冯绍灌教授曾对国内 10 个选煤厂的重选分配曲线数据进行了拟合,认为反正切模型和双曲正切模型的拟合效果较好,其拟合误差小于 2% 的占 85%。

实际上能满足 S 形分配曲线的函数很多,表 5-3 中列举了部分 S 形函数。在这些函数中,x 为物料密度,y 为分配率,$b_1 \sim b_5$ 为模型参数,可以利用实测的数据拟合确定。

表 5-3   常用的分配曲线经验模型

编号	模型名称	模型函数
1	改进的 LOGISTIC 模型	$y = \dfrac{100}{1 + e^{-b_1(x - b_2)}} + b_3$
2	2^a 函数模型	$y = 100 \cdot 2^{\left(-\frac{b_1}{x}\right)^{b_2}}$
3	改进的 2^a 函数模型	$y = 100 b_1 \cdot 2^{-\left(\frac{b_2}{x}\right)^{b_3}} + b_4$
4	反正切模型	$y = 100 \dfrac{\{b_1 - \arctan[b_2(x - b_3)]\}}{b_1 - b_4}$
5	正态积分模型	$y = 100\left[b_1 + b_2 \displaystyle\int_{1.2}^{x} e^{-b_3(x - b_4)^2} \mathrm{d}x\right]$
6	复合正态积分模型	$y = 100\left[b_1 + b_2(x - 1.2) + b_3 \cdot \displaystyle\int_{1.2}^{x} e^{-b_4(x - b_5)^2} \mathrm{d}x\right]$
7	双曲正切模型	$y = 100\left[b_1 + b_2 \cdot \dfrac{1 - e^{-b_3(x - b_4)}}{1 + e^{-b_3(x - b_4)}}\right]$
8	复合双曲正切模型	$y = 100\left[b_1 + b_2 \cdot \dfrac{1 - e^{-b_3(x - b_4)}}{1 + e^{-b_3(x - b_4)}} + b_5 x\right]$
9	简单指数模型	$y = 100 \cdot \left[e^{b_1\left(\frac{x}{b_2}\right)} - 1\right] / \left[e^{b_1\left(\frac{x}{b_2}\right)} + e^{b_1} - 2\right]$
10	复合指数模型	$y = 100 \cdot \left[e^{b_1\left(\frac{x}{b_2}\right)} - 1\right] / \left[e^{b_1\left(\frac{x}{b_2}\right)} + e^{b_1} - 2\right] + b_3$

2. 经验模型的拟合

表 5-3 中函数都是非线性函数,用一般的线性最小二乘法是难以进行拟合的,因此,需要用无约束条件的最优化方法进行迭代计算,找出它的模型参数,目标函数仍然是分配率的实测值与计算值的偏差平方和最小,即

$$Q = \sum_{i=1}^{N} (y_i - \hat{y}_i)^2 = \sum_{i=1}^{N} \left[y_i - f(x_i, b_1, b_2, \cdots)\right]^2 \tag{5-37}$$

式中,x_i、y_i 为已知的实测值,未知数为模型参数 b_1、b_2、$\cdots$,所以,目标函数实质上是一个无约束条件下的多变量寻优。

多变量寻优的方法有很多,如梯度法、单纯形法、非线性最小二乘法、阻尼最小二乘法等。具体采用哪种方法主要取决于计算中初始参数的选取和收敛速度的快慢,有些方法对初始参数选取的范围要求比较严,选取不合适,其计算可能不收敛,得不到理想的结果。阻尼最小二乘法的优点是收敛速度快,迭代次数少,但对初始参数的选择要求比较严,往往需要多次试算,才能选取一个比较合适的初始参数。因此,如果对某一个模型的初始参数选取已经具备一些经验,采用阻尼最小二乘法是有其优越性的。

图 5-11 是利用阻尼最小二乘法拟合分配曲线的程序框图,选取某一个经验模型进行阻尼最小二乘法拟合,使其拟合误差最小。现代计算机运行速度极快,使拟合曲线的速度也大大提高,所花费时间较短。尤其是随着一些数学软件如 MATLAB 等的推广使用,拟合曲线更加简便快捷。因此,可对每一种经验模型分别拟合,然后选取拟合误差最小的模型作为该分配曲线的最优拟合模型,如图 5-12 所示。

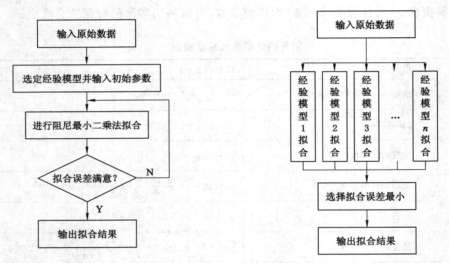

图 5-11 用阻尼最小二乘法拟合分配曲线框图   图 5-12 选取拟合误差最小的分配曲线拟合模型框图

在选择经验模型时,应该考虑以下两点。

(1)模型的拟合精度

模型的拟合精度可用拟合误差来衡量,拟合误差的计算公式为:

$$\sigma = \sqrt{\frac{1}{n}\sum_{i=1}^{n}(\hat{y}_i - y_i)^2} \tag{5-38}$$

式中 n——密度级的个数;

　　　$\hat{y}_i$——第 i 密度级的计算值;

　　　y_i——第 i 密度级的实测值。

模型选择时,应该优先采用拟合误差小的模型。

(2)模型参数的个数

从数学角度看,模型参数的个数应小于或等于数据的组数。若模型的参数太少,会使曲线的"塑性"变差,影响预测的精度;但如果参数太多,会使曲线变"僵硬",限制曲线的自由度,对生产预测也不利。一般选煤厂用以拟合分配曲线的数据有 6 或 7 个密度级,所以模型

参数的数目 $n \leqslant 6$ 或 7。表 5-3 中所列举的经验模型,其模型参数的数量都能满足此要求。

3. 模型参数随分选密度而变化

分配曲线有一个特点,可能偏差 E 值是随分选密度 δ_p 的变化而改变的,也就是说分配曲线的形状随分选密度 δ_p 而改变。所以同一个经验模型,当分选密度改变时,应该相应改变它的模型参数。

下面以 LOGISTIC 模型为例,介绍改变参数方法。

该函数形式为:

$$y = 100/\{1 + \exp[-b_1(x-b_2)]\} \tag{5-39}$$

当 $x = \delta_p$ 时,$y = 50$,则有

$$50 = 100/\{1 + \exp[-b_1(\delta_p - b_2)]\}$$

化简后得

$$-b_1(\delta_p - b_2) = 0 \tag{5-40}$$

故改变后的模型参数 b'_2 为:

$$b'_2 = \delta_p$$

又当 $x = \delta_{75}$ 时,$y = 75$,则有

$$75 = 100/\{1 + \exp[-b_1(\delta_{75} - b_2)]\}$$

化简后得

$$\delta_{75} = (b_1 b_2 + \ln 3)/b_1 \tag{5-41}$$

同理,当 $x = \delta_{25}$ 时,$y = 25$,则有

$$\delta_{25} = (b_1 b_2 - \ln 3)/b_1 \tag{5-42}$$

由于

$$I = \frac{E}{\delta_p - 1} = \frac{\delta_{75} - \delta_{25}}{2(\delta_p - 1)}$$

将式(5-41)、式(5-42)代入得

$$I = \frac{\ln 3}{b_1(\delta_p - 1)}$$

改变后的 b'_1 为:

$$b'_1 = \frac{\ln 3}{I(\delta_p - 1)}$$

在跳汰选中,I 值是不随分选密度变化的,由于 $\delta_p = b_2$,故

$$I = \frac{\ln 3}{b_1(b_2 - 1)}$$

代入上式得

$$b'_1 = \frac{b_1(b_2 - 1)}{\delta_p - 1} \tag{5-43}$$

推导模型参数随分选密度 δ_p 变化的关系式是比较复杂的,有的模型可以推导出来,而有的模型则推导不出来。对于模型参数关系式推导不出来的模型,当分选密度改变时,应十分慎重。

一般 S 形函数都存在对称关系,但实际的分配曲线是不对称的,所以就降低了拟合精度。因此有人主张在分选密度附近,将分配曲线分成两段,分别采用不同函数拟合。但由于一般只有 6 或 7 个密度级的数据来绘制分配曲线,如果再分成两段拟合,每段曲线的型值点太少($\leqslant 3$ 个),会降低拟合精度。

选煤厂的分配曲线数据有时候分布很不均匀,特别是跳汰机矸石段的分配曲线,高密度端往往只有个别的型值点,因而会影响拟合的精度。为了解决这个问题,有人主张采用分配曲线直线化模型。

第三节　实际可选性曲线数学模型

上一节中的可选性曲线是根据原煤浮沉试验的数据用作图法得到的。因为未考虑到实际分选的影响,用可选性曲线确定的指标与实际有较大的偏差,因此它的可选性是理论上的可选性。而煤的实际可选性考虑了分选过程效率的影响,所以根据实际可选性曲线确定的指标比较接近实际。在实际可选性曲线中,实际基元灰分曲线是最有用的一条曲线。

实际基元灰分曲线的原始数据是由计算所得的实际分选结果,它包含了分选效率的影响,用它确定的边界灰分是实际分选的边界灰分,因此,它能够应用于选煤优化中的最大产率计算。所以,要建立实际基元灰分曲线模型才能进行选煤优化计算。

要进行选煤优化,计算最大产率,就必须确定以下三种函数关系。

（1）精煤产率 G 与实际基元灰分 L 的关系
$$G=f(L)$$

（2）精煤累计灰分 A 与实际基元灰分 L 的关系
$$A=g(L)$$

（3）分选密度 D 与实际基元灰分 L 的关系
$$D=\varphi(L)$$

有了上述关系,如果已知实际基元灰分 L,就可以计算精煤产率、灰分和分选密度,所以实际基元灰分曲线包括互相依存的三条曲线。确定这三条曲线的原始数据可由计算所得的一组实际分选结果中推导得出,其推导过程为:

若分选密度为 δ_{pi} 时,可通过分配曲线模型求得精煤产率 r_i 和灰分 A_i。

同样若分选密度为 δ_{pi+1} 时,可得精煤产率 r_{i+1} 和灰分 A_{i+1}。

当分选密度从 $\delta_{pi} \rightarrow \delta_{pi+1}$ 时,精煤产率增加了 $\Delta r = r_{i+1} - r_i$,增加这部分的平均灰分为:

$$L=\frac{r_{i+1}A_{i+1}-r_iA_i}{r_{i+1}-r_i} \tag{5-44}$$

若将 L 视为基元灰分,即当基元灰分为 L 时,对应的产率为:

$$G=r_i+\frac{r_{i+1}-r_i}{2} \tag{5-45}$$

对应的精煤累计灰分应为:

$$A=\frac{r_iA_i+\dfrac{r_{i+1}A_{i+1}-r_iA_i}{2}}{G} \tag{5-46}$$

对应的分选密度应为:

$$D=\frac{\delta_{pi}+\delta_{pi+1}}{2}=\delta_{pi}+\frac{\delta_{pi+1}-\delta_{pi}}{2} \tag{5-47}$$

这样,若进行 M 个分选密度的计算,就可以得到 $M-1$ 个对应的 L、G、A、D 数值,即可利用曲线拟合或插值法建立对应的曲线模型。

为了编程方便,令

$$\begin{cases} S1_i=r_i & S1_{i+1}=r_{i+1} \\ S2_i=r_i \cdot A_i & S2_{r+1}=A_{i+1} \cdot r_{i+1} \end{cases}$$

代入上式,则有

$$L_k = \frac{S2_{i+1} - S2_i}{S1_{i+1} - S1_i} \tag{5-48}$$

$$G_k = Si_i + \frac{S1_{i+1} - S1_i}{2} \tag{5-49}$$

$$A_k = \left(S2_i + \frac{S2_{i+1} - S2_i}{2} \right) / G_k \tag{5-50}$$

$$D_k = \frac{\delta_{pi} + \delta_{pi+1}}{2} \tag{5-51}$$

有了这些数据,就可以进行分选作业的各种计算。

实际基元灰分曲线的计算步骤,可以概括为两步:

(1)采用不同分选密度 δ_{pi} 计算产率 r_i 和灰分量 $A_i \cdot r_i$,即 $S1_i$ 和 $S2_i$。

(2)利用 $S1_i$ 和 $S2_i$ 计算 L_k、G_k、A_k 和 D_k。

实际基元灰分曲线模型程序详见附录程序十四。

在通常计算过程中,最小分选密度 $\delta_{p1} = 1.275$,$\Delta\delta_p = 0.05$,M 待定。

第四节　重力选煤的预测方法

一、重选作业的产物计算方法

重选的产物预测是利用原煤浮沉试验,按各密度级在产物中的分配率进行计算的。

若原煤浮沉级别为 N,j 表示其中某一级别,那么则有:

$$T_j = RW_j \cdot E_j \tag{5-52}$$

$$T = \sum_{j=1}^{N} T_j \tag{5-53}$$

$$C_j = RW_j - T_j \tag{5-54}$$

$$C = \sum_{j=1}^{N} C_j \tag{5-55}$$

$$H_2 = \sum_{j=1}^{N} T_j \cdot RA_j / T \tag{5-56}$$

$$H_1 = \sum_{j=1}^{N} C_j \cdot RA_j / C \tag{5-57}$$

式中　RW_j,RA_j——原煤中第 j 密度级重量和灰分,%;

$\quad\quad C$,T——精煤和尾煤的产率,%;

$\quad\quad H_1$,H_2——精煤和尾煤的灰分,%;

$\quad\quad E_j$——分配率(在尾煤中分配率)。

两产物的计算是重选作业的计算基础,实际重选过程可由许多两产物作业组成,顺次调用两产物的计算子程序,就可以完成复杂的计算任务。不同重选方法进行计算时,主要区别是由于分配曲线的不同,因而产生不同的分配率。

在实际计算中,可出现两种情况:

(1)给定分选密度,计算产物的数、质量

这种情况可以归纳为两步：

① 根据已知条件，调用正态分布积分模型计算各密度级的分配率；

② 根据两产物计算公式，计算产物的产率和灰分。

（2）给定精煤灰分（或尾煤灰分），计算产物的数、质量

这种情况需要采用迭代计算。即首先任意给定一个分选密度，计算精煤的灰分，若算出的灰分与要求的灰分相比小于允许误差，则计算结果就是最终结果；如果大于允许误差，则应该重新设定分选密度，重复计算，直到满足要求为止。

这样的迭代计算可以采用二分法和逐步搜索法。

① 二分法

二分法就是二等分规定的密度区间来规定分选密度，然后进行搜索计算（见图 5-13）。

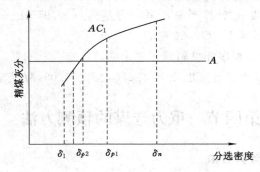

图 5-13　二分法搜索示意图

步骤如下：

第一步，在任意规定的分选密度区间 δ_1 和 δ_n 中取平均值，求得一个分选密度 δ_{p1}；

$$\delta_{p1}=\frac{\delta_1+\delta_n}{2} \tag{5-58}$$

第二步，根据 δ_{p1}，算出相应的精煤灰分 AC_1；

第三步，判断，设 E 为允许误差，若 $|AC_1-A|\leqslant E$，则达到最终结果，若 $|AC_1-A|>E$，则需进一步判断。

若 $AC_1>A$，说明实际分选密度不可能在右半部，这时，去掉右半部。可在左半部区间重新开始搜索。

同理，若 $AC_1<A$，则去掉左半部，在右半部重新搜索。

图 5-14 为两产物作业二分法计算框图，算法详见附录程序十二、十三。

② 逐步搜索法

在规定的密度区间，从小到大（或从大到小）增加（或减少）步长，寻找分选密度，计算分选结果（见图 5-15）。通常用较大的步长作粗搜索，然后用较小的步长作细搜索。

步骤如下：

第一步，从最小密度开始选择分选密度，并用步长 $\Delta=0.1$ 递增，每项选择一个分选密度 δ_{p1}，进行重选计算，求得精煤灰分 AC。若 $AC<A$，则继续搜索。若 $AC\geqslant A$，则进一步判断 $|AC-A|\leqslant e$，若成立，则得最终结果；否则退回一个步长，以新的步长进行第二轮搜索计算。

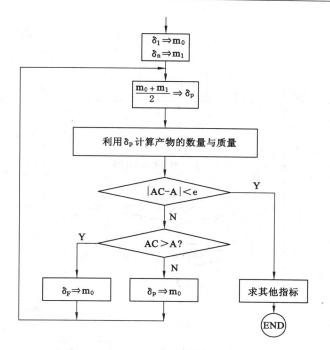

图 5-14　二分法计算框图

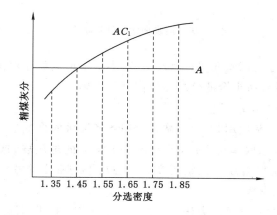

图 5-15　逐步搜索法示意图

第二步,用步长 $\Delta = 0.1 \times 0.1 = 0.01$ 进行第二轮搜索,方法同第一步。

第三步,如果第二轮搜索仍不得最终结果,则以步长 $\Delta = 0.01 \times 0.1 = 0.001$ 进行第三轮搜索,以此类推。

逐步搜索法计算框图如图 5-16 所示。

二、误差分析

利用上述方法对重选过程进行预测时,往往与实际结果有偏差。归纳起来一般有以下原因。

1. 分配曲线模型不够准确

分配曲线一般都是经验模型,所以原始数据准确是计算准确的前提条件。由于建模所

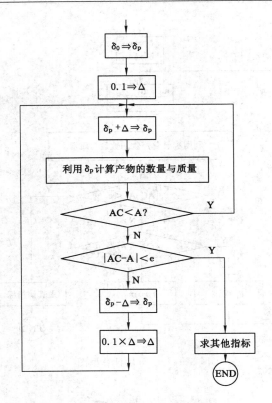

图 5-16　逐步搜索法计算框图

用的分配率都是由产物浮沉试验间接计算出来的,本身不可避免地存在误差,型值点分布往往很不均匀,所以容易导致所拟合的分配曲线模型不准确。

2. 密度级的平均密度选取不当

在分配曲线模型建立和使用时,分配率都是用各密度级的算术平均密度计算的,对于煤质分布均匀的原料,这样选取是可以的,但对煤质不均匀的过渡段,这种选取是有出入的。要解决这个问题,可采用加密浮沉试验密度级和加权平均密度的方法,但无论采用哪种方法,都会大大增加计算工作量。

若采用加密浮沉试验密度级的方法,可对原始数据进行处理,避免由于密度选取不当而引起的误差。浮沉试验密度级别加密以后,虽然采用算术平均值确定密度,由于级别间隔小,所以误差影响也就不大了。

若采用加权平均密度的方法,可按《评定煤用重选设备工艺性能的计算机算法》(MT/T 145—1997)中的方法计算。

对原煤和分选产品浮沉组成中第二个密度级至倒数第二个密度级的平均密度,根据质量守恒关系,按下式确定:

$$\overline{\rho_i} = \frac{Y_i - Y_{i-1}}{\int_{Y_{i-1}}^{Y_i} \frac{1}{\rho} \mathrm{d}Y} \tag{5-59}$$

式中　$\overline{\rho_i}$ ——第 i 个密度级的平均密度,g/cm^3;

Y_i——第 i 个密度级的浮物累计产率,%;

Y_{i-1}——第 $i-1$ 个密度级的浮物累计产率,%;

$\dfrac{1}{\rho}$——密度的倒数,可视为浮物累计产率的函数,即

$$\frac{1}{\rho}=f(Y) \tag{5-60}$$

可用分段插值或分段拟合的方法确定。

对于端部(第一个和最后一个密度级)密度,可以利用"计算原煤"的可选性数据,通过中间各密度级的平均密度对平均灰分的线性回归方程外推获得。

3. 密度级的灰分数据不准

在重选作业的计算中,精煤和尾煤灰分都是根据原煤各密度级的灰分用加权平均的方法计算的,但实际上,虽然同一密度级,其原煤、精煤和尾煤的灰分是不同的。一般来说,同一密度级的灰分,精煤比原煤低,尾煤比原煤高,这是煤炭经过分选以后所出现的偏差,是正常的普遍现象。为减小这种误差,可根据现场的实际情况,调整计算用的精煤和尾煤的灰分。

4. 煤泥污染的影响

在重选作业的计算中,一般只计算 $+0.5$ mm 原煤的分选,不考虑 -0.5 mm 的煤泥,但在实际生产中,分选的产物会被大量煤泥所污染,使精煤灰分升高。

第五节　重力选煤过程的优化计算

选煤优化计算的目标有两种:一种是在一定精煤灰分下,使产率最大;另一种是合理安排产品结构,使综合的经济效益最大。由于精煤的价格比其他产品高,而选煤的生产成本一般比较稳定,所以精煤的产率在综合经济效益中占主导地位。在多数情况下,最大精煤产率能带来最大经济效益,因此,对一般选煤厂来说,最大精煤产率和最大经济效益是一致的。所以在重选过程优化计算中,往往重点讨论最大精煤产率问题。

选煤流程优化计算有两类方法:一类是利用计算机采用传统的工艺计算方法,包括等基元灰分法、搜索法、穷举法;另一类是采用最优化算法,包括线性规划法和非线性规划法。采用哪种方法,与选煤流程和对优化计算的要求有关,应根据不同的情况合理选择。

一、等基元灰分法

1. 概念

等基元灰分原则又叫等 λ 原则,这个原则认为,在分选两种(或两种以上)质量不同的原煤时,只要每种煤都按相等的基元灰分进行分选,就能在规定的总精煤灰分下,获得最大的总精煤产率。

等基元灰分原则的物理意义是:在分选两种(或两种以上)原煤时,最合理的分选制度应该让各原煤中的低灰部分优先进入精煤,这样才能达到最大的综合精煤产率。按照这个原则,要使综合的精煤产率最大,原煤分选的边界灰分应该相等,即按等基元灰分进行分选。

2. 等基元灰分法应用

运用等基元灰分原则,可以解决选煤工艺中许多重大原则问题:

（1）在选煤工艺设计中，运用等基元灰分原则可以论证不同原煤配煤入选或分组轮换入选的合理性；在精煤灰分一定时，确定设置中煤再选、煤泥浮选和煤泥掺入作业的合理性。

（2）对现有生产工艺，根据规定的精煤灰分，合理地确定各分选作业的分选指标。

所以，等基元灰分的优化计算方法不仅适用于重选，也适用于浮选和其他煤泥处理作业中。

运用等基元灰分原则确定各个分选作业指标的步骤如下：

（1）首先求得各作业原煤混合所得到的综合原煤的可选性曲线（λ曲线和β曲线）。

（2）根据综合精煤灰分求综合原煤分选时的基元灰分λ值（$\lambda = \lambda_1 = \lambda_2 = \cdots$）。

（3）根据λ值求各作业的精煤产率r_C及相应分选指标，从而得到问题的解。

在过去选煤工艺设计和生产管理中，等基元灰分原则的应用只起到定性的作用。其主要原因是：

（1）如果采用理论可选性曲线进行等基元灰分计算，计算结果与实际结果出入较大；

（2）如果采用实际可选性曲线进行等基元灰分计算，手工计算工作量太大；

（3）过去我国的选煤厂，大多数采用不分级主再选跳汰流程，再选原料受主选的分选密度影响，也不适用等基元灰分原则。

目前，实际可选性曲线可以通过计算机进行计算获得，有了实际可选性曲线，就能运用等基元灰分原则解决选煤优化问题。

下面以分级重介选为例，介绍等基元灰分原则进行优化计算的方法。

（1）条件

分级重介选中，块煤和末煤的比例R_1和R_2，块、末煤的原煤浮沉试验资料（可选性资料），可能偏差E_1和E_2。

$$\begin{cases} S1_i = r_i & \quad S1_{i+1} = r_{i+1} \\ S2_i = r_i \cdot A_i & \quad S2_{i+1} = A_{i+1} \cdot r_{i+1} \end{cases}$$

（2）优化计算步骤

① 利用正态分布积分模型，计算不用分选密度δ_{pi}时，对应的精煤产率r_i和灰分A_i（m个δ_{pi}）。

② 据计算实际可选性曲线数据的一组公式[见式（5-44）～式（5-51）]，求出两种原煤的实际分选指标的8个数组的数据。即：

$$G1_k, A1_k, L1_k, D1_k$$
$$G2_k, A2_k, L2_k, D2_k$$

③ 根据$L1_k$—$G1_k$和$L2_k$—$D2_k$的对应关系，用一元三点插值法，求出按这个基元灰分（LD）分选时的两种精煤累计灰分A_1和A_2，以及分选密度D_1和D_2。

④ 加权平均算出综合精煤产率和灰分。

⑤ 实际基元灰分曲线模型程序计算中，最小分选$\delta_{p1} = 1.275$，$\Delta\delta_p = 0.05$，M待定。

（3）实际计算方法

由于在实际预测中，一般是已知综合精煤灰分，此时究竟两种原煤按多大的λ值分选，才能达到所要求的精煤灰分指标，不能事先确定，必须多次试算。通常采用二分法进行搜索计算。

二分法计算方法如下：

① 先给定一个基元灰分区间(M_0, M_1)，用二分法确定第一个基元灰分 $LD = \dfrac{M_0 + M_1}{2}$，计算相应的综合精煤灰分。

② 用计算的综合精煤灰分 AC 和给定灰分 AA 比较判断，用二分法确定第二个基元灰分 LD，以此类推，直到满足要求，求出分选指标。

（4）程序

程序详见附录程序十五。

二、穷举法（组合法）

穷举法就是逐一地计算所有可能的方案，从中找出最优方案。

下面以主再选跳汰流程的优化计算为例介绍。

1．流程配合要求

主选中煤进入再选，再选出精煤和中煤（见图 5-17），主选和再选的精煤混合，产生最终精煤。为了简化计算，选定主选一段分选密度 DP_1，不参加优化计算，即 DP_1 已知，改变 DP_2 和 DP_3，可得不同的最终精煤。

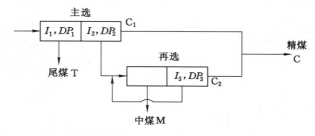

图 5-17　主再选配合流程

设主选中二段分选密度 DP_2 分别采用 1.35，1.45，1.55，1.65，1.75。当主选采用任一分选密度时，再选同样可用上述 5 种分选密度与之配合，这样就有 25 种工作制度，也就有 25 种分选结果。利用上述不同工作制度的分选结果，可以绘出如图 5-18 所示曲线组。

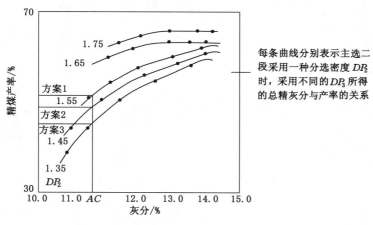

图 5-18　主再选穷举法计算方法

2. 优化计算步骤

已知条件:原煤可选性数据(浮沉试验资料),机械误差(I_1,I_2,I_3),主选尾煤灰分。

(1) 根据已知条件(浮沉试验资料,I_1,尾煤灰分 AT),用二分法计算尾煤产率和灰分(根据 DP_1 区间),同样可得到主选一段分选密度。

(2) 利用分配曲线正态分布积分模型,采用不同的 DP_2 计算主选二段精煤 YC_1 和 AC_1。

(3) 在 DP_2 的基础上,采用不同的 DP_3(五种),利用正态分布积分模型计算再选精煤 YC_2 和 AC_2。

(4) 计算对应的每种方案的综合精煤 YC 和 AC。

(5) 把每一种 DP_2 和对应的五种 DP_3 所得分选结果作为一组数据,即每条曲线上五个点作为一组对应数据。这时,根据给定的精煤灰分 AC,用插值法即可求得相应曲线上的各种可能精煤产率方案。

(6) 根据各种可能产率方案,找出最大精煤产率。

(7) 根据最大精煤产率所在的曲线,找出 DP_2,然后根据该曲线上的产率 YC_i 和分选密度 DP_{3i} 的对应关系,用插值法求出 DP_3。

3. 算法程序

程序详见附录程序十六。

第六章 浮选数学模型

第一节 概 述

一、浮选数学模型的研究现状

众所周知,浮选是细粒煤最主要的分选方法之一,而提高浮选效果的重要手段之一就是实现浮选过程自动化,而要实现对浮选过程的实时控制,就必须研究浮选数学模型。

然而浮选是一个复杂的物理化学过程,影响浮选效果的因素较多,诸如原煤的矿物组成、粒度组成、原煤的可浮性好坏、浮选药剂制度、浮选机的工作情况、浮选过程操作情况等等,所以要想较好地模拟浮选过程确实比较困难。

即使如此,许多学者都已从不同角度对浮选过程数学模型进行了研究。① 在这些研究中,比较实用和有前途的还是浮选动力学模型。② 在浮选数学模型研究工作中,多数是对金属矿物的浮选进行研究,煤泥浮选数学模型起步较晚。③ 由于浮选过程的复杂性,虽然许多学者进行了多方面研究,也取得了一些成果,但这些模型多数是属于学院式的,模型的局限性较大,模型中存在着一些难以求得的参数,所以,到目前为止,尚没有一个通用的浮选数学模型。

二、浮选数学模型的分类

浮选数学模型的形式往往取决于它的用途和研究人员所采取的方法,一般可分为以下几种。

1. 概率模型

概率模型是把浮选过程中的主要影响因素用事件出现的概率形式来表示。比较有代表性的就是舒曼公式和凯索尔公式。

(1) 舒曼公式

粒度为 x 的颗粒浮选速度为:

$$R_x = P_c \cdot P_a \cdot C(x) \cdot V \cdot S \tag{6-1}$$

式中 $C(x)$——矿浆中粒度为 x 的颗粒浓度;

V——浮选槽容积;

P_c——气泡与颗粒碰撞概率;

P_a——气泡与颗粒附着概率;

S——泡沫稳定性系数,可用下式表示

$$S = P_e \cdot P_f$$

式中 P_e——矿粒和气泡聚合体上升到泡沫层底部不脱落概率;

P_f——矿粒在泡沫层中随水下泄的概率。

结论:舒曼的概率模型中包含着一些难以求得的参数,它只是分析了浮选槽内矿浆和泡沫内的作用机理。

（2）凯索尔公式

$$\lg \frac{W}{W_0} = N\lg(1-P) \qquad (6\text{-}2)$$

式中　W_0——浮选第一槽中有用矿物重量；

　　　　W——N 槽后在矿浆中剩余的有用矿物重量；

　　　　P——有用矿物的浮选概率；

　　　　N——浮选机的槽数。

凯索尔公式可用在连续浮选槽中，其中有用矿物的浮选概率 P 实际上是舒曼公式中所有概率 P_c，P_a，P_e，P_f 的乘积。

式（6-2）可变换为：　　　　$$W = W_0(1-P)^N \qquad (6\text{-}3)$$

如果有浮选机的逐槽分选结果，就可利用上式估算浮选概率。

2. 经验模型

经验模型是根据变量之间的统计关系建立的，它并不考虑过程的作用机理。

该种模型优点是建立模型所费人力较小，时间较短，实际使用中往往也能得到比较满意的结果；缺点是局限性大，只能在特定条件下使用。

3. 总体平衡模型

总体平衡模型是工程上常用的一种模型形式。对于一个系统，某种特性的输入和输出应该是平衡的，利用这种关系，可以研究系统中组分的变化，建立相应的总体平衡模型。在选矿过程中，有些作业是可以采用总体平衡理论来建立模型的，有人用它来研究磨矿过程，也有人用它来研究浮选过程。哈贝-帕纽等人（1976 年）提出的浮选过程通用模型是一个总体平衡模型。他们假定在浮选原料中，不同粒度的物料的可浮性是不同的，根据浮选原料的粒度分布和各粒级有用矿物的可浮性分布，分别计算浮选回收率，采用总体平衡的原理建立分批浮选和连续浮选数学模型。

4. 动力学模型

浮选动力学模型是研究浮选泡沫产品随时间变化的规律，表示这种变化的量主要有矿物质量、回收率和产率。

浮选动力学模型是根据浮选动力学理论建立起来的，它最早是从化学反应动力学中引用来的，它把浮选机理中矿粒与气泡碰撞附着比拟为化学反应中的分子碰撞，从类似于分子动力学观点来研究浮选过程模型。

从上述四种模型实用性来看，浮选动力学模型和经验模型实用性较强，所以本章主要介绍这两种模型，重点是动力学模型。

第二节　单相浮选动力学模型

一、单相浮选动力学模型

单相模型就是把浮选槽内的物料看作一个整体，忽略其中矿浆与泡沫层之间的差异。20 世纪 60 年代以后才出现了二相或多相模型。二相模型是把浮选槽内的矿浆和泡沫划分为不同的两个相，分别建立独立的模型。多相模型则把浮选槽分为更多的相，然后从理论上建立各相的模型。

目前,具有实用价值的还是单相浮选动力学模型,利用它可以模拟单槽浮选或多槽连续浮选。

1. 分批浮选速度公式

（1）分批浮选的浮选速度公式

① 分批浮选的特点

分批浮选是分批地排出浮选精矿。在分批浮选中,矿浆内欲浮矿物浓度是变化的,浮选是一个非稳定的过程。

② 模型的建立

单相浮选动力学模型是根据浮选速度的理论建立的。

在单槽分批浮选中,可以认为:浮选速度与浮选槽内欲浮矿物的浓度成正比,即:

$$-\frac{\mathrm{d}C}{\mathrm{d}t}=kC \tag{6-4}$$

式中　C——槽内欲浮矿物的浓度;

　　　k——浮选速度常数;

　　　t——浮选时间。

物理意义:在浮选槽内的矿浆中,欲浮矿物的浓度下降速度与同一时间内该矿物在矿浆中的浓度成正比。

一级浮选速度公式实际上是从一级化学反应动力学引用来的,它只是把浮选机理中的矿粒与气泡碰撞附着比拟为化学反应中的分子碰撞。但实际浮选中,矿粒附着后可能还会脱落,它的作用机理比化学反应复杂,所以,浮选速度要比一级反应小。因此,有些研究工作者认为,浮选速度与矿物浓度的 n 次方成正比,即:

$$-\frac{\mathrm{d}C}{\mathrm{d}t}=kC^n \tag{6-5}$$

式中,n 为反应级数,当 $n=1$ 时为一级速度公式;$n=2$ 时为二级速度公式,以此类推。

关于 n 值的研究:有些研究者认为,窄级别的矿物,浮选速度基本上符合一级反应;也有的学者认为,粗粒矿物 n 值较大,细粒矿物 n 值较小;但在建立实用的浮选动力学模型中,往往仍采用一级反应的浮选速度公式,即

$$\frac{\mathrm{d}C}{C}=-k\mathrm{d}t$$

积分后得　　　　　　　　　$\ln C=-kt+C_1$

设 C_0 为初始欲浮矿物浓度,即当 $t=0$ 时,$C=C_0$。这样根据上式则有 $C_1=\ln C_0$,代入上式,得

$$\ln C=-kt+\ln C_0$$

$$\ln \frac{C}{C_0}=-kt=\ln \mathrm{e}^{-kt}$$

即:

$$\frac{C}{C_0}=\mathrm{e}^{-kt} \tag{6-6}$$

实际上,对于一个浮选过程来说,欲浮矿物的回收率很少能达到 100%。假设长时间浮选后留在浮选槽内的欲浮矿物浓度为 C_∞,则上式更准确表达为:

$$\frac{C-C_\infty}{C_0-C_\infty}=\mathrm{e}^{-kt} \tag{6-7}$$

设 R_∞ 为欲浮矿物最大回收率,则

$$R_\infty = C_0 - C_\infty$$

这样 $\quad C - C_\infty = C - C_0 + C_0 - C_\infty = C_0 - C_\infty - (C_0 - C) = R_\infty - R$

式(6-7)可写成

$$\frac{R_\infty - R}{R_\infty} = e^{-kt}$$

即 $$R = R_\infty(1 - e^{-kt}) \tag{6-8}$$

式(6-8)是以欲浮矿物回收率表示的浮选速度公式。式中 k 是浮选速度常数,是浮选动力学模型中的一个重要的参数,是欲浮矿物进入精矿中的一个概率尺度,是衡量某种矿物浮选速度快、慢的标志。

(2)影响 k 值的主要因素

① 矿物的可浮性、粒度和密度等物料性质。

② 浮选的物理化学环境,如药剂浓度、药剂种类、加药方式、矿浆的碱度等。

③ 浮选机的机械因素,如槽的形状、叶轮转速、充气量等。

如果浮选过程物理化学环境和机械因素一定时,则 k 值大小主要取决于物料性质。原料中不同性质的物料都有自己的 k 值,可浮性好的物料,浮选速度快,k 值较大;可浮性差的物料,浮选速度较慢,k 值较小。例如,对于不同密度级或不同粒级的物料,不同级别都有自己的 k 值。

(3)k 值的确定方法

准确地确定 k 值成为浮选动力学模型研究的一个关键问题。在分批浮选中,k 值的确定通常有两种方法,即图解法和 0.618 寻优法。

① 图解法

图解法就是利用 $\ln \dfrac{R_\infty}{R_\infty - R} = kt$ 关系作图分析。

步骤:在分批浮选试验中,每间隔一定时间收集一份精矿,这样就可以得出一组累计浮选时间和累计回收率的关系数据。根据上式,以 t 为横坐标、$\ln \dfrac{R_\infty}{R_\infty - R}$ 为纵坐标作图,就可以得到一条直线,该直线的斜率就是浮选速度常数 k 值(见图6-1)。

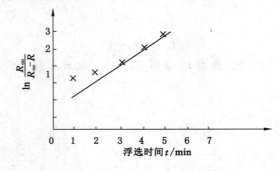

图 6-1　分批浮选速度常数计算

② 0.618 寻优法

由分批浮选试验可知,R_i 为浮选时间 t_i 时刻的实测回收率,再由浮选速度公式 $R = R_\infty(1 - e^{-kt})$ 可以计算 t_i 时刻的相应回收率。则实测值与计算值的偏差平方和为:

$$\Delta R = \sum_{i=1}^{N} \left[R_i - R_\infty (1 - e^{-kt_i}) \right]^2 \qquad (6\text{-}9)$$

这里所求的模型参数 k 值应使 ΔR 为最小。上式中，k 是个变量，其他均为常数，因此，就可以利用 0.618 寻优法求出最佳的单变量 k 值。

对于粒度和成分比较单一的浮选原料，浮选速度常数 k 近似是一个常数，此时采用上述方法求出的 k 值是准确的、可行的。但是对于宽级别的混合入料，由于各种不同颗粒的浮选行为不同，k 值变化是较大的。表 6-1 列出了某宽级别物料分批浮选时的 k 值，从表中数据可以看出，在宽级别物料浮选时，可浮性好的物料则优先浮出，可浮性差的物料浮出较慢，浮选速度常数实际上并不是真正的数学常数。

表 6-1 　　　　　　　　　　　　　　　　**分批浮选速度常数**

累计浮选时间 t/min	产物名称	回收率/%		kt	k
		个别	累计		
1	精矿 1	60.63	60.63	1.016	1.016
2	精矿 2	15.32	75.95	1.608	0.804
3	精矿 3	6.48	82.43	2.020	0.673
4.5	精矿 4	3.53	85.96	2.352	0.523
6.5	精矿 5	1.61	87.57	2.548	0.392
8.5	精矿 6	1.58	89.15	2.790	0.328
	尾　矿	10.85	100.00		
	原　矿	100.00			

2. 浮选速度常数的分布函数

$$C = C_0 e^{-kt} \qquad (6\text{-}10)$$

式中的浮选速度常数 k 实际上并非真正的数学常数。对于宽级别的浮选原料，其中每个级别都有自己的 k，原料的浮选行为是各个级别浮选行为的综合结果。

因为每个级别的物料都有自己的 k 值，所以在一个宽级别的浮选原料中，如果各个级别的数量比例发生了变化，则综合的浮选速度常数也随之变化。可以用一个浮选速度常数的分布函数来表示不同 k 值的物料数量变化，所以，在基本公式中，需要加入一个浮选速度常数的分布函数，即

$$C = C_0 \int_0^\infty e^{-kt} f(K,0) \mathrm{d}K \qquad (6\text{-}11)$$

式中　$f(k,0)$——浮选速度常数的分布函数。

对于连续浮选过程，浮选速度公式不仅需要解决浮选速度常数的分布问题，而且也要考虑矿浆中物料的停留时间的影响。这个停留时间与矿浆在连续浮选中的运动状态有关，不同的连续浮选机，物料在槽中停留时间是不同的，所以，在浮选速度公式中，应该加入一个停留时间分布函数 $E(t)$。对于单一成分的浮选，其浮选速度公式可以写为：

$$C = C_0 \int_0^\infty e^{-kt} E(t) \mathrm{d}t \qquad (6\text{-}12)$$

对于宽级别原料的浮选，则有

$$C = C_0 \int_0^\infty \int_0^\infty e^{-kt} f(k,0) E(t) \,dk\,dt \tag{6-13}$$

因而,为了进一步研究浮选动力学模型,就要研究浮选速度常数的分布函数和物料的停留时间分布函数。

长期以来,浮选速度常数的分布问题吸引了很多研究工作者的注意。图 6-2 为分批浮选的浮选速度变化曲线。

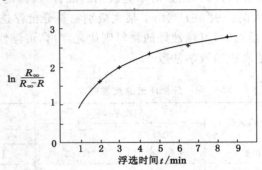

图 6-2 分批浮选的浮选速度变化曲线

图 6-3 为四种离散分布的浮选速度常数的分布函数。在这些分布中,原料含有没有相互作用的两种或多种成分,并分别有不同的浮选速度常数,其中有浮选速度为零的成分,也有浮选速度不是零的成分。对于这种分布,凯索尔曾经建议采用一种简单的形式,即近似将欲浮选矿物分为两部分:一部分浮选速度高(快浮部分),另一部分浮选速度低(慢浮部分),所以浮选速度公式(6-10)可以写成

$$C = C_0 \left[\phi e^{-k_s t} + (1-\phi) e^{-k_f t} \right] \tag{6-14}$$

式中　k_s、k_f——分别是慢浮和快浮物料的浮选速度常数;

　　　　ϕ——慢浮矿物占原料的比率。

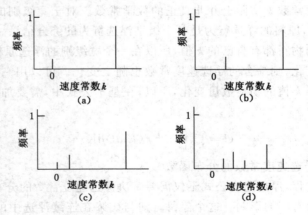

图 6-3 离散的浮选速度常数分布函数

从实用角度看,式(6-14)比较简单,便于使用。当然,能否将欲浮矿物截然分为快浮和慢浮两部分,需要具体的分析。有些人也认为,可以按欲浮矿物的可浮性或粒度分为若干部分,分别确定其 k 值,按照各自的数量分别计算浮选速度,最后综合得其结果。

图 6-4 为三种连续的浮选速度常数分布函数,这些函数都是非线性的连续分布函数。在应用连续的浮选速度常数分布函数时,首先要对原料确定一种合适的分布形式,然后利用大量的试验结果估计这种分布函数的参数。这些都是较为复杂的问题。

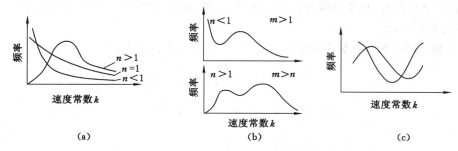

图 6-4 连续的浮选速度常数分布函数
(a) γ 分布;(b) 二项式 γ 分布;(c) 多项式分布

第三节 连续浮选速度模型

一、单槽连续浮选速度模型的推导

连续浮选的特点:连续浮选是在稳态的条件下进行的,浮选槽的给料与排料是恒定不变的,矿浆浓度也是不变的。

根据质量平衡关系有:

$$Q_R C_R = Q_J C_J + Q_w C_w \tag{6-15}$$

式中,Q,C 分别为流量和浓度;R,J,W 分别为入料、精矿和尾矿。

设 C_0 为浮选槽内矿浆浓度,V 为浮选槽容积。

因为对于浮选槽内的矿物来说必然是一部分进入精矿,一部分进入尾矿,进入精矿的概率为 k(浮选速度常数 k 是标志矿粒进入精矿的概率尺度,所以这里的 k 就是某单一成分的速度常数)。则有

$$Q_J C_J = k C_0 V \tag{6-16}$$

假定刮出精矿量远小于浮选槽内的矿浆量,则近似有:

$$C_0 = C_w$$

则精矿回收率 $\qquad R = \dfrac{Q_J C_J}{Q_R C_R} = \dfrac{k C_0 V}{k C_0 V + Q_w C_w} = \dfrac{k C_w V}{k C_w V + Q_w C_w}$

分子、分母同除以 $Q_w C_w$,得:

$$R = \dfrac{k \dfrac{V}{Q_w}}{k \dfrac{V}{Q_w} + 1}$$

因为对于单槽浮选时标称浮选时间为:

$$\tau = \dfrac{V}{Q_w} \tag{6-17}$$

这样就得到了连续浮选速度基本方程:

$$R = \frac{k\tau}{1+k\tau} \tag{6-18}$$

二、N 个槽的累计回收率

设有 N 个浮选槽,每个槽的停留时间为常数,就可根据单槽连续浮选速度公式导出 N 个槽的累计回收率。

τ 为各槽的停留时间,各槽回收率分别为 $R_1, R_2, \cdots, R_N$,则有:

$$R_1 = \frac{k\tau}{1+k\tau}$$

$$R_2 = \frac{k\tau}{1+k\tau}(1-R_1) = R_1(1-R_1)$$

$$R_3 = \frac{k\tau}{1+k\tau}(1-R_1-R_2) = R_1(1-R_1)^2$$

$$\vdots$$

$$R_N = R_1(1-R_1)^{N-1}$$

N 个浮选槽综合回收率为:

$$\begin{aligned} R &= R_1 + R_2 + R_3 + \cdots + R_N \\ &= R_1 + R_1(1-R_1) + R_1(1-R_1)^2 + \cdots + R_1(1-R_1)^{N-1} \\ &= 1 - (1+k\tau)^{-N} \end{aligned} \tag{6-19}$$

式(6-19)就是反映多槽浮选综合回收率的浮选速度公式,利用浮选速度公式可计算产物的数质量。

例 6-1 某厂煤泥在 6 槽浮选机中浮选,原煤泥浮沉组成如表 6-2 所示,每槽的标称浮选时间为 1.5 min,如果忽略精矿带走的煤浆量,试计算浮选机产物的产率和灰分。

解 (1)确定浮选速度常数 k(见表 6-2),一般通过试验确定。

表 6-2

密度级 /(g/cm³)	重量 W/%	灰分 A/%	k	本级 回收率 R	精煤产率 R·W/%	精煤灰分量 R·W·A
−1.3	12.10	3.26	0.56	0.975	11.80	38.46
1.3～1.4	35.90	9.47	0.54	0.972	34.89	330.45
1.4～1.5	25.10	15.34	0.20	0.793	19.90	305.33
1.5～1.6	14.20	28.63	0.12	0.630	8.90	256.12
1.6～1.8	4.00	36.28	0.04	0.296	1.18	42.96
+1.8	8.70	70.03	0.02	0.163	1.42	99.31
合计	100	19.25			78.09	1 072.63

(2)计算各密度级综合回收率

由公式
$$R = 1 - (1+kt)^{-N}$$

已知 $N=6, t=1.5$ min,这样各密度级综合回收率分别为:

$$R_{-1.3} = 1 - (1+0.56 \times 1.5)^{-6} = 0.975$$

$$R_{1.3\sim1.4} = 1 - (1+0.54 \times 1.5)^{-6} = 0.972$$

$$R_{1.4\sim1.5}=0.793$$
$$R_{1.5\sim1.6}=0.63$$
$$R_{1.6\sim1.8}=0.296$$
$$R_{+1.8}=0.163$$

（3）计算精煤产率和灰分

$$\Gamma_{-1.3}=R_{-1.3}\cdot W_{-1.3}=0.975\times12.10\%=11.80\%$$
$$\Gamma_{1.3-1.4}=34.89\%$$
$$\Gamma_{1.4-1.5}=19.90\%$$
$$\Gamma_{1.5-1.6}=8.9\%$$
$$\Gamma_{1.6-1.8}=1.18\%$$
$$\Gamma_{+1.8}=1.42\%$$

灰分：
$$A=\frac{\sum\Gamma_i\times Ai}{\Gamma}=13.72\%$$

产率：
$$\Gamma=\sum r_i=78.09\%$$

（4）计算尾煤产率和灰分

$$产率=100\%-78.09\%=21.91\%$$

$$灰分=\frac{100\times19.25-78.09\times13.72}{21.91}\times100\%=38.96\%$$

通过上例可以看出，利用连续浮选速度公式可计算浮选机的产物数质量，为了便于理解，假设各槽 t 相等，但在实际浮选中，精矿所带走的煤浆量是不容忽视的，因为各槽的标称浮选时间 τ 是不等的，此时各槽的回收率应分别计算。

例 6-2　采用浮选处理一种非常简单的矿石，其中矿物 A 以 5 t/h 的速度和矿物 B 以 95 t/h 的速度通过 6 槽浮选机进行分选，在每个槽中停留时间为 2 min，试计算浮选精矿的数量和矿物 A 在精矿中的品位。

解　（1）首先确定浮选速度常数 k_A 和 k_B

通过试验确定：
$$k_A=0.3,k_B=0.02$$

（2）利用连续多槽浮选速度公式

计算 6 槽浮选机的回收率 R_A 和 R_B：
$$R_A=1-(1+0.30\times2)^{-6}=94.1\%$$
$$R_B=1-(1+0.20\times2)^{-6}=21.0\%$$

（3）计算精矿的产量

设精矿中两种矿物的吨数为 T_A，T_B，则
$$T_A=Q_A\cdot R_A=5.0\times94.1\%=4.71(t/h)$$
$$T_B=Q_B\cdot R_B=95.0\times21\%=19.95(t/h)$$

精矿产量　　　　$T=T_A+T_B=4.71+19.95=24.66(t/h)$

（4）计算矿物 A 在精矿中的品位

$$\frac{4.71}{24.66}\times100\%=19.1\%$$

通过上面例子计算说明,利用多槽连续浮选速度公式,不仅可计算产物的数量,而且可计算质量。

三、实际多槽连续浮选速度公式

在实际浮选中,由于精矿带走的矿浆量 Q_l 是不容忽视的,即 Q_w 量逐槽减少,所以各槽标称浮选时间并不相等(τ 逐槽增大),各槽精煤回收率应分别逐槽计算。

设有 N 个槽,各槽标称浮选时间顺次为 $\tau_1,\tau_2,\cdots,\tau_N$,则逐槽精煤回收率为:

$$R_1 = \frac{k\tau_1}{1+k\tau_1}$$

$$R_2 = \frac{k\tau_2}{1+k\tau_2}(1-R_1)$$

$$\vdots$$

$$R_N = \frac{k\tau_N}{1+k\tau_N}\left(1-\sum_{i=1}^{N-1}R_i\right)$$

N 槽综合回收率: $\qquad\qquad R = \sum_{i=1}^{N}R_i \qquad\qquad\qquad (6-20)$

四、浮选回路的模拟

从以上对连续浮选动力学模型的介绍可以看出,从原则上可以利用浮选动力学模型模拟一个简单的浮选机组,也可以模拟一个复杂的浮选回路,但是在实际模拟过程中,却有很多困难,原因是需要做大量的试验来确定模型中的参数值,即使是对特定条件下的浮选过程也是如此。这里要确定的参数主要是浮选速度常数 k 和每个槽的标称浮选时间 τ。

1. 浮选机组的模拟

用动力学模拟浮选机组的首要条件是:浮选机工作正常没有发生泡沫过载。

需求参数:k,各槽的标称浮选时间 τ。

(1)k 值计算方法

关于浮选速度常数 k,我们前面已分析过,从实用性角度考虑,一般均采用离散分布的 k 值,对于煤泥浮选来说,通常采用二速度常数模型和按原料的粒度组成或密度组成分别计算。

① 下面先介绍二速度常数模型的浮选机组模拟中,浮选速度常数的计算方法。

将原料分为可燃物(k_f)和不可燃物(k_s)两部分,分别计算相应回收率:

第一槽: $\qquad \begin{cases} R_s = \dfrac{k_s\tau}{1+k_s\tau} \\[2mm] R_f = \dfrac{k_f\tau}{1+k_f\tau} \end{cases} \qquad\qquad (6-21)$

$$R = \alpha R_s + (1-\alpha)R_f$$

对于煤泥浮选来说,即使将入料分为可燃物和不可燃物两部分,但是每部分的物料可浮性还是有区别的,因为可燃物的范围还是很宽的,如 $-1.3\ \mathrm{g/cm^3}$ 和 $-1.6\ \mathrm{g/cm^3}$ 的煤粒可浮性还是有差别的,粗颗粒和细颗粒的浮选速度也是不同的,在浮选机组分选过程中,可浮性好的优先浮出。所以,相邻的各浮选槽浮出的精煤,其 k_f 和 k_s 都是不同、逐槽降低的,即:

$$\begin{cases} k_{sN} = k_{s(N-1)} \cdot a_s \\ k_{fN} = k_{f(N-1)} \cdot a_f \end{cases} \tag{6-22}$$

式中　N——槽号；

　　　a_s, a_f——拟合参数。

将式(6-22)代入式(6-21)，得：

$$\begin{cases} R_{sN} = \dfrac{k_s \cdot a_s^{(N-1)} \cdot \tau_N}{1 + k_s \cdot a_s^{(N-1)} \cdot \tau_N} \\[3mm] R_{fN} = \dfrac{k_f \cdot a_f^{(N-1)} \cdot \tau_N}{1 + k_f \cdot a_f^{(N-1)} \cdot \tau_N} \\[3mm] R_n = \alpha R_{sN} + (1-\alpha) R_{fN} \\[2mm] R = \displaystyle\sum_{i=1}^{N} R_i \end{cases} \tag{6-23}$$

式中，k_s, k_f, a_s, a_f 需利用试验数据确定。

若已知浮选机组中各槽的标称浮选时间 τ 和相应的可燃物及不可燃物的回收率 R_{sN}、R_{fN}，则可用非线性拟合办法找出 k_s, k_f, a_s, a_f 值。

② 如果将入料按粒度组成或密度组成分为若干部分，仍然可以采用上述思路确定 k 值，只不过此时是以粒度级别或浮沉级别代替快浮与慢浮两部分。

上述两种确定实际浮选生产的 k 值的试验数据，无外乎来源于两个方面：一个是浮选生产技术检查，另一个是可以根据实验室小型浮选试验求得。

（2）标称浮选时间的确定

标称浮选时间 τ 是浮选槽的容积 V 除以尾煤流量 Q_2 而求得的，即 $\tau = \dfrac{V}{Q_2}$，在浮选时间未知的情况下，浮选的精煤流量 Q_1 以及尾煤流量 Q_2 也是未知的。所以，在浮选机组模拟中，标称浮选时间 τ 不可能事先确定，只能用迭代法求得。

下面介绍迭代法的计算方法。

设原料按密度组成分为 M 个级别，入料流量为 Q，精煤液固比为 P，浮选槽数为 N，计算步骤如下：

① 假定一个 x 值($x>1$)，利用下式计算出一个标称浮选时间 T_1

$$T_1 = x \cdot \frac{V}{Q} \tag{6-24}$$

② 利用下式，计算各部分的回收率 R_i，即

$$R_i^* = \frac{k_i T_1}{1 + k_i T_1} \tag{6-25}$$

③ 按体积计算的精煤量为：

$$Q_1 = \sum_{i=1}^{M} \frac{1}{S_i} F_i R_i + P \sum_{i=1}^{M} F_i R_i \tag{6-26}$$

式中　F_i——入料中第 i 部分的重量；

　　　S_i——某密度级平均密度；

　　　P——精煤液固比。

④ 尾煤流量

$$Q_2 = Q - Q_1$$

⑤ 标称浮选时间为

$$T'_1 = \frac{V}{Q_2} \tag{6-27}$$

⑥ 比较 T_1 及 T'_1，若误差小于某规定范围，则计算正确，反之就要调整 x 值，重新计算，直到两者相近为止。

利用上述方法，可以编程计算出浮选机组的各种产物的数质量，计算中包括两个循环：一个循环是 n 个密度级，另一个循环是浮选机室数 n。

浮选机组模拟计算子程序详见附录程序十七。

2. 浮选回路的模拟

一般来说，一个浮选回路可以包括粗选、精选和扫选作业，每个作业都是由浮选机组组成的，可以利用浮选机组的模拟方法，进一步模拟不同的浮选回路。

下面以两种煤的浮选回路为例来介绍浮选回路的模拟方法。

（1）开路的浮选流程模拟

开路的浮选流程见图 6-5。

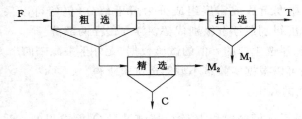

图 6-5　开路浮选流程

由于是开路的浮选回路，所以计算比较方便。由于精选入料和扫选入料分别是粗选的精煤和尾煤，它们的重量和组成均可以从粗选作业算出，所以只要把上述浮选组的计算程序作为该浮选回路模拟的子程序，编写一段主程序，根据回路需要调用子程序即可。

（2）闭路的浮选流程模拟

闭路浮选流程见图 6-6。

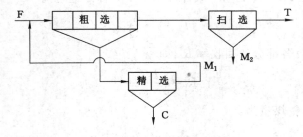

图 6-6　闭路浮选流程

对于这种闭路流程，模拟计算时，同样可以调用浮选子程序，只不过在计算时要经过若干次重复计算，使得回路结果稳定后才算结束。步骤如下：

① 第一次计算时，完全采用开路的办法。

② 第二次计算时,也采用开路办法,只不过是粗选原料是由 F 与第一次计算所得的 M_1 用加数平均办法算出。

③ 第三次计算时,粗选原料是由 F 与第二次计算所得的 M_1 加数平均所得。

④ 以此类推,直到前后两项的相同产物数量相差小于某一规定值。此时可以认为回路处于稳定工作状态。这时产物就是闭路流程的最终产物。

五、影响浮选速度的其他因素

1. 水流的机械夹带作用

(1) 定义

所谓水流的机械夹带作用,是指在浮选过程中由于矿浆是完全混合的,所以从矿浆中挪走进入精矿的水,也就相应带走了矿浆中一定量的固体(当然,这部分固体既包括有用矿物,也包括脉石)。

(2) 影响

① 水性脉石的回收主要取决于水流的机械夹带作用。

② 夹带程度取决于矿物的粒度、密度和矿浆浓度,粒度越小,密度越高,矿浆浓度越大,则夹带程度越明显。

2. 泡沫过载

(1) 定义

所谓的泡沫过载,又叫泡沫过负荷。在浮选过程中,气泡是矿物的载体,气泡在上升过程中,一些矿粒附着在气泡上,另有一些矿粒又从气泡上脱落,在稳定的条件下,可以使气泡载荷量达到动态平衡,如果气泡表面不足以承载矿物颗粒,则浮选过程就会出现泡沫过载现象。

(2) 产生泡沫过载的原因

原料品位高或精煤产率高、可浮性好、矿浆浓度大、充气量不足或起泡剂不足时都会产生泡沫过载。

在煤的浮选过程中,往往容易出现泡沫过载,一般煤的浮选过程中,泡沫过载往往出现在 1~3 室。

(3) 影响

① 由于出现了泡沫过载,增加了矿物颗粒在矿浆中的停留时间,因而降低了矿物浮选速度。

② 由于泡沫过载,造成精矿泡沫的流动性差,机械夹带的影响加大,所以精矿回收率和质量下降。

③ 对于整个机组,发生泡沫过载的情况是不同的,对煤泥浮选来说,前几室出现泡沫过载,而后几室往往仍按正常的动力学规律分选,所以对整个浮选机组,在这种情况下可采用混合模型进行计算。

④ 在煤泥浮选过程中,当泡沫过载时,固体物料回收数量正比于水在精矿中的回收数量,所以水的流量越大,能携带的煤量也越多,在建立经验模型时应考虑到水的回收情况。

3. 水的回收率计算

(1) 为什么要研究水的回收率

上面已经分析了进入精矿中的水量对分选效果的影响,即水流夹带作用对分选效果的影响,当发生泡沫过载时,水的回收率就成为一个关键因素,由于它明显地影响物料的回收情况,所以在研究动力学模型时,应该研究水的回收率。

(2)影响水的回收率的因素

起泡剂添加量、充气量、矿浆液面高度等。

(3)水的回收率的计算

生产资料表明,煤的浮选中,水在精煤中的回收率可以用一级浮选速度公式计算。对于多槽连续浮选,由于浮选槽中起泡剂浓度逐槽降低,所以水回收速度也是逐槽降低的,即

$$k_{W1(N+1)} = k_{W1(N)} \cdot a \quad (0 < a < 1) \tag{6-28}$$

$$R = \frac{k_{W1} \cdot a \cdot t}{1 + k_{W1} \cdot a \cdot t} \tag{6-29}$$

第四节　浮选经验模型

一、浮选经验模型的原始数据来源

目前在选矿过程模拟中,经验模型的使用占有相当的比重,经验模型的形式和建立所用的数据均来自实践,建立该模型,并不考虑过程的作用机理,只是根据过程中变量的统计关系,用数学的方法找出它们的关系。

经验模型的数据来源有两类:

一类是根据生产实测数据。由于生产条件的限制,不能有意识地安排试验,只能根据生产中常规试验的数据统计来建立经验模型,这种建立模型的方法称为非可控试验法或称被动试验法。

另一类是根据主观意图利用事先安排好的试验来获得数据。这种情况下,先要做试验设计,把试验与建模要求统一考虑。这种建模方法称为可控试验法或称主动试验法。

浮选经验模型是根据浮选过程变量之间统计关系建立起来的。浮选经验模型的原始数据可以通过各种在线检测设备进行在线收集;也可以利用离线的收集方法,即通过常规的生产记录或专门安排试验取得。根据这些原始数据用回归分析或插值法找出它们的统计关系。

二、浮选产物预测的经验模型的建立

煤泥浮选单机检查一般是采用逐槽采集浮选入料、精煤和尾煤的样品,进行灰分测定;然后利用这些结果,分别计算浮选机各槽的入料、精煤和尾煤的产率。表 6-3 是对某浮选机的单机检查结果,各室产率计算公式如下:

$$\begin{cases} \gamma_J = \dfrac{A_Y - A_W}{A_J - A_W} \times \gamma_Y \\ \gamma_W = \gamma_Y - \gamma_J \end{cases} \tag{6-30}$$

在煤泥浮选的预测计算中,往往需要以下几种关系:① 精煤累计产率和灰分;② 尾煤累计产率和灰分;③ 精煤累计产率和基元灰分。

上述几种关系,可以根据浮选单机检查试验资料用拟合法或插值法求得。

(1)对精煤累计产率和灰分的关系曲线可以用拟合法计算

采用的经验模型形式一般为一元多项式,如果拟合的最高次数为 0 次,则一元多项式的

表 6-3　　　　　　　　　　　　　　　　　浮选机单机检查试验结果

产物名			一室	二室	三室	四室	五室	六室	合计
精煤	$A/\%$	1	11.53	12.20	13.88	18.33	23.48	27.26	13.68
	$\gamma/\%$	2	29.51	25.38	16.51	10.28	3.43	1.22	86.33
精煤累计	$A/\%$	3	11.53	11.84	12.31	13.08	13.40	13.69	*21.67
	$\gamma/\%$	4	29.51	54.89	71.40	81.68	85.11	86.33	100.0
尾煤累计	$A/\%$	5	25.92	33.64	45.64	60.01	68.43	72.09	72.09
	$\gamma/\%$	6	70.49	45.11	28.60	18.32	14.89	13.67	13.67
精煤 λ	$\lambda/\%$	7	11.53	12.20	13.88	18.38	23.48	27.26	
	$\gamma/\%$	8	14.76	42.20	63.15	76.54	83.40	85.72	

形式可写成：

$$Gc = B_{10}A^{10} + B_9A^9 + \cdots + B_1A + B_0 \tag{6-31}$$

根据单机检查资料，若浮选产物数为 N，则可以得到 N 组试验数据，即 $(A_i, Gc_i)(i=1, 2, \cdots, N)$。要求得上面模型的系数 $B_j(j=0,1,2,\cdots,P)$，同样采用最小二乘法，即要使精煤累计产率 Gc 的 N 个实测值与回归方程的计算值的偏差平方和最小，即：

$$Q = \sum_{i=1}^{N}(Gc_i - \hat{Gc}_i)^2 \text{ 为最小}$$

$$= \sum_{i=1}^{N}[Gc_i - (B_0 + B_1A_i + B_2A_i^2 + \cdots + B_Px_i^P)]^2 \quad (P \leqslant 10 \text{ 次}) \tag{6-32}$$

为了计算 $P+1$ 个回归系数，可令 $\partial Q/\partial B_j = 0, j=0,1,2,\cdots,P$，整理后，得到包括 $P+1$ 个方程的正规方程组：

$$\begin{bmatrix} N & \sum A_i & \sum A_i^2 & \cdots & \sum A_i^N \\ \sum A_i & \sum A_i^2 & \sum A_i^3 & \cdots & \sum A_i^{N+1} \\ \vdots & \vdots & \vdots & & \vdots \\ \sum A_i^P & \sum A_i^{P+1} & \sum A_i^{P+2} & \cdots & \sum A_i^{N+P} \end{bmatrix} \cdot \begin{bmatrix} B_0 \\ B_1 \\ \vdots \\ B_P \end{bmatrix} = \begin{bmatrix} \sum Gc_i \\ \sum Gc_iA_i \\ \vdots \\ \sum Gc_iA_i^P \end{bmatrix}$$

利用高斯消元法解上述正规方程组，即可求得模型系数。

计算机在拟合时，需要给定拟合误差 ER，同时给定模型最高拟合次数 $MN=10$，然后计算机从低次多项式开始拟合，第一次拟合时多项式次数 $P=1$，所得方程为一次方程，即：

$$Gc = B_0 + B_1A \tag{6-33}$$

利用实测值 A_i，可以算得一组计算值 $\hat{Gc}_i$ 和它与实测值 Gc_i 的差值，若 ME 为其中的最大差值，如果 $ME < ER$，则所得的方程就是所要建立的方程。否则令 $P=2$，建立二次多项式，重复上述步骤，直到多项式回归方程的计算差值 ME 满足允许误差 ER 为止或直到 $P=10$，否则输出拟合过的方程中最好的一次结果。

利用上式，就可以预测出某一精煤灰分下的精煤累计产率。

（2）尾煤累计产率和灰分可以根据原煤和精煤的产率和灰分数据求得

（3）精煤累计产率和基元灰分关系

在选煤厂的优化计算中，往往还要知道浮选作业分选的基元灰分，为此，就要求出煤泥浮选中的基元灰分曲线。

根据浮选单机检查资料(见表 6-3),若把各槽的精煤灰分看作基元灰分,则相应的累计精煤产率为:

$$L\gamma_i = \gamma_{i-1} + \frac{\gamma_i}{2} \tag{6-34}$$

式中　γ_i——各槽精煤累计产率($i=1,2,\cdots,n,w_0=0$);

　　　$L\gamma_i$——各种边界灰分所对应的累计产率。

这样就得到一组基元灰分与累计产率的表格函数,利用一元三点插值法就可以求得精煤累计产率与对应的基元灰分。

利用浮选机组的逐槽采样结果建立浮选经验模型来预测和优化浮选指标,计算程序详见附录程序十八。

第七章　破碎、磨矿数学模型

第一节　概　　述

一、破碎过程

1. 破碎是伴随有能量消耗的过程

(1) 自 20 世纪 80 年代以来,颗粒破碎每年大约要消耗 290 亿 kW·h 的电能,生产磨矿介质和衬板等相关配件每年还要消耗 37 亿 kW·h 电能。因此,矿产业的收益率与能源的有效利用率密切相关。

(2) 新材料的应用和矿石品位的普遍降低,甚至要求矿石破碎向纳米级颗粒发展这一趋势导致对能源的需求呈指数增长,这是由于磨矿过程中能源利用率很低。虽然有能够生产纳米级颗粒的破碎设备,但是这些设备基本都是高成本低产率。

2. 颗粒破碎的目的

(1) 解离出有用矿物

① 细粒的破碎程度与有用矿物的结晶粒度密切相关。

② 实现大部分有用矿物破碎解离的目的。

(2) 增加颗粒表面积

① 能够使得某些矿物颗粒达到纳米级别。

② 石墨、云母和黏土等原料在这方面具有广泛应用。

(3) 生产特定尺寸的产品

有用矿物的用途很多,不同用途对矿物的粒度要求是不同的,所以,通常需要通过破碎和磨矿来实现这一目的。

3. 颗粒破碎过程是分阶段进行的

典型的矿物破碎流程如图 7-1 所示。

为什么破碎过程要分阶段进行?

(1) 提高过程效率

这关系到能量的有效使用。通常用于粗颗粒破碎的最佳操作条件与细颗粒破碎的最佳操作条件有很大的差别。

(2) 防止过粉碎

过粉碎将导致无销路的细粒物料大量增加,企业因此而亏损。对于选矿或选煤来说,过粉碎将导致下游作业效率降低。破碎效率与粒度的典型关系如图 7-2 所示。

(3) 严格控制产品粒度

二、破碎过程效率的最大化

对于一个矿物加工企业,追求过程效率最大化一直都是企业持续发展和日常生产中的一项重要而艰巨的任务。

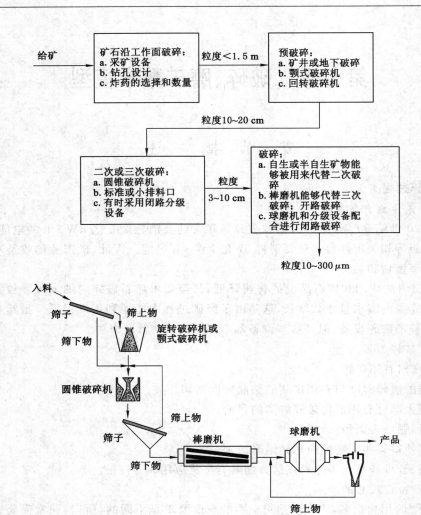

图 7-1　典型的矿物破碎流程

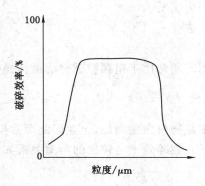

图 7-2　破碎效率与粒度的典型关系

过程最优化基于以下三个阶段：

（1）设计阶段：最佳工艺流程的开发。

（2）调试阶段：在这个阶段，设备停机时能够自由调整操作参数，例如分级旋流器溢流口的调整。

（3）连续生产阶段：在运行过程中，基于入料性质变化的流程工艺参数的调整，以及在线控制。

阶段 1 和阶段 2 都存在最优化问题，然而阶段 3 包含了过程自动化控制。

通过建立起与操作条件和入料特性相关联的破碎和磨矿模型来预测产品粒度分布，有助于上述三个阶段的任务完成。

三、破碎模型

两个基本的破碎模型：

（1）矩阵模型——破碎被认为是一个随机过程。

（2）动力学模型——用动力学常数来模拟破碎过程。

两个模型都是以下面的概念为基础：

（1）破碎率或破碎概率＝选择性函数或者破碎率函数。

（2）破碎后粒度分布特征＝破碎函数或者破碎—分布函数。

（3）颗粒通过或离开连续磨矿机的差速运动＝分级或排料速度函数，即粒度相关扩散系数。

第二节　矩　阵　模　型

一、矩阵模型的建立

1. 破碎过程各粒级原料和产物的表示

在矩阵模型中，破碎过程的原料和产物都可以用一组向量表示，如表 7-1 所示，其中 1 为最大粒级，$n+1$ 为最小粒级，也是筛分的余留物。

表 7-1　　　　　　　　　　　　破碎过程原料和产物的粒度分布

粒度级别	原料	产物
1	f_1	P_1
2	f_2	P_2
3	f_3	P_3
$\vdots$	$\vdots$	$\vdots$
n	f_n	P_n
$n+1$	f_{n+1}	P_{n+1}

在破碎过程中，所有粒级都有其破碎概率，它的破碎产物可能留在原来粒级上，也可能成为更细粒级。所以，各粒级破碎后可以列出表 7-2 所示的质量平衡关系。

表 7-2 破碎过程的质量平衡

粒级	原料	破碎过程的质量平衡						产物
1	f_1	$P_{1,1}$	○	○	⋯	○	○	P_1
2	f_2	$P_{2,1}$	$P_{2,2}$	○	⋯	○	○	P_2
3	f_3	$P_{3,1}$	$P_{3,2}$	$P_{3,3}$	⋯	○	○	P_3
⋮	⋮	⋮	⋮	⋮		⋮	⋮	⋮
n	f_n	$P_{n,1}$	$P_{n,2}$	$P_{n,3}$	⋯	$P_{n,n}$	○	P_n
$n+1$	f_{n+1}	$P_{n+1,1}$	$P_{n+1,2}$	$P_{n+1,3}$	⋯	$P_{n+1,n}$	$P_{n+1,n+1}$	P_{n+1}
合计		f_1	f_2	f_3	⋯	f_n	f_{n+1}	

从表 7-2 可以看出：破碎产物实际是由原料中不同粒级破碎以后生成的，在破碎产物的元素中，第 1 列表示原料中最大粒级的破碎产物，第 j 列是第 j 个粒级的破碎产物。以此类推，破碎产物的元素可以写成通式 P_{ij}，i 是行，表示破碎后形成的粒级；j 是列，表示由原料中第 j 粒级破碎而来。

同时可看出：

① 产物各粒级含量是各行元素之和 $P_i = \sum_{j=1}^{n} P_{ij}$。

② 原料总量 $F = \sum_{j=1}^{n+1} f_j$，而最细粒的筛下粒级 $n+1$，可通过 $F - \sum_{j=1}^{n} f_j$ 得到，所以可将最细粒元素忽略。

2. 破碎产物元素若以原料表示

若元素 $P_{ij} = x_{ij} \cdot f_j$，其中 f_j 为原料各粒级量，则 x_{ij} 就表示原料的第 j 粒级经破碎后落在产物第 i 粒级的重量分数，于是产物的元素又可以写成表 7-3 形式。

表 7-3 以原料表示的破碎产物

$x_{1,1} \cdot f_1$	○		⋯	○
$x_{2,1} \cdot f_1$	$x_{2,2} \cdot f_2$	○	⋯	○
$x_{3,1} \cdot f_1$	$x_{3,2} \cdot f_2$	$x_{3,3} \cdot f_3$	⋯	○
⋮	⋮	⋮		⋮
$x_{n,1} \cdot f_1$	$x_{n,2} \cdot f_2$	$x_{n,3} \cdot f_3$	⋯	$x_{n,n} \cdot f_n$

其中 x_{ij} 实际上是一个 $n \times n$ 的矩阵，破碎过程产物的计算可以用矩阵 x_{ij} 乘列向量 f_i 表示，即

$$
\begin{bmatrix}
x_{1,1} & 0 & 0 & \cdots & 0 \\
x_{2,1} & x_{2,2} & 0 & \cdots & 0 \\
x_{3,1} & x_{3,2} & x_{3,3} & \cdots & 0 \\
\vdots & \vdots & \vdots & \vdots & \vdots \\
x_{n,1} & x_{n,2} & x_{n,3} & \cdots & x_{n,n}
\end{bmatrix}
\cdot
\begin{bmatrix}
f_1 \\ f_2 \\ f_3 \\ \vdots \\ f_n
\end{bmatrix}
=
\begin{bmatrix}
x_{1,1} \cdot f_1 + 0 + 0 + \cdots + 0 + 0 + 0 \\
x_{2,1} \cdot f_1 + x_{2,2} \cdot f_2 + 0 + \cdots + 0 + \cdots + 0 \\
x_{3,1} \cdot f_1 + x_{3,2} \cdot f_2 + x_{3,3} \cdot f_3 + \cdots + 0 \\
\vdots \quad \vdots \quad \vdots \quad \vdots \\
x_{n,1} \cdot f_1 + x_{n,2} \cdot f_2 + x_{n,3} \cdot f_3 + \cdots + x_{n,n} \cdot f_n
\end{bmatrix}
$$

$$= \begin{bmatrix} P_1 \\ P_2 \\ P_3 \\ \vdots \\ P_n \end{bmatrix} \tag{7-1}$$

用简单矩阵可表示为：

$$P = X \cdot f \tag{7-2}$$

式(7-2)表达了破碎过程产物粒度组成的计算方法,其中原料粒度组成是已知的,只有当 X 矩阵也是已知时该式才能应用。

例 7-1 在破碎过程方程式 $P = X \cdot f$ 中,描述破碎过程的 X 矩阵和原料的粒度组成 f 见表 7-4,试求这个过程产物的粒度分布。

表 7-4 描述破碎过程的矩阵和原料的粒度组成

粒级	原料粒度组成 f	X 矩阵					
1	25	0.15	0	0	0	0	0
2	21	0.20	0.15	0	0	0	0
3	14	0.15	0.20	0.15	0	0	0
4	8	0.10	0.15	0.20	0.15	0	0
5	5	0.10	0.10	0.15	0.20	0.15	0
6	3	0.10	0.10	0.10	0.15	0.20	0.15
—	—						
筛下	24						

解 根据 $P = X \cdot f$,可计算各粒级产物如下:

粒级 $1 = 0.15 \times 25$ $\qquad\qquad\qquad = 3.75$

$\quad 2 = 0.20 \times 25 + 0.15 \times 21$ $\qquad = 8.15$

$\quad 3 = 0.15 \times 25 + 0.20 \times 21 + 0.15 \times 14 \quad = 10.05$

$\quad 4 = \cdots\cdots\cdots\cdots\cdots\cdots\cdots\cdots = 9.65$

$\quad 5 = \cdots\cdots\cdots\cdots\cdots\cdots\cdots\cdots = 9.05$

$\quad 6 = \cdots\cdots\cdots\cdots\cdots\cdots\cdots\cdots = 8.65$

筛下 $= \qquad\qquad\qquad 100 - 49.30 = 50.70$

在应用式(7-2)时,关键在于如何确定 X。根据进一步的研究, X 是由选择性函数、分级函数和碎裂函数所组成。这些函数概括了爱泼斯坦提出的概率函数和分布函数的概念。

下面将进一步介绍这三种函数的意义和计算。

二、破碎函数

1. 概念

在矩阵模型中,把破碎过程看作一系列相继发生的破碎事件。描述每个破碎事件的产物粒度组成的表达式称为破碎函数。

2. 函数的确定

由于破碎事件既与矿石性质有关,又与设备流程等因素有关,所以很难用试验确定。

根据经验,破碎产物一般有一定的分布曲线,所以破碎函数可以由这些粒度分布曲线导出。

一般认为破碎产物的粒度分布符合洛辛-拉姆勒粒度特性公式,按该式,破碎产物的正累计含量 R 为:

$$R = e^{-ax^b} \qquad (7\text{-}3)$$

式中,x 为粒度;a,b 取决原料及破碎设备的参数。若 y 为原料粒度,公式中粒度以相对粒度 x/y 表示,则有,

正累计:
$$R = e^{-a\left(\frac{x}{y}\right)^b} \qquad (7\text{-}4)$$

负累计:
$$B_{(x,y)} = 1 - R = 1 - e^{-a\left(\frac{x}{y}\right)^b} \qquad (7\text{-}5)$$

令 $a = 1$,$b = 1$,则

$$B_{(x,y)} = 1 - e^{-\left(\frac{x}{y}\right)} \qquad (7\text{-}6)$$

由于洛辛-拉姆勒公式不符合临界条件,即当 $x/y = 1$ 时 $B_{(x,y)} \neq 1$,而是

$$B_{(x,y)} = 1 - e^{-1} = 0.63$$

所以破碎函数可表示为:
$$B_{(x,y)} = \frac{1 - e^{-\left(\frac{x}{y}\right)}}{1 - e^{-1}} \qquad (7\text{-}7)$$

式中　y——原料的平均粒度;

x——破碎产物的平均粒度;

$B_{(x,y)}$——平均粒度为 y 的原料破碎后生成小于 x 的负累计量。

矩阵 $B_{(x,y)}$ 的测定可以通过如下方法获得:

(1) 根据式(7-7)计算矩阵 $B_{(x,y)}$

该式体现了一个重要概念:虽然矿物颗粒的粉碎作用与原始粒度有关,但破碎后得到的粒度分布却与颗粒的原始粒度无关。

(2) 利用放射性示踪剂进行试验

许多研究工作者用试验对上述概念进行了验证,凯索尔(1964 年)将含有示踪原子的石英掺入方解石中作为原料进行球磨试验,从磨矿产物中测得瞬时碎裂函数,即:

$$B_{(x,x_0)} = (x/x_0)^n$$

式中　x_0——原始粒度;

x——破碎后的粒度;

n——系数,当粒度小于 590 μm 时,n 值为 $0.9 \sim 0.95$;但当粒度大于 590 μm 时,上式发生偏离。

三、选择性函数

进入破碎过程的各粒级受到的破碎是具有随机性的,有的粒级受到破碎多些,有的少些,也有的直接进入产物而不受破碎,破碎的概率随粒度的不同而变化,一般来说,在同一破碎机破碎时,粗粒级破碎概率比细粒级大,在矩阵模型中,我们就用选择性函数来表示这种破碎概率。

若以 S_i 表示第 i 粒级的破碎概率,则第 i 粒级在破碎作业中实际被破碎的物料量为 $S_i \cdot$

f_i，而$(1-S_i) \cdot f_i$ 则是该粒级未受到破碎的物料量。

因此，我们可以列出破碎过程中被选择破碎部分的矩阵计算式为：

$$\begin{bmatrix} S_1 & 0 & 0 & \cdots & 0 \\ 0 & S_2 & 0 & \cdots & 0 \\ 0 & 0 & S_3 & \cdots & 0 \\ \vdots & \vdots & \vdots & & \vdots \\ 0 & 0 & 0 & \cdots & S_n \end{bmatrix} \cdot \begin{bmatrix} f_1 \\ f_2 \\ f_3 \\ \vdots \\ f_n \end{bmatrix} = \begin{bmatrix} S_1 f_1 \\ S_2 f_2 \\ S_3 f_3 \\ \vdots \\ S_n f_n \end{bmatrix} \tag{7-8}$$

上式左边的对角矩阵称为选择性函数，用 S 表示，则被破碎部分为 $S \cdot f$，未被破碎部分为$(I-S) \cdot f$，其中 I 为单位矩阵。

前面我曾以 X 矩阵表示产物的重量分数。这是对整个原料被破碎而言的，若以 B 表示实际被粉碎部分的产物重量分数，那么产物的计算公式为：

$$P = B \cdot S \cdot f + (I-S) \cdot f = (B \cdot S + I - S) \cdot f \tag{7-9}$$

和前面对比有：

$$X = B \cdot S + I - S$$

四、分级函数

图 7-3 是一个粉碎—分级过程，其中 f 为原料，q 为破碎产物，P 为分级后的最终产物，

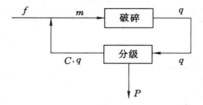

图 7-3　粉碎—分级过程

f, q, P 均为列向量，表示不同粒级。C 为分级函数，表示各粒级分级后返回的粗粒分数，用对角矩阵表示为：

$$C = \begin{bmatrix} C_1 & 0 & 0 & \cdots & 0 \\ 0 & C_2 & 0 & \cdots & 0 \\ 0 & 0 & C_3 & \cdots & 0 \\ \vdots & \vdots & \vdots & & \vdots \\ 0 & 0 & 0 & \cdots & C_n \end{bmatrix}$$

故 $C \times q$ 为循环粒级量。

所以粉碎—分级过程的产物的矩阵计算式为：

破碎后产物

$$q = (B \cdot S + I - S) \cdot m \tag{7-10}$$

分级后最终产物

$$P = (I-C) \cdot q = (I-C) \cdot (B \cdot S + I - S) \cdot m \tag{7-11}$$

因

$$m = f + C \cdot q = f + C \cdot (B \cdot S + I - S) \cdot m$$

故

$$m = [I - C \cdot (B \cdot S + I - S)]^{-1} \cdot f \tag{7-12}$$

代入式(7-11)可得最终产物：

$$P = (I-C) \cdot (B \cdot S + I - S) \cdot [I - C \cdot (B \cdot S + I - S)]^{-1} \cdot f \tag{7-13}$$

和前面公式比较,具有选择和分级作用的矩阵 X 为:

$$X=(I-C)\cdot(B\cdot S+I-S)\cdot[I-C\cdot(B\cdot S+I-S)]^{-1} \qquad (7-14)$$

若分级作用不明显,则分级函数 C 的矩阵中诸元素为 0,则本节的公式变为上节中只包含选择性函数的公式。同样选择性函数的对角元素均为 1 时,即不存在选择,则公式变为最新形式。

例 7-2 在破碎过程的方程式 $P=(B\cdot S+I-S)\cdot f$ 中,破碎函数 B 和原料粒度组成 f 与例 7-1 的 X 和 f 相同,各粒级的碎裂概率如下:

$$<1.0,0.70,0.50,0.35,0.25,0.18>$$

求这个过程的产物粒度分布。

解 根据 $P=(B\cdot S+I-S)\cdot f$,算出的结果见表 7-5。

表 7-5　　　　　　　　　　　　　　包括选择性函数和破碎函数的产物计算方法

原料 f	破碎概率 S	破碎颗粒 $S\cdot f$	未破碎颗粒 $(I-S)\cdot f$	从破碎颗粒所得的产物 $B\cdot S\cdot f$	整个产物 $(B\cdot S+I-S)\cdot f$
25	1	25.0	0	3.75	3.75
21	0.70	14.7	6.3	7.21	13.51
14	0.50	7.0	7.0	7.74	14.74
8	0.35	2.8	5.2	6.53	11.73
5	0.25	1.25	3.75	5.77	9.52
3	0.18	0.54	2.46	5.42	7.88
24					38.87

五、重复破碎

在破碎设备中,物料的破碎多数是经过多次破碎事件而完成的,如果发生了 v 次事件,每次破碎函数为 X_j,则逐次事件所得的产物为:

$$P_1=X_1\cdot f$$
$$P_2=X_2\cdot P_1$$
$$P_3=X_3\cdot P_2$$
$$\vdots$$
$$P_v=X_v\cdot P_{v-1}$$

式中,P_v 就是最终产物 P,所以写成通式形式为:

$$P=\Big[\prod_{j=1}^{v}X_j\Big]\cdot f \qquad (7-15)$$

如果所有破碎事件都一样,即破碎函数相同,则上式可以写成:

$$P=X^v\cdot f \qquad (7-16)$$

例 7-3 在破碎过程中,假设磨机内有分级作用,粒级 1 和粒级 2 中的颗粒受分级和重复破碎的作用,最后在磨机中全部被破碎,所以粒级 1 和粒级 2 是按下列方程式工作的:

$$P=(I-C)\cdot(B\cdot S+I-S)\cdot[I-C\cdot(B\cdot S+I-S)]^{-1}\cdot f$$

求达到稳态时产物的粒度分布。

解　本题原始资料及第 1 次破碎的结果均见表 7-5，1 次破碎以后，产物分为两部分，粒级 1 和粒级 2 进行重复破碎，直至此两级别完全被破碎为止。

计算所得的结果见表 7-6，这类问题也可以用逆矩阵的方法计算。

表 7-6　　　　　　　　　有分级作用的破碎过程产物的计算方法

原料 f	破碎后的产物 $(B \cdot S + I - S) \cdot f$	保留下来进一步破碎的颗粒 $C(B \cdot S + I - S) \cdot f$	保留的两个粒级重复破碎的产物 $B \cdot$（第 3 列）	第 2 列中未作进一步破碎的部分 $(I-C)(B \cdot S+I-S) \cdot f$	最终产物 （4 列）+（5 列）
1	2	3	4	5	6
25	3.75	3.75	0	0	0
21	13.51	13.51	0	0	0
14	14.74	0	4.04	14.74	18.78
8	11.73	0	2.98	11.73	14.71
5	9.52	0	2.13	9.52	11.65
3	7.88	0	2.13	7.88	10.01
24	38.87	0	5.98	38.87	44.85

例 7-4　在破碎过程中，设每次破碎都有新的物料加入，求达到平衡时，磨机内积累的粗粒级矿石。

解　假设在每次破碎后都有 100 重量单位的矿石进入磨机，原料粒度组成和每段破碎时的破碎函数、选择性函数和分级函数见表 7-7。

表 7-7　　　　　　　原料粒度组成及破碎函数、选择性函数和分级函数

f:	25	21	14	8	5	3	24
B（第一列）:	0.15	0.20	0.15	0.10	0.10	0.10	
S（对角线）:	1.0	0.70	0.50	0.35	0.25	0.18	
C（对角线）:	1.0	1.0	0	0	0	0	

虽然破碎过程是连续的，但是，为了叙述方便，可以将它看作是相继发生的事件，在每一事件中，先是原料进入磨机，然后发生破碎，继而分级。从磨机中排出破碎后产物。如此重复进行，直至达到平衡。

每次事件相当于一段时间，每段时间的破碎结果如表 7-8 到表 7-10 所示。

表 7-8　　　　　　　　　　　　　第一段时间

粒级:	1	2	3	4	5	6	筛下
给料（重量单位）:	25.0	21.0	14.0	8.0	5.0	3.0	24.0
破碎后产物:	3.75	13.51	14.74	11.73	9.52	7.88	38.87
分级后保留下来的物料:	17.26 单位						
排料量:	82.74 单位						

表 7-9	第二段时间						
粒级：	1	2	3	4	5	6	筛下
给料(重量单位)：	28.75	34.51	14.0	8.0	5.0	3.0	24.0
破碎后产物：	4.31	19.72	17.19	13.52	10.84	9.20	42.48
分级后保留下来的物料：	24.03 单位						
排料量：	93.23 单位						

表 7-10	第三段时间						
粒级：	1	2	3	4	5	6	筛下
给料(重量单位)：	29.31	40.72	14.0	8.0	5.0	3.0	24.0
破碎后产物：	4.40	22.36	18.15	14.23	11.33	9.60	43.87
分级后保留下来的物料：	26.76 单位						
排料量：	97.27 单位						

随着破碎时间的增加，当排料量等于给料量时，过程就达到平衡。换句话说，当排料量达到 100 单位时，就达到平衡，由于磨机内部分级而引起的粗粒积累，可以用这个方法继续计算。

如果矿石变硬或变软，则 B 将改变，从而留在磨机内的物料量亦将发生变化。

六、矩阵模型的应用

按照矩阵模型的观点，任何破碎设备的破碎过程都可以用式(7-2)矩阵方程式来描述：

$$p = X \cdot f$$

X 可以由一个破碎过程导出，也可以由一系列重复过程导出。在实际应用中，确定 X 的数值是至关重要的。对于 X 矩阵，不仅要确定它的数值，而且要使它与破碎过程的变量联系起来。由于 X 矩阵在建立破碎设备模型中十分重要，所以在讨论破碎设备模型前要进行分析。

在破碎设备中，可以得到的破碎过程的数据有：

(1) 所用设备的操作特性，例如，磨机直径、长度、转数、破碎机排料口尺寸等；

(2) 设备的给料量；

(3) 设备的给料及产物的粒度组成；

(4) X 矩阵各元素的数值；

(5) 矿石在磨机中停留时间函数。

这些数据在模型建立和计算中往往都是有用的。要得到 X 矩阵和矿石停留时间函数，要做一些专门的试验，但是，确定 X 矩阵中元素的数值，仍然是十分困难的。其原因是：

(1) 产物粒度分布不能以连续曲线的形式经试验测定，用试验只能测定一组点，通过这些点才能画出一条曲线；

(2) 试验所得的点是经套筛筛分出来的，一般套筛的筛比是 $2^{-0.5}$，这意味着一个粒级最大和最小颗粒的体积比理论上接近 2.82，留在筛上的较大颗粒可以受到破碎，但其碎片可能仍留在同一粒级上。

（3）在一个粒级中，不可能区分哪些是经过破碎后的碎片，而哪些又是未被破碎的颗粒。

为了取得 X 矩阵中的破碎函数和选择性函数，必须区分经过破碎的和未经过破碎的颗粒。为了区别，必须将筛比变得很小，然而，要达到这个要求，现有的试验技术是做不到的。对于一块矿石，它的破碎与选择性函数无关，但是矿石在破碎设备中进行破碎，就必然要涉及选择性函数。

因此，为了推导出一个破碎设备的模型，就要对模型的形式、破碎函数或选择性函数作一些假设，为了使假设可靠，必须深入对设备的操作特性进行分析。

第三节　球磨机模型

一、简单球磨机模型

球磨机的破碎过程特性随它的旋转速度变化而变化，例如：

（1）低速：仅仅有来自研磨介质之间的相互滚动而产生的摩擦，为泻落式运动。

（2）中速：有分别来自研磨介质的抛落和泻落而产生的碰撞和摩擦，以冲击式破碎为主。

（3）高速：没有破碎；研磨介质在离心力的作用下紧贴球磨机内壁运动。

球磨机示意图如图 7-4 所示。

在球磨机中破碎物料要求球介质有足够的冲击力来克服物料的内部应力。

破碎过程相当于拿一个石头站在 1 m 之外的距离去砸沙粒，因此这个过程能够用随机矩阵模型来描述和模拟。选择—破碎过程如图 7-5 所示。

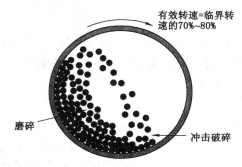

图 7-4　球磨机示意图

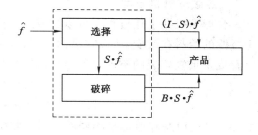

图 7-5　选择—破碎过程

因此，

$$\hat{P} = B \cdot S \cdot \hat{f} + (I - S) \cdot \hat{f} \tag{7-17}$$

或者

简单球磨机模型，

$$\hat{P} = (B \cdot S + I - S) \cdot \hat{f} \tag{7-18}$$

其中，$X = B \cdot S + I - S$。

例 7-5　由以下参数求产物相关数据：

$$S = 1, 0.7, 0.5, 0.3, 0$$

$$
\begin{array}{cc}
B & \hat{f} \\
\begin{bmatrix}
0.15 & 0 & 0 & 0 & 0 \\
0.20 & 0.15 & 0 & 0 & 0 \\
0.15 & 0.20 & 0.15 & 0 & 0 \\
0.10 & 0.15 & 0.20 & 0.15 & 0 \\
0.40 & 0.50 & 0.65 & 0.85 & 1
\end{bmatrix} &
\begin{bmatrix}
0.10 \\
0.20 \\
0.20 \\
0.10 \\
0.40
\end{bmatrix}
\end{array}
$$

$$
S
$$

$$
\begin{bmatrix}
1 & 0 & 0 & 0 & 0 \\
0 & 0.7 & 0 & 0 & 0 \\
0 & 0 & 0.5 & 0 & 0 \\
0 & 0 & 0 & 0.3 & 0 \\
0 & 0 & 0 & 0 & 0
\end{bmatrix}
$$

计算结果如表 7-11 所示。

表 7-11　　　　　　　　　　球磨机一次破碎产物分布

粒级	$S \cdot \hat{f}$	$(I-S) \cdot \hat{f}$	$B \cdot S \cdot \hat{f}$	$\hat{P}$
1	0.10	0	0.015	0.015
2	0.14	0.06	0.041	0.101
3	0.10	0.10	0.058	0.158
4	0.03	0.07	0.055 5	0.125 5
5	0	0.40	0.200 5	0.600 5

二、连续球磨机模型

一台球磨机在工作过程中可以分成若干段,假设在每段中所发生的破碎作用是相同的,由于每段的给料在改变,所以在纵向上,每段的破碎产物也有变化,因此,球磨机的磨矿过程可以看成是重复碎裂的破碎过程,重复破碎过程可用下式表达:

$$
P=(X_j)^v \cdot f \tag{7-19}
$$

$$
X_j = B \cdot S + I - S
$$

式中,X_j 对任何磨碎段都是相同的。对于特定的矿石和流程,球磨机的作业完全取决于 v,但是球磨机中的 v 的定义与棒磨机中的 v 的定义是不同的。球磨机的磨碎段定义是:在磨碎段中,给料的最大粒级都具有等于 1 的破碎概率,这就相当于把 S 的 $(1,1)$ 元素定义为 1。

上式的破碎函数 B 可以采用式(7-7)进行计算,即

$$
B_{(x,y)} = \frac{1-e^{-\left(\frac{x}{y}\right)}}{1-e^{-1}}
$$

球磨机的磨机常数(MC)可以按下式进行计算:

$$
MC = 磨机给料速度 \times 磨矿段数
$$

在一定的给料速度下,如果已知给料和磨矿产物的粒度分布,则 S 的全部元素和 MC 的值就可以用最小二乘法求出。

例 7-6　某铜矿磨矿流程是由一台 2.7 m×3.6 m 的棒磨机和两台 3.2 m×3.05 m 球

磨机并联组成,每台球磨机又各与水力旋流器组成闭路,给料速度为 170 t/h,给料和产物粒度分布见表 7-12。若给料速度改为 208 t/h,给料粒度分布为<1.0　7.2　14.7　18.0　19.9　14.9　8.6　16.2>,试求球磨机的产物粒度分布。

表 7-12　　　　　　　　　　球磨机中铜矿石给料和产物粒度分布

粒级		给矿	产物
泰勒筛目	μm		
+4	+4 699	0.1	0
4～8	4 699～2 362	2.6	0.6
8～14	2 362～1 168	10.4	2.9
14～28	1 168～589	15.2	8.3
28～48	589～295	21.1	19.0
48～100	295～147	19.6	22.8
100～200	147～74	10.6	14.7
−200	−74	20.4	31.7

解　球磨机的破碎方程式为

$$P = (B \cdot S + I - S) \cdot f$$

7×7 破碎矩阵 B 第一行的元素是

<0.198 0　0.330 8　0.214 8　0.122 5　0.065 4　0.033 8　0.017 2>

计算得出的 7×7 选择性矩阵 S 主对角线的元素是

<1.0　1.0　1.0　0.9　0.5　0.33　0.33>

(1) 利用上述数据及破碎方程式,算出第一段破碎后的产物粒度分布,列于表 7-13。

表 7-13　　　　经球磨机一段破碎后产物粒度分布(给料速度为 208 t/h)

粒级		产物 (计算值)	产物 (预测值)
泰勒筛目	μm		
+4	+4 699	0	0
4～8	4 699～2 362	0.5	0.6
8～14	2 362～1 168	2.9	2.9
14～28	1 168～589	8.2	8.3
28～48	589～295	18.9	19.0
48～100	295～147	22.6	22.8
100～200	147～74	14.9	14.7
−200	−74	32.0	31.7

比较表 7-12 的计算值和实测值,可见,该磨机实际的磨碎段数为 1 段。

(2) 利用球磨机磨机常数计算公式求出磨机常数

$$MC = 磨机给料速度 \times 磨矿段数 = 170 \times 1.0 = 170$$

（3）当给料速度增至 208 t/h 时,磨碎段数应为

磨碎段数＝MC/磨机给料速度＝170/208＝0.82

（4）计算 0.82 段粗粒给矿的磨矿产物粒度分布,列于表 7-14 中。

表 7-14

粒级		产物
泰勒筛目	μm	（计算值）
+4	+4 699	0.4
4~8	4 699~2 362	2.8
8~14	2 362~1 168	7.1
14~28	1 168~589	12.6
28~48	589~295	20.5
48~100	295~147	19.4
100~200	147~74	12.2
-200	-74	25.0

第四节　煤用破碎机模型

一、煤用破碎机模型计算及应用

煤用破碎机(包括单辊破碎机、对辊破碎机、颚式破碎机等)的模型通常不考虑内部分级作用,所以对于破碎矩阵模型来说,就只有两个模型参数需要确定:一个是选择性函数,它反映原料粒度组成对破碎产物的影响;二是破碎函数,它反映破碎机对破碎产物的影响。

即可利用下式:

$$P=(B \cdot S+I-S) \cdot f \tag{7-20}$$

待定参数为 B 和 S。

（1）破碎函数 B 的确定:

$$\begin{cases} 查表(见表 7-15),当 \ x>1.70s_\circ \ 时 \\ B_{(x,y)}=\dfrac{1-e^{-(\frac{x}{y})}}{1-e^{-1}},当 \ x \leqslant 1.70s_\circ \ 时 \end{cases}$$

式中,$s_\circ$ 为破碎机排料口尺寸。

（2）选择性函数 S 数值的确定:

$$\begin{cases} S=1,当 \ x>1.70s_\circ \\ S=0.85,当 \ s_\circ \leqslant x \leqslant 1.70s_\circ \\ 查表(见表 7-16),当 \ x<s_\circ \end{cases}$$

注意:查表时是根据相对粒度(x/y)或平均粒度(x)进行查找的。若表中无对应的 x/y 或 x 时,可利用线性插值得到。

表 7-15 　　　　　　　　　　　　几种煤用破碎机的破碎函数

模型 \ $B_{(x,y)}$ \ x/y	1.0	0.830 8	0.588 2	0.417 6	0.206 5	0.104 1	0.052 2	0.036 9	0.026	0.013 1	0
对辊破碎机	1.0	0.95	0.85	0.65	0.35	0.22	0.14	0.11	0.09	0.03	0
颚式/旋回破碎机	1.0	0.05	0.85	0.70	0.35	0.20	0.19	0.17	0.12	0.08	0
单辊破碎机	1.0	0.96	0.79	0.45	0.20	0.10	0.05	0.03	0.02	0	0
鼠笼破碎机	1.0	0.84	0.50	0.32	0.15	0.052	0.019	0.011	0.006 6	0.002	0

表 7-16 　　　　　　　　　　　　破碎机的选择性函数

平均粒度 (x)	0.95	0.9	0.8	0.7	0.6	0.5	0.4	0.3	0.2	0.1	0.05	0.001	0.000 1
粗碎	0.67	0.449	0.202	0.091	0.041	0.018	0.008	0.004	0.002	0.001	0.000 5	0.000 3	0.000 3
细碎	0.905	0.819	0.670	0.549	0.449	0.368	0.301	0.247	0.202	0.165	0.149	0.136	0.135

下面举例说明煤用破碎机模型的应用。

例 7-7　某原煤的粒度组成见表 7-17,原煤在对辊破碎机中破碎,破碎机的排料口 $s_o=$ 10 mm,若不考虑选择性函数,试计算其破碎产物粒度分布。

表 7-17 　　　　　　　　　　　　原煤粒度分布

粒级/mm	重量分数/%
100～50	30
50～25	20
25～13	20
13～6	10
6～0	20

解　因为每种粒级有不同的算法,所以将原煤划分为两种不同的粒级进行计算。>1.70s_o 粒级,利用表 7-15 的数据进行计算,<1.70s_o 粒级,按式(7-7)计算。因此,对 25～13 mm s_o 所在粒级,需划分为两个级别,25～17 mm 粒级按表 7-15 算,17～13 mm 粒级与 13～6 mm 粒级合并计算。

（1）根据原煤粒度,计算破碎函数 B,列于表 7-18。

表 7-18 　　　　　　　　　　　　各种粒度的破碎函数

粒度 \ 粒度 \ $B_{(x,y)}$	100		50		25		17		6	
	x/y	B	x/y	B	x/y	B	x/y	B	x/y	B
100	1	1								
50	0.5	0.75	1	1						
25	0.25	0.48	0.5	0.75	1	1				
17	0.17	0.26	0.34	0.44	0.68	0.90	1	1		
6	0.06	0.16	0.12	0.25	0.24	0.46	0.35	0.48	1	1

（2）计算破碎矩阵 B，并列于表 7-19。

表 7-19 原料粒度组成与破碎矩阵

粒度/mm	B				原料粒度分布 f
100～50	0.25				30
50～25	0.27	0.25			20
25～17	0.22	0.31	0.10		13
17～6	0.10	0.19	0.44	0.52	17

（3）利用式（7-20），当 S 为单位矩阵时：

$$P = B \cdot f$$

按上式计算产物粒度组成，结果列于表 7-20。

表 7-20 产物粒度分布

粒级/mm	重量分数/%
100～50	8
50～25	13
25～13	22
13～6	13
6～0	44

二、用数组代替矩阵在计算机上进行运算

由于矩阵运算比较烦琐，而且其中许多元素为 0，所以计算又麻烦且徒劳，所以采用数组计算更方便。

若破碎矩阵用一二维数组表示为 B_{ij}，i 表示原料粒级，j 表示产物粒级，则破碎产物中某一粒级的重量为：

$$P_{ij} = B_{ij} \cdot S_i \cdot f_i + (I - S_i) \cdot f_i \qquad (7\text{-}21)$$

式中　P_{ij}——第 i 粒级原料破碎后生成第 j 粒级产物的重量；

　　　f_i——原料中第 i 粒级重量；

　　　S_i——选择性函数，表示原料中第 i 粒级的破碎概率；

　　　B_{ij}——破碎函数，第 i 粒级破碎后生成第 j 粒级的重量分数。

破碎产物第 j 粒级总量为：

$$P_j = \sum_{i=1}^{n} \left[B_{ij} \cdot S_i \cdot f_i + (I - S_i) \cdot f_i \right] \qquad (7\text{-}22)$$

破碎产物中最小粒级量（第 $n+1$ 粒级）：

$$P_{n+1} = 100 - \sum_{j=1}^{n} P_j \qquad (7\text{-}23)$$

式（7-22）和式（7-23）就是煤用破碎机矩阵模型的代数表达式。按照上述公式，可以把例 7-7 的计算编成程序，详见附录程序十九。

第五节　圆锥破碎机模型

一、圆锥破碎机的特点

图 7-6 为圆锥破碎机示意图,圆锥破碎机的特点如下:

(1)破碎产品中所有颗粒尺寸必定比开口侧尺寸小,但是不一定比闭合侧尺寸小。

(2)内部分级是非常重要的。比开口侧尺寸大的颗粒一直停留在破碎机内,直到被破碎到开口侧尺寸以下为止。

(3)入料中尺寸比闭合侧尺寸小的颗粒仅受到较轻的破碎便被从破碎机中排出。

(4)圆锥破碎机的能耗是入料流质量和比闭合侧尺寸大的颗粒物粒度的函数。

因此,可以认为圆锥破碎机是由具有分级作用的单个的破碎区组成,它决定物料是通过破碎机还是继续留在里边进行再次破碎。

二、圆锥破碎机的模型

图 7-7 为圆锥破碎过程,图中,$\hat{f}$ 表示纯外部给料粒度分布向量;$\hat{p}$ 表示破碎机粒度分布向量;$\hat{x}$ 表示纯外部给料与滞留在破碎机内进行循环入料破碎的混合粒度分布向量;B 表示破碎矩阵;C 表示分级矩阵。

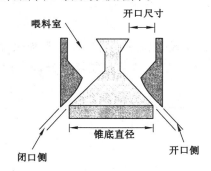

图 7-6　圆锥破碎机示意图

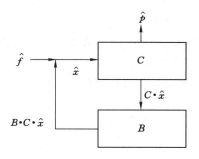

图 7-7　圆锥破碎过程

考虑图 7-7 中给料点的物料平衡:

$$\hat{f}+B \cdot C \cdot \hat{x}=\hat{x}$$

或者:

$$\hat{x}=(1-B \cdot C)^{-1}\hat{f} \tag{7-24}$$

下面考虑在分级区的物料平衡:

$$\hat{x}=C \cdot x+\hat{p} \tag{7-25}$$

或者:

$$\hat{p}=(1-C)\hat{x}$$

因此,把式(7-24)代入式(7-25)中可得圆锥破碎机模型:

$$\hat{p}=(1-C)(1-B \cdot C)^{-1}\hat{f} \tag{7-26}$$

三、圆锥破碎机的模型参数

1. 破碎矩阵 B

破碎矩阵由两部分组成。

(1) 当颗粒被夹在破碎机内壁之间,并被破碎成一小部分粒度相对较大的颗粒时,则有

$$B_1 = \frac{\{1 - \exp[-(x/y)^u]\}}{[1 - \exp(-1)]}$$ (7-27)

式中,u 是一个拟合参数,对 Mt. Isa 矿来说它的值为 6.0(Lych & Rao,1977)。

(2) 颗粒与破碎机内壁以及颗粒与颗粒之间的碰撞产生细颗粒。这些细颗粒占全部产品的 5%~20%,并且不受原始粒度分布的影响,则

$$B_2 = \begin{cases} 1 - \exp[-(x/y)^v] & \text{当 } x < x' \\ 1 & \text{当 } x \geqslant x' \end{cases}$$ (7-28)

式中　x'——小于该粒度以下的大部分产物是由细碎而产生的(Mt. Isa 矿定为 3.05 mm);
　　　v——拟合参数(Mt. Isa 矿定为 1.25)。

总破碎矩阵为:

$$B_{(x,y)} = \frac{[\alpha B_1 + (1-\alpha)B_2]}{2}$$ (7-29)

对 Mt. Isa 矿来说:

$$\alpha = 0.872\,3 + 0.004\,5g$$ (7-30)

式中,g 是闭合侧尺寸,mm。

注意:从闭合侧出来的细粒产品越多,这个方程的准确性越低。

2. 分级矩阵 C

可以认为函数 $C(s)$ 表示尺寸为 s 的颗粒进入破碎阶段的概率。特定一个颗粒尺寸 k_1,此粒度的颗粒由于太小而未能被破碎。大于粒度尺寸 k_2 的颗粒总是能够被破碎。假设 $C(s)$ 在这两个尺寸之间成抛物线形式,如图 7-8 所示。

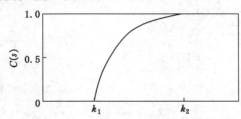

图 7-8　分级函数特性

$$C(s) = \begin{cases} 0 & s < k_1 \\ \left(\dfrac{s - k_1}{k_2 - k_1}\right)^2 & k_1 < s < k_2 \\ 1 & s > k_2 \end{cases}$$

矩阵 C 的每个对角元素的值可由下式求得:

$$C_i = \frac{C(s_i) + C(s_{i+1})}{2}$$ (7-31)

第六节　棒磨机模型

棒磨机是借助圆筒内水平放置的棒条产生的冲击力来破碎物料的。棒磨机对粗颗粒的

破碎具有很强的选择性，这是由于破碎过程中粗颗粒和棒条间的间隙能保证细颗粒免受破碎。棒磨机的破碎过程中同样也存在着类似于筛分的分级过程（见图 7-9）。

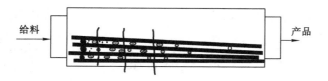

图 7-9　棒磨机中棒条的筛分作用

基于这些因素，Lynch(1977)把物料在磨机中的破碎过程描述为"一系列发生破碎和筛分的研磨区或阶段"。Calcott 和 Lynch (1964)把棒磨机中一个磨矿阶段定义为消除入料中最大粒级所需的时间间隔。因此，在某一阶段入料中没有哪个颗粒不经过破碎而能够从最大粒级变成较小的粒级颗粒。棒磨机中，破碎过程的每个阶段可以用图 7-10 表示。

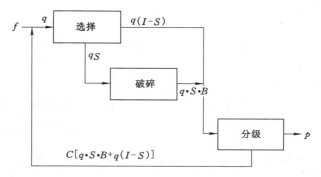

图 7-10　棒磨机一级破碎—分级过程

为了构建数学模型，进入选择—破碎过程的入料矩阵 q 可以被定义为：

$$q = f + Cq[S \cdot B + (I - S)] \tag{7-32}$$

通过式(7-32)，可得出 q 的表达式：

$$q = \frac{f}{1 - C[S \cdot B + (I - S)]} \tag{7-33}$$

按照图 7-10 流程图，产品矩阵可以被定义为：

$$p = [q \cdot S \cdot B + q(I - S)](1 - C) \tag{7-34}$$

把式(7-33)代入式(7-34)得出基本的棒磨机模型：

$$p = f[(S \cdot B + I - S)(I - C)][I - C(S \cdot B + I - S)]^{-1} \tag{7-35}$$

破碎矩阵可以由 Broadbent-Cailcott 通用方程推导出，因为破碎大部分是通过碰撞产生的。分级矩阵随着破碎段数而改变，下面列出了三段破碎的实例：

一段：

$$C = \begin{vmatrix} 1 & 0 & 0 \\ 0 & 0 & 0 \\ 0 & 0 & 0 \end{vmatrix}$$

二段：

$$C = \begin{vmatrix} 0 & 0 & 0 \\ 0 & 1 & 0 \\ 0 & 0 & 0 \end{vmatrix}$$

三段：

$$C = \begin{vmatrix} 0 & 0 & 0 \\ 0 & 0 & 0 \\ 0 & 0 & 1 \end{vmatrix}$$

已知破碎和分级矩阵,选择矩阵可以由曲线拟合程序推得。

由于分级函数随着破磨级数不同而不同,则经过多级破磨之后的最终产品粒度必须由如下函数确定：

$$p = \Big[\prod_{j=1}^{j=v} X_j \Big] \cdot f \tag{7-36}$$

综合式(7-32)～式(7-35)得：

$$X_j = (I - C) \cdot (B \cdot S + I - S) \cdot [I - C \cdot (B \cdot S + I - S)]^{-1} \tag{7-37}$$

(磨机给料速度)×(磨矿段数)$^{1.5}$＝常数,该常数被称为磨矿系数,即：

$$Fv^{1.5} = MC \tag{7-38}$$

式中,MC 是磨矿系数。

例 7-8 在 2.74 m×3.66 m 棒磨机中碎磨铜矿石,当给料速度为 61 t/h 时,给料和产物的粒度分布见表 7-21,求当给料速度为 61 t/h 时的产物粒度分布。

表 7-21 棒磨机的给料及产物粒度分布(当给料速度为 106 t/h 时)

粒级/μm	给料	产物
+19 020	1.0	0
19 020～9 510	2.8	0
9 510～4 760	31.0	0.6
4 760～2 380	22.6	12.6
2 380～1 190	14.2	25.2
1 190～595	8.6	18.1
595～298	5.4	10.3
298～149	4.1	7.5
149～75	1.7	4.8
-75	8.6	20.0

解 棒磨机的粉碎方程式是：

$$p = \Big[\prod_{j=1}^{j=v} X_j \Big] \cdot f$$

和 $X_j = (I - C) \cdot (B \cdot S + I - S) \cdot [I - C \cdot (B \cdot S + I - S)]^{-1}$

9×9 碎裂矩阵 B 第一列的元素是

$<0.198\,0 \quad 0.330\,8 \quad 0.214\,8 \quad 0.122\,5 \quad 0.065\,4 \quad 0.033\,8 \quad 0.017\,2 \quad 0.008\,3 \quad 0.004\,3>$

9×9 分级矩阵 C 的主对角线元素是'

$$<1.0 \quad 0 \quad 0 \quad 0 \quad 0 \quad 0 \quad 0 \quad 0 \quad 0>$$

9×9 选择矩阵 S 的主对角线元素是

$$<1.0 \quad 0.8 \quad 0.25 \quad 0.20 \quad 0.25 \quad 9.5 \quad 0.5 \quad 0.5 \quad 0.5>$$

(1) 利用例 7-2 和例 7-3 的计算方法,按题目所提供的 f、B、C、S 的数值计算第 1 磨碎的产物粒度分布;然后以第 1 段的产物为原料,用类似方法求第 2、3 段的产物粒度分布,将其结果列于表 7-22 中。

表 7-22　　　　计算的棒磨机的给料及产物粒度分布(当给料速度为 106 t/h 时)

粒级/μm	段数			
	1	2	3	实测值
+19 020	0	0	0	0
19 020~9 510	1.0	0	0	0
9 510~4 760	26.3	9.9	0	0.6
4 760~2 380	22.2	25.0	13.0	12.6
2 380~1 190	14.8	18.8	24.3	25.2
1 190~595	8.4	11.5	17.0	18.1
595~298	6.6	7.4	10.9	10.3
298~149	5.4	6.2	7.2	7.5
149~75	3.2	4.5	5.5	4.8
—75	12.2	16.7	22.1	20.9

比较表中数据,当碎裂计算到第 3 段时,其计算结果与实测值已相当吻合。

(2) 计算磨机常数(MC)

$$MC = (磨机给料速度) \times (磨碎段数)^{1.5} = 106 \times 3^{1.5} = 550$$

这是描述棒磨机工作的参数,也可以用以预测操作条件变化时的磨机性能。

(3) 计算给矿速度为 61 t/h 时的磨碎段数

$$磨碎段数 = \left(\frac{MC}{磨机给矿速度}\right)^{0.67} = (550/61)^{0.67} = 4.3$$

(4) 继续(1)的计算,直到磨碎段数为 4.3 时,将产物粒度分布列于表 7-23。

表 7-23　　　　棒磨机产物粒度分布的预测(当给料速度为 61 t/h 时)

粒级/μm	产物	粒度/μm	产物
+19 020	0	1 190~595	21.7
19 020~9 510	0	595~298	18.1
9 510~4 760	0	298~149	12.6
4 760~2 380	0	149~75	7.6
2 380~1 190	11.3	—75	29.3

4.3 段产物的计算方法是

$$4.3 段产物 = 0.7 \times (第 4 段产物) + 0.3 \times (第 5 段产物)$$

第八章　分级和筛分过程数学模型

第一节　煤炭的粒度模型

粒度的组成是煤炭的一个重要特征。研究煤的可选性,选择选煤方法和设备,往往都要考虑煤的粒度。煤的粒度组成是经试验确定的,一般可用不同的曲线来描述,一些选矿工作者也试图用经验公式描述粒度组成。在计算机应用中,如果能用经验公式描述粒度组成,不仅对选煤的一些分析计算较为方便,而且也有可能预测物料的粒度组成,减少繁重的筛分试验工作。

一、粒度特性曲线

煤的粒度组成可以用不同的粒度特性曲线表示。

常用的粒度特性曲线是累计粒度特性曲线,如图 8-1 所示。正累计粒度特性曲线是用正累计产率做出的,它表示大于某一粒度的物料产率总和。同一个煤样,正累计曲线和负累计曲线是相互对称的,并在产率为 50% 处相交。累计粒度特性曲线可能是凸形、凹形或者直线形。烟煤通常是凹形曲线,这说明煤比矿石易于破碎,它是由大量细粒级组成的。累计粒度特性曲线的优点是能很快地看出任一粒度级物料的累计产率,但是,它对粒度组成的变化反应不灵敏,某些窄粒级数量增大或减少,直观上不容易发现。

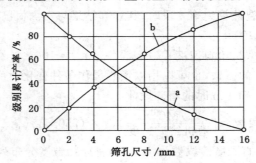

图 8-1　累计粒度特性曲线
a——正累计;b——负累计

如果需要表示的粒度组成范围很宽,而且又需要表示准确的细粒级产率,可以采用半对数的累计粒度特性曲线。这时,物料的粒度采用对数坐标。半对数累计粒度特性曲线的优点是细粒级的坐标刻度增长,而粒级的刻度缩短,因此,在一般尺寸的图纸上可以准确地找出细粒级产率。

根据研究工作的要求,有时候也在双对数坐标上绘制累计粒度特性曲线,有一些粒度分布规律就是从这种坐标系统的曲线上找出的。

物料的粒度组成也可以用分布曲线表示。分布曲线是根据各粒级的产率绘制的。它是以粒度为横坐标、各粒级的百分重量为纵坐标,画出粒度的柱状图,连接各柱状图的中点就得到分布曲线(见图8-2)。从数学上看,分布曲线是一种密度函数,它表示物料中某颗粒所出现的频率密度,所以分布曲线函数定义为:

$$\lim_{\Delta x \to 0} \frac{\Delta y_i}{\Delta x_i} = \frac{dy}{dx} = f(x) \tag{8-1}$$

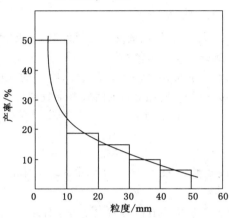

图 8-2　分布曲线

从关系上,累计粒度特性曲线是分布曲线的积分曲线,如果已知任一曲线的方程式,都可以用解析法换成另一种曲线方程。分布曲线的物料粒度组成的直观性强,当产率为最大的粒级时,其分布曲线呈最大值,若物料中缺少某种粒级,分布曲线回落到零。但是,分布曲线不能很快和准确地找出各粒级的产率,为了计算各粒级的产率,还要用积分曲线。

煤的粒度和灰分有着密切的关系,粒度特性曲线对煤的粒度组成提供了直观的概念,但是,与其质量(例如灰分)却毫无联系,也就是说,它们不能说明煤的筛分组成的性质。如要完全反映它的性质,必须作其他的补充曲线。

二、粒度特性公式

许多选矿研究人员认为,破碎和磨碎产物的粒度组成具有一定的稳定性,它的粒度分布有一定的规律,所以设想用一种经验公式表示其粒度组成。

高登研究了大量破碎和磨碎产物的粒度组成资料,在双对数坐标中按粒级的产率画出曲线(见图8-3),发现在细粒的范围内,曲线呈直线,因此,导出了粒度特性公式,即

$$W = cX^k \tag{8-2}$$

式中　W——粒级产率;

　　　X——物料粒度;

　　　k、c——粒度分布的参数。

高登的公式实际上是一种分布曲线,虽然也适用于球磨机、棒磨机及辊式破碎机等产物,但是在使用上并不是很方便。

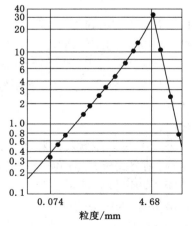

图 8-3　对数粒度特性曲线

安德烈耶夫在高登公式的基础上,导出了负累计粒度特性公式,即

$$y = AX^k \qquad (8-3)$$

式中　X——物料粒度;

　　　y——负累计产率;

　　　A、k——粒度分布的参数。

这个公式称为高登-安德烈耶夫公式。

高登-安德烈耶夫公式的优点是形式简单,便于计算,式中各参数都有一定的物理意义,能够较好地反映物料中细颗粒($y<60\%$)的粒度分布。

参数 k 决定曲线的形状,$k=1$ 时,曲线呈直线,表示物料的粒度均匀分布;$k>1$ 时,曲线呈凸形,表示物料以大粒居多;$k<1$ 时,曲线呈凹形,表示物料以细粒为主。

在式(8-3)中,当 $X=X_{max}$,$y=100\%$ 时:

$$A = \frac{100}{X_{max}^k} \qquad (8-4)$$

当参数 k 一定时,A 取决于物料最大颗粒的尺寸 X_{max},因此,参数 A 反映了式(8-3)表示的绝对粒度。

高登-安德烈耶夫粒度公式还可以用相对粒度表示,因为

$$y = AX^k = 100 \left(\frac{X}{X_{max}} \right)^k \qquad (8-5)$$

这样,公式就变为只有一个参数的方程了。

如果已知物料的筛分负累计组成,可以用线性化回归程序计算出高登-安德烈耶夫公式的参数 A 和 k。

洛辛-拉姆勒在对破碎机和磨碎机的产物粒度组成研究中,发现若以 z 表示物料中的正累计产率,则在 $\ln\ln(100/z)$ 和 $\ln X$ 坐标系统中,大部分试验点在一条直线上,直线的方程是:

$$\ln\ln\left(\frac{100}{z}\right) = m\ln X + \ln R \qquad (8-6)$$

由此得出

$$z = 100 e^{-RX^m} \qquad (8-7)$$

式中　X——物料粒度;

　　　z——正累计产率,%;

　　　R、m——参数。

这就是洛辛-拉姆勒公式,一般认为该公式具有较好的拟合性,所以许多涉及粒度分析的研究工作中乐于使用。如果已知产物粒度和它的正累计产率,就可以用线性化回归程序拟合它。

公式中 m 表示颗粒的粒度分布特性,对比较均匀的物料,m 的数值较大。波金等用洛辛-拉姆勒公式研究煤的筛分组成,认为指数 m 与煤在破碎时的可磨性有关,与破碎方法和条件无关,因此,不同 m 值的煤,具有不同粒度分布形式。

洛辛-拉姆勒公式的缺点是不符合临界条件,当 $X=X_{max}$ 时,$z\neq0$。所以有人认为这个公式在 $z>30\%$($y<70\%$)时的拟合性较好,对粒度较大的粒级,计算结果只是近似。

许多研究人员想改善洛辛-拉姆勒公式,以便更好地表示煤的粒度组成。乌克兰选煤

科学院的工作人员把公式写成下式,即

$$z = 100\mathrm{e}^{-\lambda x}$$

总参数 λ 可以用抛物线函数表示,因此,得到以下粒度特性公式,即

$$z = 100\mathrm{e}^{-x(ax^2+bx+c)} \tag{8-8}$$

式中　z——筛孔为 x 时的筛上物;

　　　　a、b、c——分布参数。

别洛格拉佐夫将洛辛-拉姆勒的方法加以改变,以 $\lg x$ 为横坐标、以 $\lg(2y^{-1}-1)$ 为纵坐标,则所有的粒度分布试验点都位于一条直线上,其直线方程为:

$$\lg(2y^{-1}-1) = -n\lg x - \lg B$$

或写成

$$y = \frac{2Bx^n}{1+Bx^n} \tag{8-9}$$

式中　y——粒度为 x 的负累计产率;

　　　　B、n——参数。

图 8-4 是根据别洛格拉佐夫提出的坐标所作的试验曲线。曲线表明,式(8-9)的计算结果与试验结果十分一致,对细粒级和中等粒级也如此,其适用粒度范围比安德烈耶夫和洛辛-拉姆勒公式广,可以达到 $y<80\%$ 的范围。

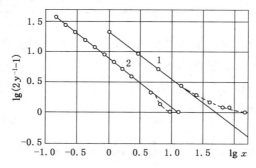

图 8-4　别洛格拉佐夫粒度特性公式
1——烟煤;2——颚式破碎机破碎的石英

从上述的粒度特性公式的推导看,过去的粒度特性公式多是用图解法,将筛分数据在不同的坐标图上画出曲线,根据曲线找出其粒度特性公式。目前,经验模型的建立往往采用曲线拟合的方法,借助计算机进行,因此,粒度特性公式可能采用的方程就更加广泛了。

以上介绍的粒度特性公式,在一定条件下都可以用于解决实际问题,是一种通用的公式。

对于不同物料,粒度特性公式的区别只是参数不同而已。评价这些公式就要根据实测数据用作图或计算的方法检验。因为上述所有公式在相应的坐标里几乎都可以用直线公式表示,所以可以用作图的方法检查实测数据与直线的偏差,确定其准确度;也可以用数理统计的方法,计算实测值与计算值的偏差,用标准差进行评价。

利用国内十个选煤厂的 $50\sim0$ mm 原煤的粒度组成资料,检验了高登-安德烈耶夫公式和洛辛-拉姆勒公式的适应性。在检验中,利用各厂原煤六级标准筛分数据算出两种粒度公

式的参数,利用所得的公式,在节点上求出实测值和计算值的偏差及其标准差,检验的结果见表 8-1。从表中可见,洛辛-拉姆勒公式的计算结果比高登-安德烈耶夫公式精确,但这并不适用于表示入选原煤的粒度组成。

表 8-1   粒度特性公式的检验

厂名	高登-安德烈耶夫公式				洛辛-拉姆勒公式			
	A	k	最大偏差	标准差	R	m	最大偏差	标准差
唐山	18.84	0.45	9.6	5.7	0.204	0.626	2	1.99
石圪节	26.61	0.381	18.3	11.1	0.299	0.628	2	2.31
辛置	18.68	0.489	26.5	15.7	0.196	0.75	3.7	2.96
老虎台	12.26	0.595 6	26	14.1	0.123	0.84	5.4	3.56
灵山	32.2	0.317	11.6	8.6	0.386	0.516	2.6	2.69
城子河	11.66	0.589	16.7	9.9	0.121	0.759	3.8	3.26
南山	21.76	0.427	15.9	10	0.24	0.63	3.2	2.41
大屯	13.67	0.517	27.6	15.7	0.141	0.803	5.7	4.19
芦岭	27.92	0.388	27.7	18.1	0.323	0.645	8.3	5.68
卧牛	29.07	0.337	8.8	7.5	0.227	0.708	2.7	2.3

高登-安德烈耶夫公式计算结果偏差较大的原因,主要是粗级别(产率大于 50%时)偏离了对数坐标中的直线,所以不能简单地用式(8-3)表示原煤的粒度组成。

对别洛格拉佐夫公式也作出了类似的检验,它的误差虽然比高登-安德烈耶夫公式小,但是也远大于洛辛-拉姆勒公式。

第二节　水力旋流器分级模型

物料分级过程就是基于颗粒的粒度大小不同而进行的。物料分级一般有两种方法:

(1) 让物料经过或穿过一个有固定筛孔尺寸的筛子进行分级。这种方法适用于大于 1 mm 的物料分级。

① 使用小于 1 mm 筛孔进行物料分级时,会使透筛量明显减小,从而增加了筛分面积,降低了筛分效率。

② 更加坚固的材料和高频振动筛的创新性使用,使得细颗粒筛分应用更加广泛,并已成功实现使用 75 μm 的筛分分级。

(2) 根据细粒物料在水、空气等介质中的沉降末速不同进行分级。这种方法适用于小于 1 mm 的物料分级。

水力旋流器是对粒度在 300 μm 以下的细粒物料进行分级时最常用的工艺设备(见图 8-5)。细粒物料在离心力场中按照沉降速度差分离。水力旋流器主要由一个空心圆柱体和一个圆锥体连接而成。研究发现圆锥角(一般为与铅垂线成 10°~20°的角)和长度是影响细粒物料分级的主要因素。

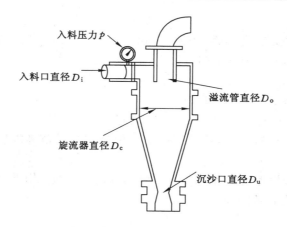

图 8-5　水力旋流器结构

一、水力旋流器的工作原理

细粒物料从入料口沿切线方向给入旋流器,在旋流器内做离心运动产生离心力,离心力缩短了物料颗粒按沉降末速分层所花的时间。

由于离心力作用,较粗的颗粒向外运动,沿着旋流器壁随着变速水流的运动螺旋向下,往沉砂口方向运动,成为底流。

由于圆锥段直径的不断收缩,大量的入料中只有有限的一部分汇集成为底流。因此,细小颗粒在压力作用下沿着中心轴的低压带朝溢流管方向反向向上运动,成为溢流。图 8-6 描绘了这一运动过程。

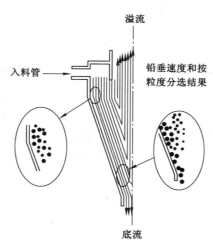

图 8-6　水力旋流器工作原理

二、分级粒度确定

如上所述,由沿切线方向设置的给料管所产生的离心力,是影响细粒物料分级的重要因素。

众所周知,小直径旋流器用于细小颗粒物料的分级。对于几何尺寸相似的旋流器来说,分级粒度(d_{50})与旋流器直径(D_c)的函数关系为:

$$d_{50} \propto D_c^x \tag{8-10}$$

关于 x 的值目前仍无定论,下面提供了几组不同的数学公式供取值参考:

1.875——Krebs-Mular-Jull 式(1978);

1.18——Plitt 式(1976);

1.36~1.52——Dahlstrom 式(1965)。

水力旋流器在设计中存在的问题在于,这几种公式(包括理论的、经验的和半经验的)都能描述对 d_{50} 参变量的影响,但是,仍没有出现一种公式可以精确地应用于所有类型的旋流器。

大部分的理论都假设零速包络面的存在,认为在离心力的作用下,细小颗粒被相反方向的作用力推向旋流器的中部,此时,

$$F_c = F_d$$

$$\frac{\pi d^3}{6} \frac{(\rho_s - \rho_m)}{r} v_t^2 = 3\pi d \mu v_r \tag{8-11}$$

式中　d——颗粒粒度;

　　　ρ_s——固体密度;

　　　ρ_m——介质密度;

　　　r——颗粒距离旋流器中心的瞬时距离;

　　　v_t——液体切向速度;

　　　v_r——液体径向速度;

　　　μ——液体黏度。

将式(8-11)重新整理后可以得出那些具有相同概率进入溢流或底流的颗粒尺寸,即 50% 概率的颗粒尺寸。

$$d_{50} = \left[\frac{18\mu v_r r}{(\rho_s - \rho_m) v_t^2}\right]^{0.5} \tag{8-12}$$

上式所表达的是假设颗粒在旋流器中运动的短暂时间内能够达到自由沉降末速,但是在大多数情况下,这并不能实现。

目前所知的最为合理的分级粒度公式是根据经验推导而来的。

最为通用的经验表达式由 Plitt(1976)和 Lynch(1977)发现。

Plitt(1976)提出一个 d_{50} 的校正公式,该公式扣除了细小颗粒损失量,而该损失量是在产品流中无可避免的。

这个公式和以下参数有关:

D_c——旋流器直径,cm;

D_i——入料管直径,cm;

D_o——溢流管直径,cm;

D_u——沉砂口直径,cm;

h——溢流管底部到沉砂口顶部的距离,cm;

Q——入料体积流速,m³/h;

V——固体体积容量,%。

$$d_{50(c)} = \frac{14.8 D_c^{0.46} D_i^{0.6} D_o^{1.21} \exp(0.063v)}{D_u^{0.71} h^{0.38} Q_{0.45} (r_s - r_m)^{0.5}} \tag{8-13}$$

Plitt 发现水力旋流器的矿浆入料体积流速与入料压力（通常维持在 15～20 psi，1 psi＝6.895 kPa）以及其他参变量和几何参变量有函数关系：

$$Q = \frac{0.021 p^{0.56} D_c^{0.21} D_i^{0.53} h^{0.16} (D_u^2 + D_o^2)^{0.49}}{\exp(0.003\ 1v)} \tag{8-14}$$

式中，p 值指单位为 kPa 的入料压力。

由预先设定的 d_{50} 值，可以根据式（8-13）计算出所需的水力旋流器直径，然后由式（8-14）可计算出给定入料量所需的旋流器的个数。

Plitt 方程式在澳大利亚多个矿业公司的自动控制系统中得到成功应用。

Lynch（1977）和他的同事，用 5 种不同直径（10.2 cm，15.2 cm，25.4 cm，38.1 cm 和 50.8 cm）的 Kreb 型旋流器进行试验，推导出经验表达式，采用不同规格的旋流器对三种不同石灰石给料粒度分布以及二氧化硅的分级进行了预测。

对 d_{50} 取值的经验公式：

$$\lg d_{50(c)} = K_1 D_o - K_2 D_u + K_3 D_i + K_4 V - K_5 Q + K_6 \tag{8-15}$$

式（8-15）出现一个值得我们注意的问题：旋流器直径会对 d_{50} 取值造成影响。在此之前，许多研究人员认为，旋流器直径只需足够大以满足入料口和出料口的几何尺寸即可。

由于这些数据是从石灰石的试验研究中产生的，更具体的表达式为：

$$\lg d_{50(c)} = 0.041\ 8 D_o - 0.054\ 3 D_u + 0.030\ 4 D_i + 0.031\ 9 FPS - 0.000\ 6Q -$$
$$0.004\ 2(\% + 420\ \mu m) + 0.000\ 4(\% - 53\ \mu m) \tag{8-16}$$

式中，FPS 是固体入料质量百分数；$\% + 420\ \mu m$ 和 $\% - 53\ \mu m$ 分别表示在入料中的含量，它反映了给粒粒度分布对分级旋流器的分离粒度的影响。

相应地，Lynch 也提出了经验公式来计算旋流器的体积处理量（单位：L/min）：

$$Q = K D_o p^{0.5} FPW^{0.125} \tag{8-17}$$

式中，FPW 是入料中液体所占质量百分数。

研究发现，K 值在一段很宽的操作条件下都为常量，因此就能从一台旋流器的试验数据中确定它的值，其标准值在 5.0～10.0 之间，但有时也会出现更高或更低。

但是，式（8-17）仅适用于入料管直径已经确定的旋流器。

在设计一个新的分级旋流器回路时，需要一个更精确的表达式，来表示 D_i 值对 Q 值的影响：

$$Q = K D_o D_i p^{0.42} \tag{8-18}$$

式（8-17）和式（8-18）的另一个主要的不同点是：是否包含入料中固体质量所占百分数。Lynch 等人做了一组测试，他们增大了体积处理量的初始值，并将 FPS 的值上调至 30%，结果 Q 值随之下降，但这种变化的幅度很小。

Mular 和 Jull（1978）通过分析典型 Kreb 旋流器的试验数据，提出放大方程。在这里"典型的"旋流器的定义是：

① 入料口面积约等于圆柱体横截面积的 7%。

② 溢流管直径为旋流器直径的 35%～40%。

③ 沉砂口直径大于等于溢流管直径的 25%。

Mular-Jull 式预测了校正后的旋流器分级粒度（d_{50}），该公式得出的分级粒度是基于分级机理，即物料的分级粒度为 50%的概率进入溢流或底流的粒度。公式为：

$$d_{50(c)} = \frac{0.77D_c^{1.875}\exp(-0.301+0.094\,5V-0.003\,56V^2+0.000\,067V^3)}{Q^{0.6}(S-1)^{0.5}} \quad (8\text{-}19)$$

式中，入料的体积流量(Q)可由以下表达式计算得出：

$$Q = 9.4 \times 10^{-3} p^{0.5} D_c^2 \quad (8\text{-}20)$$

式中，d_{50}单位为 μm；Q 单位为 $\mathrm{m^3/h}$；p(入料压力)单位为 kPa；S(固体密度)单位为 $\mathrm{g/cm^3}$；V(浓缩入料中固体所占体积百分数)所有几何尺寸的单位都为 cm。

利用如 Carefree 旋流器一类的高压注射入料旋流器(压力高达 200 psi)，已成功实现利用大直径旋流器[如直径为 25 cm 或 10 英寸(1 英寸＝2.54 cm)的旋流器]分选细粒级物料(如 44 μm)。

利用 Plitt、Mular 和 Lynch 的公式，分别计算出的处理量和校正过后的 d_{50} 值的比较结果如图 8-7 所示。

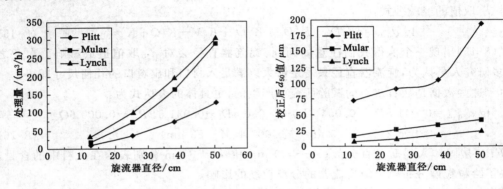

图 8-7
(a) 处理量与旋流器直径关系；(b) 校正后 d_{50} 值与旋流器直径关系

这种比较基于 Mular 和 Jull 描述的"典型的"几何旋流器模型。用一种固体密度为 2.7 $\mathrm{g/cm^3}$ 的矿石在这种旋流器中进行模拟试验，其中入料固体质量百分数为 20%，体积百分数为 8.5%。

入料压力保持在 137.9 kPa，根据 Lynch 的处理量方程式，K 值应为 7.5。

如图 8-7 所示，Lynch 和 Mular 方程对处理量和 d_{50} 的值都提供了相似的预测结果。

而对于 Plitt 方程，因为式中旋流器直径也作为参量，所以和其余两个估计结果中存在显著的不同。

例 8-1 设计实例。

一个选矿厂需要将一种密度为 2.7 $\mathrm{g/cm^3}$ 的矿石进行分级。期望的颗粒分级粒度(d_{50})为 60 μm。需要处理的矿浆量为 1 000 $\mathrm{m^3/h}$，并且其固体体积浓度需为 30%。试验选用 Kreb 旋流器，相应地，使用 Mular 和 Jull 方程式：

(1) 确定分级旋流器的尺寸。

(2) 确定分级旋流器的台数。

解

(1) 旋流器尺寸

用式(8-20)替换式(8-19)，计算得到 D_c：

$$60=\frac{0.77D_c^{1.875}\exp(-0.301+0.094\ 5\times30-0.003\ 56\times30^2+0.000\ 067\times30^3)}{[(9.4\times10^{-3})\times(6.895\times15)^{0.5}D_c^2]^{0.6}(2.7-1)^{0.5}}$$

得出 D_c 为 20.3 cm 或者 8 英寸(在制造厂商现有尺寸中选择与计算值最为接近的旋流器尺寸,然后通过调节入料压力以达到按所需的粒度分级)。

(2)旋流器台数

$$Q=9.4\times10^{-3}\times(6.895\times15)^{0.5}\times20.3^2=39.5\ (单台旋流器处理量)$$

$$所需旋流器台数=\frac{1\ 000}{39.5}=25.3\ 或\ 26$$

三、分级旋流器的工作效率

一般先根据颗粒进入底流的概率和粒度之间关系绘制一条分配曲线,然后通过测量曲线倾斜段陡度的方法来评价分级旋流器的工作效率。

一种更为直接从分配曲线评价分级旋流器工作效率的方法是采用不完善度(I),即

$$I=\frac{d_{75}-d_{25}}{2d_{50}} \tag{8-21}$$

式中, d_{75}、 d_{50} 和 d_{25} 表示分别有 75%,50%,25% 的概率进入底流的颗粒粒度。随着分配曲线的提出,这种测定分级效率的方法也相应简化了。

在表 8-2 的例子中,用矿浆的密度和两产品公式确定了底流的产率为 63%。表 8-2 完整地给出了从溢流和底流收集的颗粒粒度分布情况。

表 8-2

1	2	3	4=2×产率	5=3×产率	6=4+5	7=5/6
平均粒度 /μm	溢流质量百分数/%	底流质量百分数/%	溢流质量占入料总量百分数/%	底流质量占入料总量百分数/%	各粒级占入料总量百分数/%	分配率
1 200	0	3.3	0.00	2.08	2.08	100.00
850	0	11.9	0.00	7.50	7.50	100.00
600	0	14.2	0.00	8.95	8.95	100.00
425	0	10.3	0.00	6.49	6.49	100.00
300	0.5	10.3	0.19	6.80	6.99	97.28
212	0.2	6.7	0.07	4.22	4.29	98.37
150	1.3	6.4	0.48	4.02	4.50	89.33
106	3.7	4.2	1.37	2.65	4.02	65.92
75	4.6	2.7	1.70	1.70	3.40	50.00
53	89.7	29.5	33.19	18.59	51.78	35.90
总计	100	100	37.00	63.00	100.00	

图 8-8 表示表 8-2 中第 7 列和第 1 列所对应的不同平均粒度的分配率关系。

从图 8-8 中可以看出,在确定分级效率时有一个问题,一定数量的微细颗粒旁路进入了底流(大约为 35%),由于对这一部分旁路进入底流的微细物料没有分级,因此,在确定分级效率时应去掉这一部分颗粒所产生的影响。

微细物料的旁路问题是水力旋流器本身存在的问题。进入底流颗粒的数量与底流中水的回收有直接的比例关系。

通常我们将图 8-8 中的曲线认为是实际分配曲线。

不完善度值应该由经校正后的曲线得出，该曲线中的分配率数据应消除了因微细粒旁路的影响，即

$$\gamma' = \frac{\gamma - R_1}{1 - R_1 - R_2} \tag{8-22}$$

式中，γ' 是经校正过后的分配率；γ 是实际分配率；R_1 是旁路进入底流的微细颗粒的量；R_2 是进入溢流的粗颗粒的量（见图 8-9）。

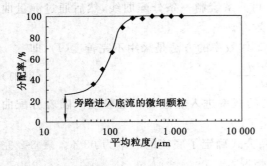

| 图 8-8　实际分配曲线 | 图 8-9　不同形式的旁路例子 |

粗颗粒旁路进入溢流的情况很罕见，但也有发生，出现这种情况的原因是由于溢流管设计的不合适或溢流管的磨损。

对于例子中遇到的问题，微细颗粒旁路总量大约为 35%，因此，按照方程式（8-22）校正了分配率并填入表 8-3 中。

表 8-3

1	2	3＝式(8-22)
平均粒度	实际分配率	校正后分配率
1 200	100.00	100.00
850	100.00	100.00
600	100.00	100.00
425	100.00	100.00
300	97.35	95.93
212	98.28	97.35
150	89.34	83.60
106	65.90	47.54
75	49.99	23.05
53	35.90	1.38

根据以上分析，不完善度可以按下式计算：

$$I = \frac{130-75}{2 \times 110} = 0.25$$

Lynch 和 Rao(1965)发现使用简化效率曲线能够更方便地评价水力旋流器的工作效率,也能够更方便地对不同操作条件下不同外形尺寸的旋流器进行比较。

将图 8-10 中 x 轴按颗粒粒度进行分割,并将 d_{50} 的值表示在图 8-11,即可轻松地得到简化效率曲线。

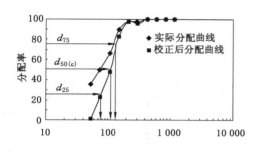 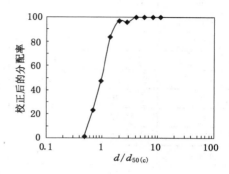

图 8-10　实际分配曲线和校正后分配曲线的比较　　图 8-11　简化效率曲线

Lynch 和 Rao 发现可由下列关系式精确计算得出简化分配曲线上的校正后分配率:

$$\gamma' = \frac{\exp(\alpha \cdot x) - 1}{\exp(\alpha \cdot x) + \exp(\alpha) - 2} \tag{8-23}$$

式中,x 是 d 与 d_{50} 的比值;α 是能够完整描述曲线外形的可变参量。因此,它反映了旋流器的分级效率。

式(8-23)的意义在于如果已知 d_{50} 和 α 的值,就能计算出校正后分配率,并用它来估计颗粒在溢流和底流中的分布情况。

图 8-12 为不同 α 值的分配曲线。

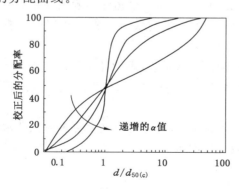

图 8-12　以 α 为参量的分配曲线

例 8-2　矿石分级预测。

用旋流器对一种矿石进行分级,分级粒度为 75 μm。给定入料粒度组成,α 值取 2.5;预测旋流器底流中颗粒粒度的实际分布情况。假设微细颗粒旁路进入底流的量为 30%,且粗颗粒旁路进入溢流中的量为 0。

试验结果如表 8-4 所示。

表 8-4

1 既定 平均粒度 $/\mu m$	2 既定 溢流质量 百分数/%	3= $1/d_{50(c)}$	4= 式(8-23) 校正值	5= 式(8-22)×产率 实际值	6=2×5 底流质量 百分数/%	7=6/∑6 底流颗粒粒 度百分数/%
1 200	2.08	16.00	1.00	1.00	2.08	2.87
850	7.50	11.33	1.00	1.00	7.50	10.35
600	8.95	8.00	1.00	1.00	8.95	12.35
425	6.49	5.67	1.00	1.00	6.49	8.96
300	6.99	4.00	1.00	1.00	6.99	9.65
212	4.29	2.83	0.99	0.99	4.25	5.86
150	4.50	2.00	0.93	0.95	4.28	5.91
106	4.02	1.41	0.75	0.82	3.30	4.55
75	3.40	1.00	0.50	0.65	2.21	3.05
53	51.78	0.71	0.30	0.51	26.41	36.45
总计	100				72.46	100.00

以上数据结果显示：入料总质量的 72.46% 进入底流。

四、底流旁路量模型,R_1

在实践中,由于旁路而进入底流中的固体量与进入底流中水量有关。我们定义它为 R_1。而入料中进入底流的水回收率被定义为 R_f,定义式为：

$$R_f = \frac{WF - WOF}{WF} \tag{8-24}$$

式中,WF 为入料中水的流量;WOF 为旋流器溢流中水的流量。

Lynch 和他的同事们发现水的分流与底流口直径或沉砂口直径(D_u)、入料水量(WF,t/h)和入料粒度分布间存在函数关系。

(1) D_u 值减小限制了底流的通流量,也因此减少了底流中水的回收率。

(2) WF 值减小导致了离心作用力的下降,使得进入底流的固体量减少,并因此使更多水可以进入底流。

(3) 大颗粒之间存在更大的间隙,因此可以夹带更多体积的水。所以,具有粗粒组成的物料比细粒组成的物料回收更多的水。

Lynch 建立的 R_f 表达式为：

$$R_f = K_1 \frac{D_u}{WF} - \frac{K_2}{WF} + K_3 \tag{8-25}$$

利用回归分析,常数 K_1,K_2,K_3 的值由入料颗粒粒度函数决定。

粗颗粒(36.9%<53 μm)：

$$R_f = 152.7 \frac{D_u}{WF} - \frac{213.9}{WF} + 6.67 \tag{8-26}$$

中间颗粒(49.7%<53 μm)：

$$R_f = 102.2 \frac{D_u}{WF} - \frac{124.5}{WF} + 7.49 \qquad (8\text{-}27)$$

细颗粒（65.8%＜53 μm）：

$$R_f = 225.5 \frac{D_u}{WF} - \frac{303.3}{WF} - 7.40 \qquad (8\text{-}28)$$

综合得：

$$R_f = 193.0 \frac{D_u}{WF} - \frac{271.6}{WF} - 1.61 \qquad (8\text{-}29)$$

如先前提到的一样，R_f 可以用来当作 R_1 的近似值。

当 $WF = 50$ t/h、旋流器 $\phi = 25.4$ cm 时，不同入料组成下的 R_f 与底流口直径的关系如图 8-13 所示。

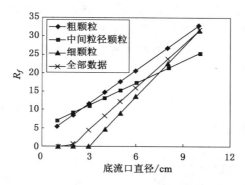

图 8-13　不同入料组成下的 R_f 与底流口直径的关系

第三节　筛分数学模型

筛分是选煤过程的重要环节。筛分过程的预测主要是根据原料的粒度组成来确定筛分产物数量和它的粒度组成。在一般的工艺流程计算中，大多数都是根据经验选定一个总筛分效率，利用它来计算筛分产物的数量。这种粗略的计算对不出分级产品的选煤厂是可行的，但对生产多粒级产品的选煤厂或筛选厂，则是不够精确的。为了解决这个问题，就要使用部分筛分效率。部分筛分效率就是原料中各种粒级的筛分效率，由于不同的粒级透筛难易程度不一样，所以部分筛分效率也是不同的。利用部分筛分效率分别计算筛下产物中各粒级的产率，最后综合计算筛分产物的数量。这就能够更准确地预测筛分过程。

目前，筛分数学模型主要是解决如何确定筛分过程的部分筛分效率问题。在这个问题上，有两种不同的研究方法，有些人采用经典模型的研究方法，也有人采用综合模型的方法。

古朗（1973）用一种矩阵计算的方法解决筛分产物的计算问题。在采用模拟法设计破碎厂流程时，他用行向量表示筛子的特性，用行向量中各相邻元素描述各粒级物料余留在筛上的概率，把它作为筛子特性数据存储在计算机的设备数据库中，以备计算中选用。当筛子性能的预测有效而准确时，这个模型是可用的，但是，当筛子超负荷运转时，这种模型的使用就受到限制。

拉维利克（1973）在第六届国际选煤会议上，提出用筛分的分配曲线表达部分筛分效率曲线,他在对数—效率坐标上,用两段直线来拟合筛分分配曲线,然后根据所拟合的直线方程去计算筛分产物。这种经验模型实质上是引申了重选分配曲线的方法,这种模型的使用就受到限制。

怀坦(1978)提出了一个振动筛的筛分模型,这是一种综合模型,通过颗粒的透筛概率导出一个筛分效率的计算公式,但是该模型还没有对筛子的各种荷载条件进行过充分的试验。

在美国矿业局的选煤厂模拟程序中,对于煤用筛子曾经提出一种指数函数的筛分模型,并列出了各种筛分条件下的模型参数。

虽然筛分在选煤厂是一个重要的生产环节,过去有些选矿工作者对筛分过程也进行一些理论探讨,但是对筛分模型的研究为数不多。个别从筛分过程作用机理出发的模型也只是从单个颗粒透筛概率的假设推导出来的。实际上,筛分过程是粒群运动,其中包括颗粒的析离和粒群的透筛两种行为,颗粒的析离与给料量、粒度组成和含水量等因素有关,所以应该从粒群运动的总体上去建立筛分模型。如果把这些影响因素都归结在模型参数中,则筛分模型需要根据实际生产或试验去确定各种工作条件下的模型参数,这需要较大的试验工作量才能完成。

一、振动筛筛分模型

基于矿物颗粒的粒径大小进行颗粒分离最常用的方法是筛分。倾斜安装的筛子如图8-14 所示,颗粒透筛示意图如图 8-15 所示。

 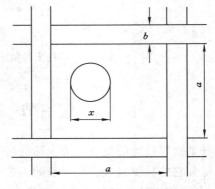

图 8-14　倾斜安装的筛子　　　　图 8-15　颗粒透筛示意图

物料的筛分过程由两个阶段组成:

(1) 分层。由于物料与筛面的相对运动,筛面上的物料被松散分层,粗颗粒在物料的上层,细颗粒在物料的下层,小于筛孔尺寸的细颗粒通过粗颗粒组成的物料间隙到达筛面,细颗粒透过筛孔成为筛下物。

(2) 分离。在这个过程中,如果粒径小于筛孔尺寸的,则物料就有机会进入筛下。粒度与筛孔尺寸相当的颗粒则称为难筛粒。

颗粒通过筛子的可能性 P 随着颗粒大小接近孔径而降低,即

$$P=\left(\frac{a-x}{a+b}\right)^2 \tag{8-30}$$

式中　a——筛孔尺寸;

　　　x——颗粒直径;

b——筛丝直径。

一次筛分试验中单个颗粒不透筛概率为：

$$Q=1-P \tag{8-31}$$

因此，单个颗粒不透筛总概率为：

$$R=\left[1-\left(\frac{a-x}{a+b}\right)^2\right]^m \tag{8-32}$$

式中，m 为筛分试验次数，并且假定在良好分层状态下，为筛面长度、振幅和振动频率的函数。

根据这个简单的模型，P 值随着下列情况变化而增加：增加筛孔大小 a；减小颗粒大小 x；减小筛丝直径 b。

需要注意的一点是 P 值会随透筛次数 m 增加而增加，并且通过增大筛子长度可以增加 m 值。因此，一个理想的筛分只能通过一个无限长的筛面来实现。

图 8-16、图 8-17 显示当粒径处于 $\frac{1}{2}\sim 1$ 孔径时最难筛分，因此需要很长的筛分时间或很长的筛面。

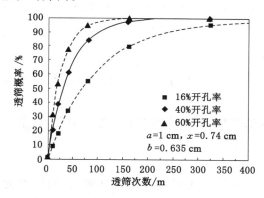

图 8-16　透筛概率与透筛次数之间关系

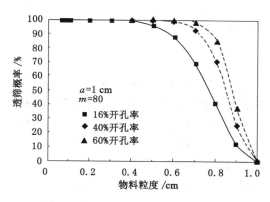

图 8-17　透筛概率与物料粒度之间关系

根据 1997 年 Lynch 得出的模型，运动颗粒的透筛次数 m 与效率常数 k_1^2、筛面长度 l、负荷因数 f 成比例。m 可以表示为：

$$m=k_1^2 lf \tag{8-33}$$

负荷因数 f 在入料速度很低时会有一个统一的数值，而当入料速度很大时，f 值接近于零。

对筛分进行建模时，结合负荷因数 f 和效率常数能定量定义单个与载荷有关的效率参数。

给料速度对联合效率参数的影响在一个选铜厂得到验证。关系如图 8-18 所示。

为了使用这个模型，必须要计算出那些颗粒粒径 x 和小于筛孔直径 a 的并成为筛上

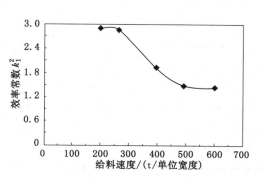

图 8-18　给粒速度对效率的影响

颗粒的概率。

通过以下经验公式可以求得：

$$E(X) = \int_{x_1}^{x_2} \frac{\{1 - [(a-x)/(a+b)]^2\}^m}{(x_2 - x_1)} dx \tag{8-34}$$

式(8-34)可以采用下边的近似值进行简化：

$$\{1 - [(a-x)/(a+b)]^2\}^m = [(a-x)/(a+b)]^2 \exp(-m) \tag{8-35}$$

并且设定：

$$y = \frac{m^{0.5}(x-a)}{b+a} \tag{8-36}$$

因此，将式(8-35)和式(8-36)的近似值代入式(8-34)可以得到：

$$E(X) = \frac{\dfrac{a+b}{m^{0.5}} \displaystyle\int_{y_1}^{y_2} \exp(-y^2) dy}{x_2 - x_1} \tag{8-37}$$

综合后得到下面的结果：

$$\int_y^\infty \exp(-y^2) dy = \frac{0.124\ 734}{(y^3 - 0.437\ 880\ 5y^2 + 0.266\ 892y + 0.138\ 375)} \tag{8-38}$$

解得：

$$\int_y^\infty \exp(-y^2) dy = 0.89$$

式(8-33)到式(8-38)所表示的 Lynch 模型给出了一个对筛分过程的合理描述，除了由于被粗糙表面的黏附而带入筛上之外，也称之为夹带。

一般情况下会有 10％的物料(穿过最细筛孔的颗粒)被夹带到筛上。尽管如此，夹带影响还是因筛分情况而异的。

例 8-3 振动筛。

采用一个长 6.4 m、宽 2.4 m、筛孔为 12.7 mm 筛子进行原矿筛分试验，给料速度为 257 t/h，筛网直径为 2.5 mm，通过试验和数据分析，在给定给料速度下，筛分效率常数(k_1^2)为 2.79^2，筛下物的物料量为 149 t/h。入料粒度组成如表 8-5 所示。

表 8-5   **入料粒度组成**

粒级/μm	产率/％
45 250～22 630	9.16
22 630～16 000	10.17
16 000～11 314	19.67
11 314～5 660	26.89
5 660～2 830	11.53
2 830～1 000	8.60
1 000～250	6.31
−250	7.67

采用筛分模型并假设有 10％的夹带量，预测筛下物的质量流量和物料粒度组成。

解　将式(8-33)代入式(8-37)并求解常数：

$$\frac{a+b}{m^{0.5}}=\frac{(12.7+2.5)\times1\,000}{(6.4\times2.79^2)^{0.5}}=2\,154.2$$

物料的粒径大于振动筛的孔径时 100% 的被留在筛面上。此时,要想用式(8-36)来求 y 的数值就必须确定筛下物料粒度组成和振动筛的孔径。

由表 8-6 可知,每一个粒级 $\int_{y_1}^{y_2}\exp(-y^2)\mathrm{d}y$ 的大小就可以被确定了。例如,对于 12 700 ～ 11 314 μm 粒度级,$\int_{y_1}^{y_2}\exp(-y^2)\mathrm{d}y=0.89-0.315\,6=0.574\,4$。

$$E(X)=2\,154.2\frac{\int_{y_1}^{y_2}\exp(-y^2)\mathrm{d}y}{x_2-x_1}$$

对于 12 700～11 314 μm 粒度级：

$$E(X)=2\,154.2\frac{0.574\,4}{12\,700-11\,314}=0.892\,7$$

表 8-6

筛孔尺寸/μm	y[式(8-36)]	$\int_y^\infty\exp(-y^2)\mathrm{d}y$[式(8-38)]
12 700	0.0	0.89
11 314	$-0.643\,4$	0.315 6
5 660	-3.268	3.99×10^{-3}
2 830	-4.582	1.41×10^{-3}
1 000	-5.431	8.38×10^{-4}
250	-5.780	6.92×10^{-4}

颗粒成功透筛的概率为 $[1-E(X)]$。对于 12 700～11 314 μm 粒度级,在给定的处理量下就有 $[1-E(X)]=1-0.892\,7=0.107\,3$ 或 10.73% 的机会透筛。

回顾一下前面假设有 10% 的旁路物料,并利用表 8-7 中的数值,可以确定筛下物料量和粒度分布了。

表 8-7

粒级/μm	$\int_{y_1}^{y_2}\exp(-y^2)\mathrm{d}y$	$E(X)$[式(8-37)]	$1-E(X)$
12 700～11 314	0.574 4	0.892 7	0.107 3
11 314～5 660	0.311 61	0.118 7	0.881 3
5 660～2 830	0.002 58	0.001 96	0.998 04
2 830～1 000	0.000 57	0.000 67	0.999 33
1 000～250	0.000 15	0.0	1.0

同时,需要线性插值来确定入料中 12 700～11 314 μm 粒度级的物料量大小。

$$\frac{19.76}{16\,000/11\,314}=\frac{x}{12\,700/11\,314}\Rightarrow x=15.68\%$$

表 8-8

粒级 /μm	入料		底流		
	1	2	3	4	5
	产率 /%	质量流量 /(t/h)	$1-E(X)$	质量流量 /(t/h)	产率 /%
16 000～11 314	15.61	40.12	0.107 3	4.31	2.86
11 314～5 660	26.89	69.11	0.881 3	60.91	40.38
5 660～2 830	11.53	29.63	0.998 04	29.57	19.60
2 830～1 000	8.60	22.10	0.999 34	22.09	14.64
1 000～250	6.31	16.22	1.0	16.22	10.75
-250	7.67	19.71	0.90	17.74	11.77
合计	76.61	196.89		150.84	100.00

二、筛分效率模型

影响筛分过程的因素可以分为三类：

（1）入筛物料的性质。包括物料的粒度组成、湿度、含泥量以及颗粒的相对密度和形状等。

（2）筛分设备构造。包括筛面运动特性、筛面长度和宽度、筛孔尺寸和形状以及有效筛面等。

（3）筛子的工作条件。包括要求的筛分效率、给料的均匀性以及筛子的振幅及振次等。

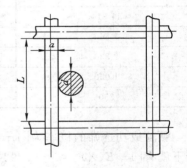

图 8-19　颗粒通过筛孔的概率

筛分过程中由于物料与筛面的相对运动，筛面上的物料被松散分层，粗大颗粒在上层，细小颗粒在下层，小于筛孔的颗粒穿过筛孔构成筛下物料，但是尺寸大小接近筛孔尺寸的颗粒则不易透过筛孔。颗粒大小及其透过筛孔的概率可用图 8-19 来说明。假设筛孔边长为 L，筛丝直径为 a，颗粒尺寸为 d，颗粒垂直筛面落下，则颗粒透过筛孔的概率 P 为：

$$P=\frac{(L-d)^2}{(L+a)^2}=\frac{L^2}{(L+a)^2}\left(1-\frac{d}{L}\right)^2 \tag{8-39}$$

式中，$L^2/(L+a)^2$＝筛孔面积/筛网面积，对于一定筛面来说为一常数，以 β 表示。β 称为筛网有效活面。d/L 为筛孔尺寸之比，称为相对粒度，以 x 表示。这样式（8-39）可写成：

$$P=\beta(1-x)^2 \tag{8-40}$$

概率 P 的倒数 N 称为随机事件一定发生的"可能次数"。由此，根据式（8-40）可求出颗粒下一次必然透过筛孔所需的筛孔数目为：

$$N=\frac{1}{P}=\frac{1}{\beta(1-x)^2} \tag{8-41}$$

式（8-41）适合于非常狭窄的粒级，如果筛分所用筛面筛孔为 N'，而 $N'<N$，则应透过筛孔的颗粒在一次下落时不能全部透过筛孔；窄级别颗粒透过的量（即部分筛分效率）为

$$\mu = \frac{N'}{N} = \frac{N'}{\frac{1}{\beta(1-x)^2}} = C(1-x)^2 \tag{8-42}$$

式中　C——筛面常数。

作近似计算时，筛分效率为：

$$\mu = 1 - x^\delta \tag{8-43}$$

式中　δ——与筛分时间有关的函数。

三、筛分动力学模型

粒状物料的透筛概率在筛分过程中起着重要的作用，而颗粒的透筛概率与筛分时间有关。因此筛分效率与筛分时间的关系可以用筛分速度来表示，即

$$\frac{\mathrm{d}W}{\mathrm{d}t} = -k_l W \tag{8-44}$$

式中　$\dfrac{\mathrm{d}W}{\mathrm{d}t}$——颗粒状物料在某一瞬间的筛分速度；

　　　t——筛分时间；

　　　k_l——比例系数；

　　　W——瞬间内筛面上含筛下级别物料的重量。

对式(8-44)积分，则

$$\ln W = -k_l t + C \tag{8-45}$$

设 W_0 为筛分开始瞬间筛面上含筛下级别物料的重量。当 $t=0$ 时，$W=W_0$，则

$$\ln W_0 = C$$

代入式(8-45)，有

$$\ln W - \ln W_0 = -k_l t$$

于是得到筛分动力学方程

$$\frac{W}{W_0} = \mathrm{e}^{-k_l t} \tag{8-46}$$

比值 $\dfrac{W}{W_0}$ 是筛下粒级在筛上产物中的收集率（即在筛上的回收率），所以筛分效率为 μ：

$$\mu = 1 - \frac{W}{W_0} = 1 - \mathrm{e}^{-k_l t} \tag{8-47}$$

四、筛分经验模型

根据对生产过程的实际检测数据或试验结果，通过数理统计，得出了许多筛分经验模型。其中影响较大的筛分模型有以下几种。

1. Whiten 和 White 模型

澳大利亚的 Whiten 和 White(1977)提出了典型筛分效率曲线，如图 8-20 所示，其中 A 描述的是物料的粒度大于筛孔，B 描述的是原料的粒度小于但接近筛孔大小($\approx 0.5 \times$ 筛孔)，C 描述的是夹带效应。

对于 B，Whiten 和 White 用式(8-48)解释了颗粒进入筛上的概率：

$$E(x) = \exp\left[-\varphi O\left(1 - \frac{x}{a}\right)^n\right] \tag{8-48}$$

式中　φ——与筛分次数有关的筛分效率参数；

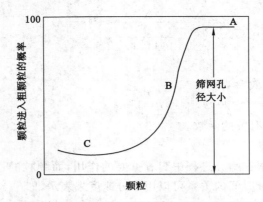

图 8-20　Whiten 和 White 筛分效率曲线

O——分级筛的面积；

a——筛子孔径；

x——入料粒度；

n——拟合参数。

　　与筛分次数有关的筛分效率 φ 对给料速度的依赖程度是形成筛分层物料的函数。此相关性如图 8-21 所示。

　　(1) 当入料速度低时($FW<FW1$)，颗粒就会独立移动，并从橡胶筛板上获得能量，从而获得很强的反弹力，这样，颗粒就有很长的滞空时间，从而减小了透筛的机会。

　　(2) 当入料速度增加到 $FW1\sim FW2$ 之间时，颗粒间碰撞次数增加，从而降低了颗粒的能量并增加了筛分次数。

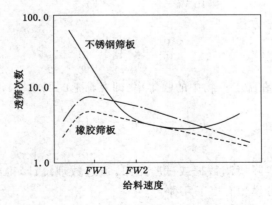

图 8-21　透筛次数与给粒速度之间关系

　　(3) 当入料速度超过 $FW2$ 时，会导致更强的颗粒间碰撞从而限制了颗粒到达筛面的能力。这样，筛分次数减少了，同时降低了筛分效率。

　　不锈钢筛板具有较低的弹性系数，因此不会积累能量。在较低给料速度下可以实现很好的筛分效果。

　　Whiten 和 White 模型可以扩展为用式(8-49)来描述：

$$E(x) = \exp\left(-\frac{\varphi P}{T}\right) \tag{8-49}$$

其中：

$$P = T \cdot O \cdot \left[(1-f_s)\left(1-\frac{x^2}{a}\right) + f_s\left(1-\frac{x}{a}\right)\right] \tag{8-50}$$

并且：

$$f_s = 1 - \left(\frac{W}{L}\right) \tag{8-51}$$

式中　W——筛孔宽度；

L——筛孔长度。

筛分效率参数可以用经验公式确定：

$$\ln\varphi = A + B \cdot FW + U \cdot P_1 + V \cdot P_2 \quad FW < FW1$$
$$\ln\varphi = C \cdot D \cdot FW + U \cdot P_1 + V \cdot P_2 \quad FW1 < FW < FW2$$

其中：

$$C = A + (B-D) \cdot FW1 \tag{8-52}$$

并且：　　　$\ln\varphi = C + D \cdot FW2 + U \cdot P_1 + V \cdot P_2 \quad FW > FW2$

考虑到夹带的影响，Whiten 和 White 采用了一个次筛参数（SF），该参数是所给粗物料的总表面积和筛余量的函数：

$$SF = E + F \cdot PSF + G \cdot TSF \tag{8-53}$$

式中　S_4——套筛中最细的筛孔尺寸；

PSF——粒度小于 S_4 的入料量；

TSF——粒度为 S_4 的给料速度，t/h。

乘以总的表面积后，SF 就表示由于夹带效应而导致进入筛上的细粒级数量，总的表面积由下式得出：

$$总表面积 = \sum_i^n \frac{Vol_i}{(x_i + x_{i+1})/2} \tag{8-54}$$

2. 韦兰特（Vallaut）煤用筛分模型

1978 年，美国的韦兰特（Vallaut）建立了一个煤用筛分的数学模型。他假定粒度分别为 S_1 和 S_2 的两个小颗粒同时透过一个筛孔的概率与粒度等于 $S_1 + S_2$ 的一个颗粒透过筛孔的概率是相等的，且粒度为 S_1 的颗粒透过筛孔的事件与粒度为 S_2 的颗粒透过筛孔的事件无关。用概率乘积公式表示，就可得：

$$P(S_1 + S_2) = P(S_1) \cdot P(S_2) \tag{8-55}$$

式中　$P(S)$——粒度为 S 的颗粒透过筛孔的概率。

式(8-55)的一个特例为：

$$P(S) = e^{KS} \tag{8-56}$$

就是说，颗粒透过筛孔的概率是粒度的指数函数。把 $P(S_1) = e^{KS_1}$ 和 $P(S_2) = e^{KS_2}$ 代入式(8-55)，整理后就证明了这个特解。

美国过程自动化研究公司（APS）引申了上述公式，他们根据振动筛的试验结果，提出了一个计算筛上产物产率的经验公式，即

$$C(S) = e^{-A}(1 - S/S_0) \tag{8-57}$$

式中　$C(S)$——平均粒度为 S 的限下物料在筛上产物中的分配率；

　　　S_0——筛孔尺寸；

　　　S——限下物料的平均粒度；

　　　A——模型参数。

3. 弧形筛筛分模型

弧形筛是一种固定的缝条筛。该筛子的筛面一般呈 60°的弧面,筛条排列与物料运动方向垂直,筛孔为 0.25～1 mm,主要用于物料泄水,同时也分离部分细粒物料。它广泛用于选煤厂,做精煤的预先泄水,也用在金属选矿厂及其他加工工业中。图 8-22 为重力给料式弧形筛示意图。

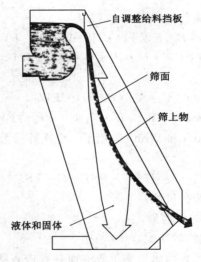

图 8-22　重力给料式弧形筛

弧形筛的泄水效率高,但由于它是固定筛,所以筛面易堵塞;同时,大量物料垂直于筛条通过,因而筛面的磨损较大。目前,国外开始采用带振动或打击装置的弧形筛。由于弧形筛往往在不稳定的条件下工作,给建立准确的数学模型带来困难。

弧形筛是一种固定的、带凹面的楔形筛条的高处理能力的筛分设备,它常用于固体含量不超过 45% 的物料分级,分级粒度范围在 150 μm～3 mm。弧形筛的楔形筛条开口与入料方向垂直。

许多筛分设备的目标就是单位面积处理能力最大。

随着雷诺数 Re 的增大,比值 Q_d/Q_f 也逐渐增大,并增大到最大值为 95% 时保持为常数。

$$Re = sv/a \tag{8-58}$$

式中,s 是筛条中间的距离;v 是穿过筛面的平均速度;a 是悬浮介质的运动黏性。

图 8-23 为透筛矿浆量与入料矿浆量比值和雷诺数 Re 之间关系。随着 Re 的增加,Q_d/Q_f 增加到一个约为 95% 的最大值并保持不变。当筛缝为 50～150 μm 时,为了满足雷诺数 Re 的要求,其给料速度应保持在 13～18 m/s;而对于筛缝为 0.35～3 mm 时,只要 3 m/s 的入料速度就够了。

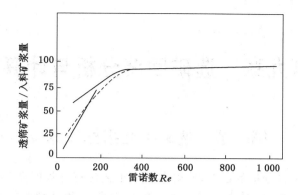

图 8-23 透筛矿浆量与入料矿浆量之比和雷诺数 Re 之间的关系

弧形筛的凹面能形成使得矿浆层沿筛子表面运动的离心力,离心力和靠近筛面物料层的减速作用(摩擦力导致)相结合导致矿浆被刮进筛缝并进入筛下。矿浆层的厚度一般为筛缝宽度的 1/2 到 1/4。

进入筛下的最大颗粒大约是刮层的两倍。例如,一个筛缝为 1.0 mm 的筛子,可以切割出一个厚度为 0.25 mm 的矿浆层,最大颗粒直径将会是 0.5 mm。当雷诺数 Re 大于常用的 300 时,其固体和矿浆体积分割是恒定的。

上述讨论得出:弧形筛的参数 d_{50} 与进入筛下水量大小有关,WUS 是进入弧形筛筛下的水量,t/h;显而易见,WUS 是筛缝宽度 SW(mm)、入料水量 WF(t/h)和入料固体含量 FPS 的函数。WUS 可以由 Lynch 对铅锌矿的筛分试验所得的经验公式得到:

$$WUS = 0.98(SW)^{0.33}WF - 0.06FPS + 2SW \tag{8-59}$$

可以通过式(8-60)计算相同工艺参数下的颗粒分离粒度 d_{50}:

$$\lg d_{50(c)} = 1.171\,8\lg SW + 0.001\,372WUS + 2.45 \tag{8-60}$$

分离粒度与筛缝宽度之间关系如图 8-24 所示。

根据铅锌矿的试验数据,可以用式(8-61)计算出减小后的效率曲线:

$$y = \frac{\exp(4.0x) - 1}{\exp(4.0x) + \exp(4.0) - 2} \tag{8-61}$$

由于式(8-59)~式(8-61)都是从一个铅锌矿有限的试验数据得出的,那么,就需要一份关于特定矿物的试验计划,并对试验数据做线性回归分析,以获得一个精确模型。

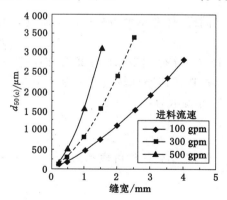

图 8-24 分离粒度与筛缝宽度之间关系

第九章　选矿回路分析与计算

第一节　选矿工艺指标计算

由于采样、化验、试验分析的误差,使得在选矿工艺过程计算时所得到的计算值偏离选矿作业的真值,从而与实际生产结果不一致。因此,就需要通过对选矿回路进行分析,调整误差,以求得流程计算的最佳值。

选矿厂或单元作业调控的最重要规律是质量守恒。这个规律适用于稳态情况下的任意单元作业处理过程:

质量输入＝质量输出　　　体积输入＝体积输出

将分选机的入料量看作 F,精煤的质量看作 C,尾煤的质量看作 T(见图 9-1),根据质量守恒定律,我们知道:

图 9-1　分选作业示意图

$$F＝C＋T \tag{9-1}$$

同样,任意单独组分也满足质量守恒定律,比如:

$$Ff＝Cc＋Tt \tag{9-2}$$

式中, f、c、t 分别表示任一组分在原煤、精煤和尾煤中的含量。

在选矿回路计算过程中有两个非常有用的变量,就是精煤产率 Y 和回收率 R。精煤产率 Y 可表示为:

$$Y＝\frac{C}{F} \tag{9-3}$$

精煤回收率 R 可表示为:

$$R＝\frac{Cc}{Ff} \tag{9-4}$$

在当今技术条件下,采用式(9-3)来精确测定质量流是难以实现的,通过对组分分析,将式(9-1)中的 T 代入式(9-2),可导出另一种表达式:

$$Ff＝Cc＋t(F－C) \tag{9-5}$$

通过式(9-5)求解出 $\frac{C}{F}$,并代入式(9-3)中建立两种变量的一般关系式:

$$Y＝\frac{C}{F}＝\frac{f－t}{c－t} \tag{9-6}$$

因此,通过将式(9-6)代入到式(9-4)中,也可以从组分分析的估算中得出单一组分的回收率,即:

$$R = \frac{Cc}{Ff} = Y\frac{c}{f} = \frac{c}{f}\frac{(f-t)}{(c-t)} \tag{9-7}$$

例 9-1　用浮选柱来处理灰分为 32.1% 的 $-150~\mu m$ 的煤样,该浮选柱能选出灰分为 8.5% 的精煤,同时产生灰分为 72.1% 的尾煤(见图 9-2),计算产品的质量产率和可燃体的回收率。

解　产率:

$$Y = \frac{32.1-72.1}{8.5-72.1}\times100\% = 62.9\%$$

这表明在相对稳定的条件下,产率可以由任意试验得出。且在任意试验情况下得出的产率应该相等。

$$f = 100-32.1 = 67.9\%$$
$$c = 100-8.5 = 91.5\%$$
$$t = 100-72.1 = 27.9\%$$

可燃体回收率:

$$R = \frac{91.5}{67.9}\times62.9\% = 84.8\%$$

产物灰分回收率:

$$R = \frac{8.5}{32.1}\times62.9\% = 16.7\%$$

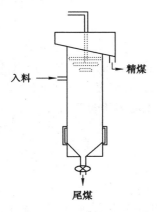

图 9-2　浮选柱分选作业

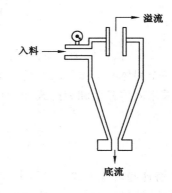

图 9-3　分级旋流器

例 9-2　　一般来说,通过分级旋流器(见图 9-3)来控制矿浆浓度较容易。通过旋流器中矿浆流的固体含量分别为:入料 1.06 kg/m³,溢流 1.03 kg/m³,底流 1.25 kg/m³,计算底流中固体颗粒的产率。

解　重新定义两产品回收率的等式,得到底流产率为:

$$Y = \frac{(f-o)}{(u-o)}\times100\% \tag{9-8}$$

式中,f、o、u 分别表示入料、溢流、底流中的固体含量,因此:

$$Y = \frac{1.06-1.03}{1.25-1.03}\times100\% = 13.6\%$$

通过上面的计算可知仅有 13.6% 的产物进入底流。但是,根据物料平衡方程式(9-2)

分析可知,该公式对这一问题的计算是不正确的。即: $F\rho_f = (质量)\left(\dfrac{质量}{体积}\right)$ 计算结果无实际意义。

在目前状态下要使得式(9-2)有意义的方法是假设 f、o、u(其中 $f=o+u$)是矿浆体积流量。如果在这样的情况下,计算得到的 $Y=13.6\%$ 其实就是进入到底流的矿浆体积百分含量。

为了计算底流中固体含量,还需要知道流程中固体含量的其他信息。这个可以通过下面的表达式得到:

$$X=\frac{\rho_s(\rho_P-1)}{\rho_P(\rho_s-1)}\times100\% \tag{9-9}$$

式中, X 为固体百分含量; ρ_P、ρ_s 为矿浆密度和固体密度,kg/m^3,水的密度为1;如果单位用 kg/m^3,水的密度应改为 1 000;若用英制单位 b/ft^2,水的密度则是 62.41。

固体的质量流只有在特定的矿物流中按矿物成分划分才能代表总矿浆重量。因此,式(9-2)可表示为:

$$\frac{F}{X_F}=\frac{O}{X_O}+\frac{U}{X_U} \tag{9-10}$$

并且,底流的产率可表示为:

$$Y=\frac{\left(\dfrac{1}{X_F}-\dfrac{1}{X_O}\right)}{\left(\dfrac{1}{X_U}-\dfrac{1}{X_O}\right)} \tag{9-11}$$

在例 9-2 中,假设每个矿浆流中固体的平均密度为 2.7 kg/cm^3。应该指出的是:如果处理的是一个固体密度差异较大的非均匀颗粒系统,那么这种假设是不准确的。

假设采用固体密度和表达式(9-9),那么每个矿浆流中的固体含量为:

$$X_F=8.99\%$$
$$X_O=4.63\%$$
$$X_U=31.7\%$$

因此,将这些值代入式(9-11)中,得出底流中的固体含量为 $Y=56.8\%$。

旋流器分级过程就是一个典型例子,大多数固体物料进入底流,而大部分矿浆则由溢流口流出。

一、物料产率精确度的确定

一个响应变量(如产率)对参数值(如入料的试验值)的增量变化的精确性可以利用该变量的函数关系的偏微分进行调整。

物料产率对给料、精矿、尾矿试验值的变化的精确性可以表达为:

$$V_Y=\left(\frac{\partial Y}{\partial f}\right)^2V_f+\left(\frac{\partial Y}{\partial c}\right)^2V_c+\left(\frac{\partial Y}{\partial t}\right)^2V_t \tag{9-12}$$

式中, V_Y、V_f、V_c 和 V_t 分别表示给料、精矿以及尾矿试验结果的方差。

再看两产品物料产率的表达式:

$$Y=\frac{f-t}{c-t}\times100\% \tag{9-13}$$

因此,偏微分结果为:

$$\frac{\partial Y}{\partial f} = \frac{100}{(c-t)} \tag{9-14}$$

$$\frac{\partial Y}{\partial c} = -\frac{100(f-t)}{(c-t)^2} \tag{9-15}$$

$$\frac{\partial Y}{\partial t} = -\frac{100(c-f)}{(c-t)^2} \tag{9-16}$$

因此,将式(9-14)、式(9-15)、式(9-16)代入式(9-12)得:

$$V_Y = \left[\frac{100}{(c-t)}\right]^2 V_f + \left[\frac{100(f-t)}{(c-t)^2}\right]^2 V_c + \left[\frac{100(c-f)}{(c-t)^2}\right]^2 V_t \tag{9-17}$$

例 9-3　用一个浮选机处理黄铜矿,可使铜精矿的品位从 0.50% 提高到 20.0%,尾矿品位为 0.08%。假设流程中试验结果的标准差为 0.05%,计算物料产率并确定其精度。

解

产率:
$$Y = \frac{0.50 - 0.08}{20.0 - 0.08} \times 100\% = 2.11\%$$

物料流指标的方差:
$$V = s^2 = 0.05^2 = 0.002\,5$$

产率方差:

$$
\begin{aligned}
V_Y &= \left[\frac{100}{(c-t)}\right]^2 V_f + \left[\frac{100(f-t)}{(c-t)^2}\right]^2 V_c + \left[\frac{100(c-f)}{(c-t)^2}\right]^2 V_t \\
&= \left[\frac{100}{(20.0-0.08)}\right]^2 V_f + \left[\frac{100(0.50-0.08)}{(20.0-0.08)^2}\right]^2 V_c + \left[\frac{100(20.0-0.50)}{(20.0-0.08)^2}\right]^2 V_t \\
&= 5.02^2 \times 0.002\,5 + 0.106^2 \times 0.002\,5 + 4.91^2 \times 0.002\,5 \\
&= 0.12
\end{aligned}
$$

基于上述方差分析,很显然,分选中得到的物料产率对给料和尾矿的化验值是很敏感的,而对精矿的化验值敏感度最低(即 $5.02, 4.91 \gg 0.106$)。

产率的标准偏差:
$$s_Y = (V_Y)^{0.5} = 0.12^{0.5} = 0.35$$

在 95% 的置信区间意味着:如果产率的变化是正态分布,那么 95% 产率数据是在其平均值的两个标准偏差范围内波动。

因此,在该例中,我们可以准确说明有 95% 的把握认为产率是:
$$Y = 2.11\% \pm 2(0.5) \text{ 或 } 0.70\%$$

置信区间相对于平均值较大的原因就是样本分析准确度相对较差。

例 9-4　一台分选机可使精煤灰分从 25.0% 降至 8.0%,而使全硫的含量从 1.5% 降至 1.1%,尾煤中的灰分和硫分分别为 70.0% 和 2.6%。分选机的精煤产率为 72.6%,灰分和硫分的标准偏差为 0.5% 和 0.10%。根据灰分和硫分的分析结果,计算并比较产率的精度。

解　灰分:

$$
\begin{aligned}
V_Y &= \left[\frac{100}{8.0-70.0}\right]^2 V_f + \left[\frac{100(25.0-70.0)}{(8.0-70.0)^2}\right]^2 V_c + \left[\frac{100(8.0-25.0)}{(8.0-70.0)^2}\right]^2 V_t \\
&= 2.6 V_f + 1.37 V_c + 0.20 V_t \\
&= 1.04
\end{aligned}
$$

产率(95% 的置信区间) $= 72.6\% \pm 2.04\%$

总硫分：

$$V_Y = \left[\frac{100}{1.1-2.6}\right]^2 V_f + \left[\frac{100(1.5-2.6)}{(1.1-2.6)^2}\right]^2 V_c + \left[\frac{100(1.1-1.5)}{(1.1-2.6)^2}\right]^2 V_t$$

$$= 4\,444 V_f + 2\,390 V_c + 316 V_t$$

$$= 71.5\%$$

产率(95％的置信区间)＝72.6％±16.9％

由例题得出两个重要的结论：

(1) 给料试验值是最重要的参数，其次是精矿指标，尾矿品位则是影响最低的。

(2) 应该用灰分含量来计算产率而不是用硫分计算。

二、回收率精确度的计算

正如之前介绍的，组分回收率计算的合适表达式是：

$$R = \frac{c}{f} \cdot Y \tag{9-18}$$

前面介绍了一些最能精确评估产率的数据分析表达式。在回收率对试验方差的灵敏度的分析中，产率计算应该选择有最小标准偏差的数据，然后用式(9-18)来计算组分回收率。

这表明在计算质量产率时，利用另一组分的品位值可以算出已知组分的回收率。

例如，在铜矿浮选中，我们可以利用固体浓度来计算铜产率。产率及给料和产物中铜的品位可用来计算回收率。

当设置不同的品位值来计算产率时，为了评估品位变化时组分回收率的灵敏性，对式(9-18)中每个参数求偏导：

$$V_R = \left(\frac{\partial R}{\partial Y}\right)^2 V_Y + \left(\frac{\partial R}{\partial c}\right)^2 V_c + \left(\frac{\partial R}{\partial f}\right)^2 V_f = \left(\frac{c}{f}\right)^2 V_Y + \left(\frac{Y}{f}\right)^2 V_c + \left(\frac{Yc}{f^2}\right)^2 V_f \tag{9-19}$$

当计算产率用的数据和计算组分回收率用的数据相同时，必须用每个测定值对原始各组分回收率求偏导，即：

$$R = \frac{c(f-t)}{f(c-t)} \times 100$$

得到下面的结果：

$$V_R = \left(\frac{\partial R}{\partial f}\right)^2 V_f + \left(\frac{\partial R}{\partial c}\right)^2 V_c + \left(\frac{\partial R}{\partial t}\right)^2 V_t \tag{9-20}$$

$$V_R = \left[\frac{100}{f(c-t)}\right]^2 \left\{ \left(\frac{ct}{f}\right)^2 V_f + \left[\frac{(f-t)t}{(c-t)}\right]^2 V_c + \left[\frac{c(c-f)}{(c-t)}\right]^2 V_t \right\} \tag{9-21}$$

例 9-5 对于例 9-3 中浮选铜的问题，给矿、精矿及尾矿中的固体含量经计算分别是 5.0％,20.0％,4.92％，标准偏差都是 0.05％。计算哪些数据(即 Cu 品位或者固体含量)能提供铜回收率的最准确信息。

解

$$产率＝2.11\% \pm 0.70\%$$

$$V_Y = 0.12, V_f = V_c = 0.002\,5$$

$$c = 20.0\%Cu \quad f = 0.50\%Cu \quad t = 0.08\%Cu$$

利用铜的品位：

$$R_{Cu} = 2.11 \times \frac{20.0}{0.50} = 84.4\%$$

$$V_R = \left[\frac{100}{0.5(20-0.08)}\right]^2 \left\{\left(\frac{20 \times 0.08}{0.5}\right)^2 V_f + \left[\frac{(0.5-0.08) \times 0.08}{(20-0.08)}\right]^2 V_c + \left[\frac{20 \times (20-0.5)}{(20-0.08)}\right]^2 V_t\right\}$$

$$= 100.8 \times (10.24 V_f + 0.001\ 7 V_c + 383.31 V_t)$$

$$= 99.2$$

$R = 84.4\% \pm 19.9\%$ 在置信区间 95%。

利用固体含量求质量产率：

$$Y = \frac{(f-t)}{(c-t)} \times 100 = \frac{\left(\dfrac{1}{0.05} - \dfrac{1}{0.049\ 2}\right)}{\left(\dfrac{1}{0.20} - \dfrac{1}{0.049\ 2}\right)} \times 100 = 2.12\%$$

$$R = Y \times \left(\frac{c}{f}\right) = 2.12\left(\frac{20.0}{0.50}\right) = 84.8\%$$

因为产率方差表达式(9-17)是通过对相应的 f,c,t 求偏导得到的，而不是对 $\frac{1}{f},\frac{1}{c},\frac{1}{t}$ 求偏导得到的，在这种情况下利用固体含量来计算固液比更方便，这样计算结果可以被直接用来计算 f,c,t 的值。

$$f = \frac{95(\text{水})}{5(\text{固})} = 19.0; \quad c = \frac{80}{20} = 4.0; \quad t = \frac{95.08}{4.92} = 19.325$$

$$V_Y = \left[\frac{100}{(4.0-19.325)}\right]^2 V_f + \left[\frac{100 \times (19-19.325)}{(4.0-19.325)^2}\right]^2 V_c + \left[\frac{100 \times (4.0-19)}{(4.0-19.325)^2}\right]^2 V_t$$

$$= 42.58 V_f + 0.019 V_c + 40.79 V_t$$

$$= 0.208\ 5$$

$$V_R = \left(\frac{20}{0.5}\right)^2 \times 0.208\ 5 + \left(\frac{2.12}{0.5}\right)^2 \times 0.002\ 5 + \left(\frac{2.12 \times 20}{0.5^2}\right)^2 \times 0.002\ 5$$

$$= 333.6 + 0.045 + 71.91$$

$$= 405.56$$

Cu 的回收率 $= 84.8\% \pm 32.7\%$ 在置信区间 95%。

结论：

(1) 在这种情况下，铜的品位比铜的回收率的值能提供更准确的信息；

(2) 尾矿中铜的品位对确定铜的回收率的计算是最关键的。

第二节　选矿回路两产物作业产率最佳值的计算

综上所述：在选矿过程中有三类数值：① 真值(用星号 $*$ 来标记)，这些值都是自洽的，实验一般无法测得；② 实验值(不作任何标记)，这些值可以由实验测得，并有一定的准确度，但它们之间不是自洽的；③ 调整值(在字母上方用短横线"－"来标记)，这些值是由试验数据通过一定的数学计算导出的，它们之间是自洽的。

图 9-4 是两产物的作业。在选矿过程中，分选、筛分、水力分级等多数作业都是两产物作业。两产物作业产率最佳值可以根据一种成分含量计算，也可以用多种成分含量的数

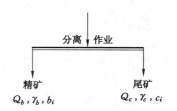

图 9-4　简单的分离作业

据进行计算。

一、根据一种成分含量计算产率最佳值

设图 9-4 的作业中只有一种成分的含量,分别为 a_i、b_i 和 c_i($i=1$),可以根据这一种成分含量计算产率最佳值。

根据物料平衡,可列出如下方程:

$$\gamma_b^* + \gamma_c^* = 1 \tag{9-22}$$

$$b_i^* \gamma_b^* + c_i^* \gamma_c^* = a_i^* \tag{9-23}$$

式中,$i=1,2,\cdots,N$,此时作业中只有一种成分,因此,$i=1$。

则有:
$$\gamma_{ci} = 1 - \gamma_{bi}$$

而
$$a_i = b_i^* \gamma_{bi} + (1 - \gamma_{bi}) c_i^* \tag{9-24}$$

a_i 就是由估计值 γ_{bi} 导出的计算值。

原料中成分 i 真值与计算值的偏差 Δ_i 为

$$\Delta_i = a_i^* - a_i = a_i^* - [b_i^* \gamma_{bi} + (1 - \gamma_{bi}) c_i^*]$$

或
$$\Delta_i = (a_i^* - c_i^*) + \gamma_{bi}(c_i^* - b_i^*) \tag{9-25}$$

γ_{bi} 的最佳值应使偏差 Δ_i 为最小。按最小二乘法原理,可通过求偏差平方的极值而求出,即

$$\begin{aligned}
\frac{\mathrm{d}}{\mathrm{d}\gamma_{bi}}(\Delta_i^2) &= \frac{\mathrm{d}}{\mathrm{d}\gamma_{bi}}[(a_i^* - c_i^*) + \gamma_{bi}(c_i^* - b_i^*)]^2 \\
&= 2[(a_i^* - c_i^*) + \gamma_{bi}(c_i^* - b_i^*)](c_i^* - b_i^*) \\
&= 0
\end{aligned}$$

或
$$\bar{\gamma}_{bi} = \frac{a_i^* - c_i^*}{b_i^* - c_i^*} \tag{9-26}$$

γ_{bi} 就是根据单一成分计算所得的最佳值。图 9-5 形象地说明这个最佳值的意义。

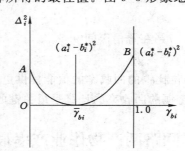

图 9-5　最佳值变化情况

在图 9-5 中,横坐标为 γ_{bi}、纵坐标为 Δ_i^2。

当 $\Delta_i^2 = (a_i^* - c_i^*)^2$ 时,
$$\gamma_{bi} = 0$$

当 $\Delta_i^2 = (a_i^* - b_i^*)^2$ 时,
$$\gamma_{bi} = 1$$

当 $\Delta_i^2 = 0$ 时,
$$\gamma_{bi} = \bar{\gamma}_{bi} = \frac{a_i^* - c_i^*}{b_i^* - c_i^*}$$

在上述计算中，a_i^*、b_i^* 和 c_i^* 实际上是难以测定的，只能将多次分析的试验值求数学期望，用平均值代替真值。

从式(9-26)看，若 $a_i^* = b_i^* = c_i^*$，则 $\gamma_{bi} = \dfrac{0}{0}$，这时候算不出产率的数值。因为此时根本就没有发生分离。

如果 b_i^* 很接近 c_i^*，这时 $b_i^* - c_i^*$ 的差值很小，取样和分析所带来的误差对计算带来的影响要相对较大，从而影响到计算结果。根据这个道理，按一种成分含量来计算产率时，应该选择产物中差别比较大的成分，对分选作业，应该选取有用成分；对筛分或分级作业，最好选用粒度成分。

如果有多种成分含量，同样可以按照单一成分分别计算产率。按照各种成分算出的 $\overline{\gamma}_{bi}(i=1,2,\cdots,N)$，计算出平均值作为最佳值。但是，它没有直接利用各种成分的含量进行计算的精确度高。

二、根据多种成分含量计算产率最佳值

图 9-4 的两产物作业，根据多种成分的含量直接计算出来的产率最佳值，应使所有成分的真值与计算值偏差平方和为最小。各种成分的偏差平方和为：

$$\sum_{i=1}^{N} \Delta_i^2 = \sum_{i=1}^{N} (a_i^* - a_i)^2 \tag{9-27}$$

为了书写简便，下面以 $\sum$ 代表从 1 到 N 的累加和。将式(9-24)代入式(9-27)，则有

$$\sum_{i=1}^{N} \Delta_i^2 = \sum \{a_i^* - [b_i^* \gamma_b + (1-\gamma_b)c_i^*]\}^2$$

$$= \sum [(a_i^* - c_i^*) - \gamma_b(b_i^* - c_i^*)]^2 \tag{9-28}$$

令 $\dfrac{\partial}{\partial \gamma_b}\left(\sum \Delta_i^2\right) = -2\sum [(a_i^* - c_i^*) - \gamma_b(b_i^* - c_i^*)](b_i^* - c_i^*) = 0$，解之得

$$\overline{\gamma}_b = \frac{\sum (a_i^* - c_i^*)(b_i^* - c_i^*)}{\sum (b_i^* - c_i^*)^2} \tag{9-29}$$

$\overline{\gamma}_b$ 是产率最佳值。各成分的真值 a_i^*、b_i^* 和 c_i^* 当然可以用试验值 a_i、b_i 和 c_i 来代替。

第三节 试验数据的调整方法

在上述回路计算中，产率最佳值是按最小二乘法求出的，按照这个最佳值，物料中各种成分的含量在数值上是不能自洽的。为了便于以后的计算和处理，需要对这些原始数据进行调整，使各种成分都能自洽，换句话说，使数据的试验值接近真值。数据调整可以采用简单的方法，也可以采用最小二乘法和拉格朗日乘子法，后两种方法比较准确。

一、简单计算法

图 9-4 中，设原料和产物各成分调整后的调整值分别为 $\overline{a_i^*}$、$\overline{b_i^*}$ 和 $\overline{c_i^*}$，则有

$$\overline{a_i} \cong a_i^* ，\overline{b_i} \cong b_i^* ，\overline{c_i} \cong c_i^*$$

若以调整值代替真值，则偏差可写成

$$\begin{cases} \Delta a_i = a_i - a_i^* \cong a_i - \bar{a}_i \\ \Delta b_i = b_i - b_i^* \cong b_i - \bar{b}_i \\ \Delta c_i = c_i - c_i^* \cong c_i - \bar{c}_i \end{cases} \quad (9\text{-}30)$$

或

$$\begin{cases} \bar{a}_i = a_i - \Delta a_i \\ \bar{b}_i = b_i - \Delta b_i \\ \bar{c}_i = c_i - \Delta c_i \end{cases} \quad (9\text{-}31)$$

$$i = 1, 2, \cdots, N$$

对于第 i 种成分来说,有

$$\bar{a}_i = \bar{\gamma}_b b_i + (1 - \bar{\gamma}_b) c_i \quad (9\text{-}32)$$

它的偏差为

$$\Delta_i = a_i - \bar{\gamma}_b b_i - (1 - \bar{\gamma}_b) c_i \quad (9\text{-}33)$$

由于第 i 种成分数据调整的方法是双向调整,即试验值与计算值分别都向最佳值靠近,所以 a_i 调整的大小应是

$$\Delta a_i = \frac{1}{2} \Delta_i$$

b_i 和 c_i 该调整的数值可以通过误差的传递函数求出,误差传递函数为

$$f\left(a_i - \frac{\Delta_i}{2}\right) = f(a_i) + \frac{\Delta_i}{2} \frac{\partial(f a_i)}{\partial b_i} + \frac{\Delta_i}{2} \frac{\partial(f a_i)}{\partial c_i} + \cdots$$

$$= \bar{\gamma}_b b_i + (1 - \bar{\gamma}_b) c_i + \frac{\Delta_i}{2} \bar{\gamma}_b + \frac{\Delta_i}{2} (1 - \bar{\gamma}_b)$$

$$= \bar{\gamma}_b \left(b_i + \frac{\Delta_i}{2}\right) + (1 - \bar{\gamma}_b) \left(c_i + \frac{\Delta_i}{2}\right) \quad (9\text{-}34)$$

对比式(9-32),可得 a_i、b_i 和 c_i 的调整值

$$\begin{cases} \bar{a}_i = a_i - \frac{1}{2} \Delta_i \\ \bar{b}_i = b_i + \frac{1}{2} \Delta_i \\ \bar{c}_i = c_i + \frac{1}{2} \Delta_i \end{cases} \quad (9\text{-}35)$$

由此可得

$$\begin{cases} \Delta a_i = \frac{1}{2} \Delta_i \\ \Delta b_i = -\frac{1}{2} \Delta_i \\ \Delta c_i = -\frac{1}{2} \Delta_i \end{cases} \quad (9\text{-}36)$$

二、最小二乘法

第 i 成分在原料和产物中的偏差乘方和 S_i 为

$$S_i = \Delta a_i^2 + \Delta b_i^2 + \Delta c_i^2 \quad (9\text{-}37)$$

根据式(9-33),原料中第 i 成分真值与计算值的偏差为

$$\Delta_i = a_i - \bar{\gamma}_b b_i - (1 - \bar{\gamma}_b) c_i$$

由误差传递函数可求出式(9-33)的传递误差为

$$\Delta_i = \Delta a_i \frac{\delta f}{\delta a_i} + \Delta b_i \frac{\delta f}{\delta b_i} + \Delta c_i \frac{\delta f}{\delta c_i} = \Delta a_i - [\Delta b_i \bar{\gamma}_b + (1-\bar{\gamma}_b)\Delta c_i] \tag{9-38}$$

则

$$\Delta a_i = \Delta_i + [\Delta b_i \bar{\gamma}_b + (1-\bar{\gamma}_b)\Delta c_i] \tag{9-39}$$

把式(9-39)代入式(9-37),有

$$S_i = [\Delta_i + \Delta b_i \bar{\gamma}_b + (1-\bar{\gamma}_b)\Delta c_i]^2 + \Delta b_i^2 + \Delta c_i^2 \tag{9-40}$$

要使 S_i 最小,根据最小二乘法,令

$$\frac{\partial S_i}{\partial(\Delta b_i)} = 0, \qquad \frac{\partial S_i}{\partial(\Delta c_i)} = 0$$

由此可得

$$\begin{cases} \Delta_i \bar{\gamma}_b + \Delta b_i \bar{\gamma}_b^2 + (1-\bar{\gamma}_b)\bar{\gamma}_b \Delta c_i + \Delta b_i = 0 \\ [\Delta_i + \bar{\gamma}_b \Delta b_i + (1-\bar{\gamma}_b)\Delta c_i](1-\bar{\gamma}_b) + \Delta c_i = 0 \end{cases} \tag{9-41}$$

根据方程组(9-41),解得

$$\Delta c_i = -\frac{\Delta_i(1-\bar{\gamma}_b)}{1+\bar{\gamma}_b^2+(1-\bar{\gamma}_b)^2} \tag{9-42}$$

$$\Delta b_i = -\frac{\Delta_i \bar{\gamma}_b}{1+\bar{\gamma}_b^2+(1-\bar{\gamma}_b)^2} \tag{9-43}$$

将式(9-42)、式(9-43)代入式(9-39),得

$$\Delta a_i = -\frac{\Delta_i}{1+\bar{\gamma}_b^2+(1-\bar{\gamma}_b)^2} \tag{9-44}$$

令

$$k = 1+\bar{\gamma}_b^2+(1-\bar{\gamma}_b)^2 \tag{9-45}$$

则得

$$\begin{cases} \Delta a_i = -\dfrac{\Delta_i}{k} \\[2mm] \Delta b_i = -\dfrac{\Delta_i \bar{\gamma}_b}{k} \\[2mm] \Delta c_i = -\dfrac{\Delta_i(1-\bar{\gamma}_b)}{k} \end{cases} \tag{9-46}$$

因此,试验原始数据调整为

$$\begin{cases} \bar{a}_i = a_i - \Delta a_i = a_i + \dfrac{\Delta_i}{k} \\[2mm] \bar{b}_i = b_i - \Delta b_i = b_i + \dfrac{\Delta_i}{k}\bar{\gamma}_b \\[2mm] \bar{c}_i = c_i - \Delta c_i = c_i + \dfrac{\Delta_i}{k}(1-\bar{\gamma}_b) \end{cases} \tag{9-47}$$

根据上述推导,可归纳出数据调整的步骤如下:

(1) 根据各成分的试验值 a_i、b_i、c_i,用式(9-29)计算产率最佳值 $\bar{\gamma}_b$,即

$$\bar{\gamma}_b = \frac{\sum (a_i-c_i)(b_i-c_i)}{\sum (b_i-c_i)^2}$$

(2) 利用 $\bar{\gamma}_b$ 及 a_i、b_i、c_i,按式(9-33)计算成分的偏差。

(3) 按式(9-45)计算 k。

（4）计算调整值 $\bar{a}_i$、$\bar{b}_i$、$\bar{c}_i$，即

$$\begin{cases} \bar{a}_i = a_i - \Delta a_i = a_i + \dfrac{\Delta_i}{k} \\[2mm] \bar{b}_i = b_i - \Delta b_i = b_i + \dfrac{\Delta_i}{k}\bar{\gamma}_b \\[2mm] \bar{c}_i = c_i - \Delta c_i = c_i + \dfrac{\Delta_i}{k}(1-\bar{\gamma}_b) \end{cases}$$

三、拉格朗日乘子法

第 i 成分在原料和产物中的偏差平方和 S_i 为

$$S_i = \Delta a_i^2 + \Delta b_i^2 + \Delta c_i^2$$

Δa_i、Δb_i、Δc_i 还有另一种关系为

$$\Delta_i = \Delta a_i - [\Delta b_i \bar{\gamma}_b + (1-\bar{\gamma}_b)\Delta c_i]$$

在计算成分的调整值时，应使偏差平方和 S_i 为最小。如果把式（9-37）作为目标函数，那么，式（9-33）则为约束条件，上述计算就是在一个等式约束下求函数极小值问题。这种问题可用拉格朗日乘子法给予解决。

拉格朗日乘子法可以处理等式约束条件下的目标函数寻优问题。利用一个新定义的拉格朗日函数 L，将约束条件统一在函数 L 中。

$$L(x_1, x_2, \lambda) = f(x_1, x_2) - \lambda g(x_1, x_2) \tag{9-48}$$

式中　$f(x_1, x_2)$——目标函数；

　　$g(x_1, x_2)$——约束条件；

　　λ——拉格朗日乘子。

这样，就将约束条件下的函数寻优问题转变为无约束条件的函数寻优问题。根据极值原理，对式（9-48）求变量 x_1、x_2 及 λ 的偏导数，并且使之等于 0，得到一个方程组，解方程组即得到 x_1、x_2、λ。

根据拉格朗日乘子法的定义，可将式（9-37）、式（9-33）列成拉格朗日函数

$$L = S_i + m\lambda[\Delta_i - \Delta a_i + \Delta b_i \bar{\gamma}_b + (1-\bar{\gamma}_b)\Delta c_i]$$

或　　$$L = \Delta a_i^2 + \Delta b_i^2 + \Delta c_i^2 + 2\lambda[\Delta_i - \Delta a_i + \Delta b_i \bar{\gamma}_b + (1-\bar{\gamma}_b)\Delta c_i] \tag{9-49}$$

为了计算方便，式（9-49）中加入任意因子 m，并令 $m=2$，求式（9-49）的偏导数，并使之等于 0。

$$\frac{\partial L}{\partial (\Delta a_i)} = 2\Delta a_i - 2\lambda_i = 0$$

$$\Delta a_i = \lambda_i \tag{9-50}$$

$$\frac{\partial L}{\partial (\Delta b_i)} = 2\Delta b_i + 2\lambda_i \bar{\gamma}_b = 0$$

$$\Delta b_i = -\lambda_i \bar{\gamma}_b \tag{9-51}$$

$$\frac{\partial L}{\partial (\Delta c_i)} = 2\Delta c_i + 2\lambda_i(1-\bar{\gamma}_b) = 0$$

$$\Delta c_i = -(1-\bar{\gamma}_b)\lambda_i \tag{9-52}$$

$$\frac{\partial L}{\partial \lambda_i} = 2[\Delta_i - \Delta a_i + \Delta b_i \bar{\gamma}_b + (1-\bar{\gamma}_b)\Delta c_i] = 0$$

$$\Delta_i = \Delta a_i - \Delta b_i \bar{\gamma}_b - (1 - \bar{\gamma}_b)\Delta c_i$$

将式(9-50)、式(9-51)、式(9-52)代入,得

$$\Delta_i = \lambda_i + \lambda_i \bar{\gamma}_b^2 + \lambda_i (1 - \bar{\gamma}_b)^2$$

$$\lambda_i = \frac{\Delta_i}{[1 + \bar{\gamma}_b^2 + (1 - \bar{\gamma}_b)^2]} \tag{9-53}$$

因

$$k = 1 + \bar{\gamma}_b^2 + (1 - \bar{\gamma}_b)^2$$

则

$$\lambda_i = \frac{\Delta_i}{k} \tag{9-54}$$

所有各成分数据的调整值为

$$\begin{cases} \bar{a}_i = a_i - \Delta a_i = a_i - \lambda_i \\ \bar{b}_i = b_i - \Delta b_i = b_i + \lambda_i \bar{\gamma}_b \\ \bar{c}_i = c_i - \Delta c_i = c_i + (1 - \bar{\gamma}_b)\lambda_i \end{cases} \tag{9-55}$$

式(9-55)与式(9-47)比较,拉格朗日乘子法所得的调整值与最小二乘法所得结果相同。拉格朗日乘子法的调整步骤可归纳如下:

(1) 根据成分的试验值 a_i、b_i、c_i,用式(9-29)计算产率最佳值 $\bar{\gamma}_b$。
(2) 用 $\bar{\gamma}_b$ 及 a_i、b_i、c_i,按式(9-33)计算偏差 Δ_i。
(3) 用 $\bar{\gamma}_b$ 及 Δ_i,按式(9-53)计算 λ_i。
(4) 用式(9-55)计算 $\bar{a}_i$、$\bar{b}_i$ 及 $\bar{c}_i$。

第四节　三产物作业的产率计算与数据调整

重力选煤的分选作业一般都是产出三种产物:精煤、中煤、尾煤。三产物作业的产率最佳值同样可以根据多种成分的含量,使用最小二乘法进行计算。

一、格氏计算法

图 9-6 是三产物的分选作业。γ_f、γ_c、γ_m 及 γ_t 分别为原煤、精煤、中煤及尾煤的产率;f_i、c_i、m_i、t_i 分别为原煤及相应产物不同密度级的含量;N 为密度级的数目。根据产物的平衡为:

$$\begin{cases} \gamma_c + \gamma_m + \gamma_t = 1 \\ \gamma_c c_i + \gamma_m m_i + \gamma_t t_i = f_i \\ i = 1, 2, \cdots, N \end{cases} \tag{9-56}$$

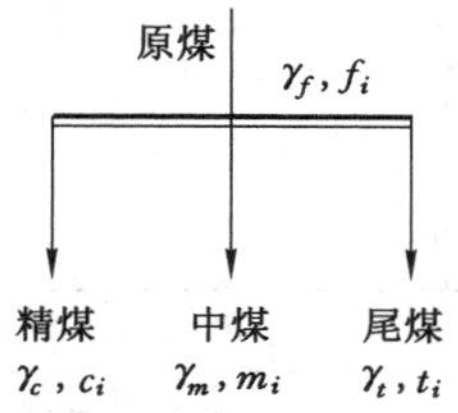

图 9-6　三产物分选作业

从理论上说,只要将任意两个密度级的数值代入式(9-56)的第二式,连同第一式就可以得到三个方程,从而算出三产物产率。但是,由于采样和分析上的误差,如果采用另外两个不同密度级,就会得到不同的产率。因此,比较可靠的方法还是采用全部密度级的数据,用最小二乘法计算产率的最佳值。

第 i 密度级的试验值和计算值的偏差为

$$\Delta_i = f_i - (\gamma_c c_i + \gamma_m m_i + \gamma_t t_i) \tag{9-57}$$

由式(9-56)知 $\gamma_t = 1 - \gamma_c - \gamma_m$,代入上式可得

$$-\Delta_i = \gamma_c(c_i - t_i) + \gamma_m(m_i - t_i) - (f_i - t_i) \tag{9-58}$$

所有密度级偏差平方和为

$$
\begin{aligned}
\sum \Delta_i^2 = {} & \gamma_c^2 \sum (c_i - t_i)^2 + \gamma_m^2 \sum (m_i - t_i)^2 + \\
& 2\gamma_c \gamma_m \sum (c_i - t_i)(m_i - t_i) - 2\gamma_c \sum (c_i - t_i)(f_i - t_i) - \\
& 2\gamma_m \sum (m_i - t_i)(f_i - t_i) + \sum (f_i - t_i)^2
\end{aligned}
\tag{9-59}
$$

令 $\dfrac{\partial}{\partial \gamma_c}\left(\sum \Delta_i^2\right) = 0, \dfrac{\partial}{\partial \gamma_m}\left(\sum \Delta_i^2\right) = 0$，整理后可得

$$
\begin{cases}
2\gamma_c \sum (c_i - t_i)^2 + 2\gamma_m \sum (c_i - t_i)(m_i - t_i) - 2\sum (c_i - t_i)(f_i - t_i) = 0 \\
2\gamma_m \sum (m_i - t_i)^2 + 2\gamma_c \sum (c_i - t_i)(m_i - t_i) - 2\sum (m_i - t_i)(f_i - t_i) = 0
\end{cases}
\tag{9-60}
$$

解方程组(9-60)，得产率的最佳值为

$$
\begin{cases}
\bar{\gamma}_c = \dfrac{\sum (c_i - t_i)(f_i - t_i) \cdot \sum (m_i - t_i)^2 - \sum (c_i - t_i)(m_i - t_i) \cdot \sum (m_i - t_i)(f_i - t_i)}{\sum (c_i - t_i)^2 \cdot \sum (m_i - t_i)^2 - \left[\sum (c_i - t_i)(m_i - t_i)\right]^2} \\[4mm]
\bar{\gamma}_m = \dfrac{\sum (c_i - t_i)^2 \cdot \sum (m_i - t_i)(f_i - t_i) - \sum (c_i - t_i)(m_i - t_i) \cdot \sum (c_i - t_i)(f_i - t_i)}{\sum (c_i - t_i)^2 \cdot \sum (m_i - t_i)^2 - \left[\sum (c_i - t_i)(m_i - t_i)\right]^2} \\[4mm]
\bar{\gamma}_t = 1 - \gamma_c - \gamma_m
\end{cases}
\tag{9-61}
$$

为了计算方便，上述计算可以利用表 9-1 进行。在表中，已知原煤和产物的密度组成，利用这些数据计算中间变量 s_1 至 s_5，可根据表中公式进行累加计算，有了 s 值，式(9-61)可改写为

$$
\begin{cases}
\bar{\gamma}_c = \dfrac{s_3 \cdot s_4 - s_2 \cdot s_5}{s_1 \cdot s_4 - s_2 \cdot s_2} \\[3mm]
\bar{\gamma}_m = \dfrac{s_1 \cdot s_5 - s_2 \cdot s_3}{s_1 \cdot s_4 - s_2 \cdot s_2} \\[3mm]
\bar{\gamma}_c = 1 - \gamma_c - \gamma_m
\end{cases}
\tag{9-62}
$$

表 9-1   **三产品格氏法计算表**

密度	原煤及产品浮沉试验				中间变量的计算				
	原煤 f	精煤 c	中煤 m	尾煤 t	$(c-t)^2$	$(c-t)\times(m-t)$	$(c-t)\times(f-t)$	$(m-t)^2$	$(m-t)\times(f-t)$
-1.3									
$1.3\sim1.4$	f_i	c_i	m_i	t_i	$(c_i-t_i)^2$	$(c_i-t_i)\times(m_i-t_i)$	$(c_i-t_i)\times(f_i-t_i)$	$(m_i-t_i)^2$	$(m_i-t_i)\times(f_i-t_i)$
$1.4\sim1.5$									
...									
$+1.8$									
$\sum$					$s_1=\sum$	$s_2=\sum$	$s_3=\sum$	$s_4=\sum$	$s_5=\sum$

在生产上，产率一般以百分率表示，所以上面所导出的产率×100，即为选煤生产习惯所用的产率数值。

上面的算法是芬兰学者格鲁姆勃兰赫脱导出的,所以习惯称为格氏计算法。

格氏计算法认为,各密度级的试验值和计算值偏差的分布是正态分布的,是符合数理统计规律的,所以可以用标准差来估计计算的可靠性。如果标准差小,则计算出来的产率最佳值才是可信的。

密度组成的剩余标准差为:

$$\sigma = \sqrt{\frac{\sum \Delta_i^2}{N-2}} \qquad (9\text{-}63)$$

$$\sum \Delta_i^2 = [f_i - (\bar{\gamma}_c c_i + \bar{\gamma}_m m_i + \bar{\gamma}_t t_i)]^2 \qquad (9\text{-}64)$$

如果剩余标准差小于某一规定值,则可以认为计算结果是可靠的。

格氏计算法也可用于计算两产物的重选作业,所导出的公式与式(9-29)类同。

三产品格氏计算法的计算程序详见附录九。

二、原始数据的调整

下面用拉格朗日乘子法来调整三产物计算中的原始数据。

在三产物计算中,第 i 密度级在各产物中偏差平方和 S_i 为:

$$S_i = \Delta f_i^2 + \Delta c_i^2 + \Delta m_i^2 + \Delta t_i^2 \qquad (9\text{-}65)$$

第 i 密度级的试验值与计算值的偏差可按式(9-58)求出,即

$$\Delta_i = \bar{\gamma}_c(c_i - t_i) + \bar{\gamma}_m(m_i - t_i) - (f_i - t_i) \qquad (9\text{-}58a)$$

由误差传递函数可求出其传递误差为:

$$\Delta_i = \Delta f_i \frac{\partial f}{\partial f_i} + \Delta c_i \frac{\partial f}{\partial c_i} + \Delta m_i \frac{\partial f}{\partial m_i} + \Delta t_i \frac{\partial f}{\partial t_i}$$
$$= \bar{\gamma}_c(\Delta c_i - \Delta t_i) + \bar{\gamma}_m(\Delta m_i - \Delta t_i) - (\Delta f_i - \Delta t_i)$$

或 $\qquad \Delta_i - \bar{\gamma}_c(\Delta c_i - \Delta t_i) - \bar{\gamma}_m(\Delta m_i - \Delta t_i) + (\Delta f_i - \Delta t_i) = 0 \qquad (9\text{-}66)$

以式(9-65)为目标函数,式(9-66)为约束条件,则拉格朗日函数可定义为:

$$L = \Delta f_i^2 + \Delta c_i^2 + \Delta m_i^2 + \Delta t_i^2 + 2\lambda_i[\Delta_i - \bar{\gamma}_c(\Delta c_i - \Delta t_i) - \bar{\gamma}_m(\Delta m_i - \Delta t_i) + (\Delta f_i - \Delta t_i)]$$
$$(9\text{-}67)$$

令 $\dfrac{\partial L}{\partial(\Delta f_i)} = 2\Delta f_i + 2\lambda_i = 0$,则 $\Delta f_i = -\lambda_i$

令 $\dfrac{\partial L}{\partial(\Delta c_i)} = 2\Delta c_i - 2\lambda_i\bar{\gamma}_c = 0$,则 $\Delta c_i = \lambda_i\bar{\gamma}_c$

令 $\dfrac{\partial L}{\partial(\Delta m_i)} = 2\Delta m_i - 2\lambda_i\bar{\gamma}_m = 0$,则 $\Delta m_i = \lambda_i\bar{\gamma}_m$

令 $\dfrac{\partial L}{\partial(\Delta t_i)} = 2\Delta t_i + 2\lambda_i(\bar{\gamma}_c + \bar{\gamma}_m - 1) = 0$,则 $\Delta t_i = \lambda_i(1 - \bar{\gamma}_c - \bar{\gamma}_m)$

$$\begin{cases} \Delta f_i = -\lambda_i \\ \Delta c_i = \lambda_i\bar{\gamma}_c \\ \Delta m_i = \lambda_i\bar{\gamma}_m \\ \Delta t_i = \lambda_i(1 - \bar{\gamma}_c - \bar{\gamma}_m) \end{cases} \qquad (9\text{-}68)$$

故 $\qquad \Delta_i = \bar{\gamma}_c(\Delta c_i - \Delta t_i) + \bar{\gamma}_m(\Delta m_i - \Delta t_i) - (\Delta f_i - \Delta t_i)$

将 Δf_i、Δc_i、Δm_i 和 Δt_i 的计算值代入,整理后得

$$\lambda_i = \frac{\Delta_i}{2(\overline{\gamma}_c^2 + \overline{\gamma}_m^2 + \overline{\gamma}_c\overline{\gamma}_m - \overline{\gamma}_c - \overline{\gamma}_m + 1)} \tag{9-69}$$

令
$$k = 2(\overline{\gamma}_c^2 + \overline{\gamma}_m^2 + \overline{\gamma}_c\overline{\gamma}_m - \overline{\gamma}_c - \overline{\gamma}_m + 1) \tag{9-70}$$

则
$$\lambda_i = \frac{\Delta_i}{k} \tag{9-71}$$

各密度级的调整值为

$$\begin{cases} \overline{f}_i = f_i + \lambda_i \\ \overline{c}_i = c_i - \lambda_i\overline{\gamma}_c \\ \overline{m}_i = m_i - \lambda_i\overline{\gamma}_m \\ \overline{t}_i = t_i - \lambda_i(1 - \overline{\gamma}_c - \overline{\gamma}_m) \end{cases} \tag{9-72}$$

所以,三种产物计算中的原始数据调整步骤如下:

(1) 根据原煤及产品密度组成用格氏法计算产率最佳值 $\overline{\gamma}_c$、$\overline{\gamma}_m$、$\overline{\gamma}_t$。

(2) 根据产率最佳值,用式(9-58a)计算 Δ_i。

(3) 按式(9-69)、式(9-70),计算 λ_i 及 k。

(4) 利用式(9-72)计算各密度级调整值。

第五节 计 算 实 例

例 9-6 某选煤厂煤泥 6 槽浮选试验,产出精煤和尾煤两种产品,其小浮沉试验结果如表 9-2 所示,试根据密度组成计算产品产率的最佳值,并修正密度组成原始数据。

表 9-2 煤泥浮沉试验结果

密度级 /(g/cm³)	浮选入料 a		精煤 b		尾煤 c	
	出量/%	灰分/%	出量/%	灰分/%	出量/%	灰分/%
−1.3	7.20	3.04	15.70	3.13	0.30	3.29
1.3~1.4	31.60	8.20	46.90	8.49	1.20	13.24
1.4~1.5	36.50	19.52	24.00	16.55	1.70	20.75
1.5~1.6	15.10	32.73	8.10	31.73	2.60	36.00
1.6~1.8	4.00	46.35	1.90	38.86	3.90	49.35
+1.8	5.60	73.57	3.40	73.52	90.30	73.63
合计	100.00	20.64	100.00	14.46	100.00	69.87

解

(1) 计算精煤产率 $\overline{\gamma}_b$ 及尾煤产率 $\overline{\gamma}_c$

$$\overline{\gamma}_b = \frac{\sum(a_i - c_i)(b_i - c_i)}{\sum(b_i - c_i)^2} = \frac{9\,701.56}{10\,408.80} = 0.93 = 93\%$$

$$\overline{\gamma}_c = 100\% - 93\% = 7\%$$

(2) 计算各密度级的误差 Δ_i

$$\Delta_i = a_i - \overline{\gamma}_b b_i - (1 - \overline{\gamma}_b)c_i$$

计算结果列于表9-3中。

表9-3

密度级/(g/cm³)	a_i	b_i	c_i	γ_{bi}	Δ_i
−1.3	7.20	15.70	0.30	0.45	−7.42
1.3~1.4	31.60	46.90	1.20	0.67	−12.10
1.4~1.5	36.50	24.00	0.70	1.56	14.13
1.5~1.6	15.10	8.10	2.60	2.27	7.39
1.6~1.8	4.00	1.90	3.90	−0.05	1.96
+1.8	5.60	3.40	90.30	0.97	−3.88
平均值				$\bar{\gamma}_{bi}=0.98$	$\bar{\gamma}_b=0.93$

（3）按简单计算法调整试验数据

$$\bar{a}_i=a_i-\frac{\Delta_i}{2}, \bar{b}_i=b_i+\frac{\Delta_i}{2}, \bar{c}_i=c_i+\frac{\Delta_i}{2}$$

计算结果列于表9-4中。

表9-4

密度 /(g/cm³)	简单计算法				最小二乘法			
	a_i	b_i	c_i	γ_b	a_i	b_i	c_i	γ_b
−1.3	10.91	11.99	−3.41	0.93	11.18	12.00	0.02	0.93
1.3~1.4	37.65	40.85	−4.85	0.93	38.08	40.87	0.75	0.93
1.4~1.5	29.43	31.07	7.77	0.93	28.95	31.02	1.23	0.93
1.5~1.6	11.40	11.80	6.30	0.93	11.16	11.76	2.88	0.93
1.6~1.8	3.02	2.88	4.88	0.93	2.95	2.88	3.97	0.93
+1.8	7.54	1.46	88.36	0.93	7.68	1.47	90.16	0.93

（4）用最小二乘法调整数据

首先计算 k 值

$$k=1+\bar{\gamma}_b^2+(1-\bar{\gamma}_b)^2=1.869\ 9$$

根据下式计算各产物中各级别调整值

$$\bar{a}_i=a_i+\frac{\Delta_i}{k}, \bar{b}_i=b_i+\frac{\Delta_i}{k}\bar{\gamma}_b, \bar{c}_i=c_i+(1-\bar{\gamma}_b)\frac{\Delta_i}{k}$$

计算结果列于表9-4中。

（5）计算结果的分析

① 按照原煤、精煤、尾煤总灰分计算的产率为89%，它与最小二乘法计算的产率最佳值 $\bar{\gamma}_b=93\%$，两者比较接近。

② 如果按照单一密度级分别计算其产率，所得到的 γ_{bi}（表9-3）差别较大，而且明显不合理，γ_{bi} 的平均值为98%，可信度较差。

③ 调整后的密度级产率基本上相同，差别在小数后第三位上（表9-4），但简单计算法调

整后,各产物密度级出量之和并不等于100,而其中有些数据出现负值,明显不合理,用最小二乘法调整的数据比较合理。

例 9-7 某选煤厂主选机的原煤和产物浮沉试验结果见表 9-5 中 1～5 栏,试计算:① 产率最佳值;② 各密度成分的调整值。

表 9-5

密度级 /(g/cm³)	原煤及密度组成				$(c-t)^2$	$(c-t)\times(m-t)$	$(c-t)\times(f-t)$	$(m-t)^2$	$(m-t)\times(f-t)$
	f	c	m	t	s_1	s_2	s_3	s_4	s_5
1	2	3	4	5	6	7	8	9	10
−1.3	15.45	25.90	1.76	0.19	661.0	40.3	393.0	2.47	23.9
1.3～1.4	35.56	45.21	10.23	0.28	2 018.7	447.0	1 585.1	99.0	351.0
1.4～1.5	20.31	22.00	17.53	0.86	447.0	352.4	411.2	278.0	324.2
1.5～1.6	7.90	4.64	17.88	2.60	4.2	31.2	10.8	233.5	81.0
1.6～1.8	8.64	1.88	26.94	14.31	154.5	−157.0	70.5	159.5	−71.6
+1.8	12.14	0.37	25.66	81.76	6 624.3	4 566.0	5 666.4	3 147.2	3 905.7
合计	100.00	100.00	100.00	100.00	9 909.7	5 279.9	8 137	3 919.7	4 614.2

解

(1) 用格氏法计算产率最佳值

根据表 9-5 中 6～10 列计算结果,得

$$\bar{\gamma}_c = \frac{s_3 \cdot s_4 - s_2 \cdot s_5}{s_1 \cdot s_4 - s_2 \cdot s_2} = 0.687$$

$$\bar{\gamma}_m = \frac{s_1 \cdot s_5 - s_2 \cdot s_3}{s_1 \cdot s_4 - s_2 \cdot s_2} = 0.252$$

$$\bar{\gamma}_t = 1 - 0.687 - 0.252 = 0.061$$

(2) 根据产率最佳值用式(9-58a)计算 Δ_i,将计算结果列于表 9-6

(3) 利用式(9-69)及式(9-70)计算 λ_i 及 k

表 9-6

密度级/(g/cm³)	$(f-t)$	$(c-t)$	$(m-t)$	Δ_i	λ_i
−1.3	15.26	25.71	1.57	2.81	1.84
1.3～1.4	35.38	44.93	9.95	−2.0	−1.3
1.4～1.5	19.45	21.14	16.67	−0.71	−0.46
1.5～1.6	5.30	2.04	15.28	−0.04	−0.02
1.6～1.8	−5.67	−12.43	12.63	0.32	0.21
+1.8	−69.62	−81.39	−56.10	−0.42	−0.27

$$k = 2(\bar{\gamma}_c^2 + \bar{\gamma}_m^2 + \bar{\gamma}_c \bar{\gamma}_m - \bar{\gamma}_c - \bar{\gamma}_m + 1)$$
$$= 2(0.687^2 + 0.252^2 + 0.687 \times 0.252 - 0.687 - 0.252 + 1)$$
$$= 1.53$$

$$\lambda_i = \frac{\Delta_i}{k}$$

（4）利用式(9-72)，计算密度成分的调整值，并将结果列于表 9-7。

表 9-7

密度级 /(g/cm³)	f	c	m	t	$\bar{f}$	$\bar{c}$	$\bar{m}$	$\bar{t}$
-1.3	15.45	25.90	1.76	0.19	17.29	24.64	1.30	0.08
1.3~1.4	35.56	45.21	10.23	0.28	34.26	46.10	10.55	0.36
1.4~1.5	20.31	22.00	17.53	0.86	19.85	22.32	17.64	0.89
1.5~1.6	7.90	4.64	17.88	2.60	7.88	4.65	17.89	2.60
1.6~1.8	8.64	1.88	26.94	14.31	8.85	1.74	26.89	14.30
+1.8	12.14	0.37	25.66	81.76	11.87	0.55	25.73	81.77
合计	100.00	100.00	100.00	100.00	100.00	100.00	100.00	100.00

从计算结果可知，各密度成分的调整值是自洽的。各产物中的密度成分调整值为 $\bar{c}_i$、$\bar{w}_i$ 和 $\bar{t}_i$，若用产率最佳值 $\bar{\gamma}_c$、$\bar{\gamma}_m$ 和 $\bar{\gamma}_t$ 作加权平均，则与原煤的调整值是相等的。

第十章　MATLAB 语言及其在选矿过程中的应用

第一节　数学语言及其在选矿过程中的应用概况

一、数学问题计算机求解概述

1. 为什么要学习计算机数学语言

在系统介绍本章的内容之前,先介绍几个例子,读者可以思考其中提出的问题,从中体会掌握一门优秀的计算机数学语言的必要性。

例 10-1　选矿产品产率的计算是选煤和选矿工作者最常用到的计算,往往要用大量的表格和算式,计算工作量比较大,因为选煤工作者计算产品产率时最常用的方法是格氏计算法,其计算原理是基于最小二乘法。利用一个实用的计算机数学语言,如 MATLAB 语言编程计算将大大简化工作量,更直接地,用 MATLAB 概率统计工具箱提供的非负最小二乘法函数 LSQNONNEG( )将直接得出计算结果,而且还可用于更多产品产率的计算。

例 10-2　对可选性曲线数据模型及其曲线拟合,若不借助计算机很难进行参数确定和曲线绘制,因为这涉及非线性曲线拟合及误差处理。利用 MATLAB 语言及其强大的数值计算功能,很容易实现。

例 10-3　选煤厂设计和运营管理中经常遇到精煤产率或经济效益的优化计算问题,给定选煤生产系统模型,定义出需要最小化的目标函数,则可以通过寻优的方法得出最优选煤过程的参数。对这样的问题来说,掌握了最优化问题求解方法是很好解决的。此外,一般的最优化方法可能导致局部极小值,所以可以采用进化类方法,如遗传算法或粒子群方法,由现成的 MATLAB 工具可以直接求解,无须太多的底层算法和细节。

从上面的例子可以看出,解决数学问题用手工推导的方法虽然有时可行,但对很多复杂问题是不现实或不可靠的,用传统数值分析方法甚至成形的软件包(如在国际上享有盛誉的 Numerical Recipes)得出的结果有时也是错误的,能够求解其部分内容而不是全部内容,所以需要学习计算机数学语言,以更好地解决以后学习和研究中遇到的问题。

2. 数学运算问题软件包及选矿计算软件包的发展概述

数字计算机的出现给数值计算技术的研究注入了新的活力。在数值计算技术的早期发展中,出现了一些著名的数学软件包,如美国的基于特征值的软件包 EISPACK 和线性代数软件包 UNPACK,英国牛津数值算法研究组开发的 NAG 软件包及享有盛誉的著作 Numerical Recipes 中给出的程序集等,这些都是在国际上广泛流行的、有着较高声望的软件包。

美国的 EISPAGK 和 LINPACK 都是基于矩阵特征值和奇异值解决线性代数问题的专用软件包。限于当时的计算机发展状况,这些软件大都是由 Fortran 语言编写的源程序组成的。

目前在国际上有 3 种计算机数学语言最有影响:The MathWorks 公司的 MATLAB 语

言、Wolfram Research 公司的 Mathematica 语言和 Waterloo Maple 公司的 Maple 语言。这 3 种语言各有特色,其中 MATLAB 长于数值运算,其程序结构类似于其他计算机语言,有强大的解析运算和数学公式推导功能,因而编程很方便,而 Mathematica 和 Maple 相应的数值计算能力比 MATLAB 要弱,其更适合于纯数学领域的计算机求解。

和 Mathematica 及 Maple 相比,MATLAB 语言的数值运算功能是很出色的。除此之外,还有一个其他两种语言不可替代的优势,就是 MATLAB 语言对各种各样领域均有领域专家编写的工具箱,可以高效、可靠地解决各种各样的问题。MATLAB 的符号运算工具箱利用 Maple 作为其符号运算引擎,能直接求解常用的符号运算问题。另外,MATLAB 还提供了对 Maple 全部函数的接口,无须安装 Maple 就可以调用 Maple 所有的数学函数,这大大地增强了 MATLAB 的符号运算功能。

国际上选矿计算软件的发展大致分为几个阶段:软件包阶段、交互式语言阶段及当前的面向对象的程序环境阶段。如澳大利亚林奇教授从 20 世纪 80 年代开始针对选矿过程的工艺计算,特别是磨矿过程的参数计算与过程模拟进行了较深入的研究,并形成了相关的软件包;中国矿业大学路迈西教授于 20 世纪 90 年代初提出了"选煤工艺计算软件包"的研发构思,实现了单机版的软件系统,此后经过匡亚莉、邓建军等课题组成员持之以恒的研究与开发,目前已形成了基于网络环境下与 MATLAB 具有良好接口的选煤过程模拟与优化系列软件包,在选煤厂设计、选煤厂管理中发挥了很好的作用。

二、MATLAB 语言预备知识

1. MATLAB 语言简介

1984 年正式推出的 MATLAB 语言为数学问题的计算机求解,特别是控制系统的仿真和 CAD 发展起到了巨大的推动作用。1980 年前后,时任美国 New Mexico 大学计算机科学系主任的 Cleve Moler 教授认为用当时最先进的 EISPACK 和 UNPACK 软件包求解线性代数问题过程过于烦琐,所以构思了一个名为 MATLAB(MATrix LABoratoy,即矩阵实验室)的交互式计算机语言。该语言 1980 年出现了免费版本,1984 年 The MathWorks 公司成立,并推出了 1.0 版,目前该软件最新的版本为 R2016b。

2. 基本数据类型与基本语句结构

(1) 基本数据类型

强大方便的数值运算功能是 MATLAB 语言最显著的特色。为保证较高的计算精度,MATLAB 语言中最常用的数值量为双精度浮点数,占 8 个字节(64 位),遵从 IEEE 计数法,有 11 个指数位、53 个尾数位及 1 个符号位,其 MATLAB 表示为 double( )。考虑到一些特殊的应用,比如图像处理,MATLAB 语言还引入了无符号的 8 位整型数据类型,其 MATLAB 表示为 uint8( ),其值域为 0 ~ 255,这样可以大大节省 MATLAB 的存储空间,提高处理速度。此外,在 MATLAB 中还可以使用其他的数据类型,如 int8( ),int16( ),int32( ),uint16( ),uint32( )等,每一个类型后面的数字表示其位数,其含义不难理解。

MATLAB 提供的符号运算工具箱还支持符号变量的使用,符号型数据类型在公式推导与数学问题解析解中有非常重要的意义。可以由"syms a b c"来声明符号变量 a,b,c。除了常用的数值型数据外,MATLAB 还支持字符串、多维数组、结构图、类与对象等各种数据类型。

（2）变量与常量

MATLAB 语言变量名应该由一个字母引导,后面可以跟字母、数字、下划线等。例如,MYvar12、MY_Var12 和 MyVar12 均为有效的变量名,而 12MyVar 和 _MyVar12 为无效的变量名。在 MATLAB 中变量名是区分大小写的,也就是说,Abc 和 ABc 两个变量名表达的是不同的变量,在使用 MATLAB 语言编程时一定要注意。

MATLAB 允许各种常数,如 eps 为机器的浮点运算误差限。PC 上 eps 的默认值为 $2.220\ 4\times10^{-16}$,Inf 为无穷大值表示,NaN 为不确定值(not a number)表示,Pi 为圆周率 π 的双精度浮点表示。在实际编程时,这些常量可以直接使用。

（3）矩阵输入语句

矩阵的输入在 MATLAB 下是非常简单、直观的。下面通过例子演示实数、复数矩阵的输入方法。

例 10-4　试输入下面两个矩阵

$$A=\begin{bmatrix} 1 & 2 & 3 \\ 4 & 5 & 6 \\ 7 & 8 & 0 \end{bmatrix}\quad B=\begin{bmatrix} 4+2j & 2+4j & 2+2j \\ 1+3j & 4+3j & 4j \\ 3+3j & 3 & 4+4j \end{bmatrix}$$

由下面的 MATLAB 语句可以容易地输入这两个矩阵:

>>A=[1,2,3; 4,5,6; 7,8,0];

　　B=[4+2i,2+4i,2+2i;1+3i,4+3i,4j;3+3i,3,4+4j];

其中的>>为 MATLAB 的提示符,由机器自动给出,在提示符下可以输入各种各样的 MATLAB 命令。矩阵的内容由方括号括起来的部分表示,在方括号中的分号表示矩阵的换行,逗号或空格表示同一行矩阵元素间的分隔。给出了上面的命令,就可以在 MATLAB 的工作空间中建立 A 和 B 两个变量了。如果不想显示中间结果,则应该在语句末尾加一个分号。

注意,虽然 MATLAB 定义了 i 和 j 均表示 $\sqrt{-1}$,但在程序设计中这两个变量可能被改写,所以最好不采用 3 * i 这样的语句,而 i 本身可以写成 1i。

一个数值矩阵用 sym( ) 函数进行处理,则可以将其变换成符号型矩阵。对进一步的矩阵运算来说,符号型矩阵将采用解析方法,而数值型矩阵采用数值方法。

（4）函数调用语句

MATLAB 函数形式是 MATLAB 程序设计的主流形式,其基本格式为

　　　　[返回变量列表]＝func_name(输入变量列表)

其中,语句左侧为函数返回的变量,若同时返回多个变量,则应该用方括号括起来。输入变量在右侧给出。例如,函数 bode( ) 可以由[m ,P]＝bode(G,f)语句格式调用,该语句表示由系统模型 G 和给定频率向量 f 可以计算出系统的频率响应幅值 m 和相位 P。MATLAB 还允许一个函数有多种调用格式,例如 bode( ) 函数可以由几种格式调用,即 bode(G,f),bode(G),bode(G1,G2,G3)。

3. 流程控制结构简介

MATLAB 支持的主要流程控制语句是循环结构、转移结构、开关结构和试探结构等。这些流程的基本结构简述如下:

（1）循环结构 1

for i＝v,循环体语句段,end

（2）循环结构 2

while(表达式),循环体语句段,end

（3）转移结构

If(表达式 1),语句段 1,

    Elseif(表达式 2),语句段 2,

        ⋮

Else,语句段 n,end

（4）开关结构

Switch 开关表达式

Case 表达式 1,语句段 1

      ⋮

Otherwise,语句段 n,end

（5）试探结构

try,语句段 1,catch,语句段 2,end

4．MATLAB 语言和 C 语言的对比实例

对 C 这类编程语言来说,解决同样的数学运算问题与控制问题需要大量的底层编程,而这些底层编程存在各种隐患。如果有个别细节考虑不周,则得出的结果可能是错误的。所以应该采用更可靠、更简洁的专门计算机数学语言来进行科学研究,因为这样可以将研究者从烦琐的底层编程中解放出来,更好地把握要求解的问题,避免"只见树木、不见森林"的现象。

例 10-5 试编写出两个矩阵 A 和 B 相乘的 C 语言通用程序。

求解如果 A 为 n×p 矩阵,B 为 p×m 矩阵,则由线性代数理论,可以得出 C 矩阵,其元素为 $c_{ij} = \sum\limits_{k=1}^{p} a_{ik}b_{kj}, i = 1, \cdots, n, j = 1, \cdots, m$。分析上面的算法,容易编写出 C 语言程序,其核心部分由三重循环结构计算出,即

```
for (i＝0;i＜n;i＋＋){for (j＝0;j＜m;j＋＋){
c[i][j]＝0;
for(k＝0;k＜p;k＋＋) c[i][j]＋＝a[i][k] * b[k][j];
}}
```

看起来这样一个通用程序通过这几条语句就解决了。事实不然,这个程序有个致命的漏洞,就是没考虑两个矩阵是不是可乘。通常我们知道,两个矩阵可乘,则 A 矩阵的列数应该等于 B 矩阵的行数,所以应该加一个判定语句

if A 的列数不等于 B 的行数,给出错误信息

其实这样的判定也有漏洞,因为若 A 或 B 为标量,则 A 和 B 无条件可乘,而增加上面的 if 语句反而会给出错误信息。这样在原来的基础上还应该增加判定 A 或 B 是否为标量的语句。

其实即使考虑了上面所有的内容,程序还不是通用的程序,因为并未考虑矩阵为复数矩阵的情况。这也需要特殊的语句处理。

从这个例子可见,用 C 这类语言处理某类标准问题时需要特别细心,否则难免会有漏洞,致使程序出现错误,或其通用性受到限制。在 MATLAB 语言中则没有必要考虑这样琐碎的问题,因为 A 和 B 矩阵的积由 A∗B 直接求取,若可乘则得出正确结果,如不可乘则给出出现问题的原因。

5. 图形绘制

假设用户已经获得了一些试验数据。例如,已知各个时刻 t＝t1,t2,…,tn 和在这些时刻的函数值 y＝y1,y2,…,yn,则可以将这些数据输入到 MATLAB 环境中,构成向量 t＝[t1,t2,…,tn]和 y＝[y1,y2,…,yn],如果用户想用图形的方式表示二者之间的关系,则给出 plot (t,y)命令即可绘制二维图形。plot( )函数的最一般调用格式为:

    plot(t1,y1,选项 1,t2,y2,选项 2,…,tm,ym,选项 m)

MATLAB 语言还可以容易地绘制三维图形,例如 surf( )函数可以绘制三维表面图,mesh( )可以绘制三维网格图。

三、MATLAB 的工作环境

MATLAB 为用户提供了方便、实用的工作环境,了解并熟悉语言的工作环境是灵活运用该软件解决实际问题的基础,以下将介绍 MATLAB 的启动、退出、主要的菜单栏、工具条和命令窗口等。

1. MATLAB 程序主界面

(1) MATLAB 的启动

MATLAB 的启动有如下两种方式:

① 在 Windows 桌面上,双击 MATLAB 的图标,其图标如图 10-1 所示,就可启动并进入 MATLAB 的工作环境。

图 10-1　MATLAB 图标

② 单击 Windows 的【开始】菜单,依次选择【程序】→MATLAB R2012b→MATLAB R2012b 命令,就可启动并进入 MATLAB 的工作环境。

(2) MATLAB 的工作环境

MATLAB 的工作环境如图 10-2 所示,这是桌面系统的默认画面。

MATLAB 主界面由如下几个主要部分组成。

① 菜单栏:在菜单栏中的几个图标依次为 File、Edit、View、Debug、Desktop、Window 和 Help。

② 工具条:工具条内容比较丰富,前几个图标与其他应用软件相关图标功能一致,分别为新建、打开、保存、剪切、复制、粘贴、撤销、返回、打印、查找和函数,接下来是仿真(Simulink)、图形用户界面(GUI)和帮助,最后是当前路径和返回上一级目录。

③ 当前目录:界面的左上视窗为当前目录(Current Directory),可切换为工作空间(Workspace)。

④ 历史命令:当前目录下视窗为历史命令(Command History)。

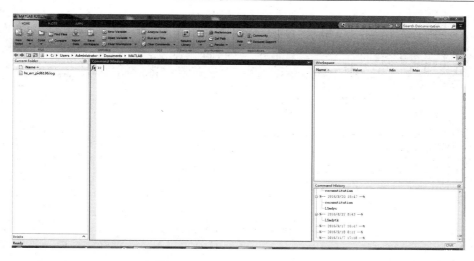

图 10-2　MATLAB 的工作环境

⑤ 命令窗口：右半个视窗为命令窗（Command Window），是用户使用 MATLAB 的重要工作空间。MATLAB 在这里为用户提供了交互式的工作环境，即用户可以随时输入命令，计算机即时给出运算结果。在 MATLAB 命令窗口中符号"＞＞"为提示符，用户可以在提示符后输入各种命令。如果想在窗口内显示相应的结果，只需在每一条命令或命令行键入后按回车键（Enter），命令就会被执行，并在窗口中显示执行结果。

例如，在命令窗口的工作区直接输入如下字符：

(12＋3＊(8－4))/2^3

ans＝3

命令窗口一般用于单条命令的运行，MATLAB 为用户提供了 M 文件编辑窗（Editor），用于程序的运行和调试以及图形显示窗（Figure）等。

（3）MATLAB 的退出

退出 MATLAB 非常简单，只需单击图 10-2 所示窗口右上角的【关闭】按钮，即可退出 MATLAB 环境。另外，也可在 MATLAB 命令窗口内输入命令 quit 或并按回车键，或通过下拉菜单 File→Exit MATLAB 退出 MATLAB 环境。

2. 文本编辑窗口

如果用户要编辑文件或运行、调试程序，需要进入 M 文件编辑窗口，可以通过下列方法进入。

（1）利用 MATLAB 视窗的菜单栏，即 File→New，打开 M 文件编辑窗口。

（2）利用工具栏，单击新建图标 D 打开 M 文件编辑窗口。

M 文件编辑窗口如图 10-3 所示，由下列几个主要部分组成。

（1）菜单栏：在菜单栏中几个图标依次为 File、Edit、Text、Cell、Tools、Desktop、Window 和 Help。

（2）工具条：工具条内容比较丰富，前几个图标与其他应用软件相关图标功能一致，分别为新建、打开、保存、剪切、复制、粘贴、撤销、返回、打印、查找和函数，接下来是设定和取消程序中的断点图标、取消所有文件中断点图标，后面 3 个图标是程序调试单步控制选项，最

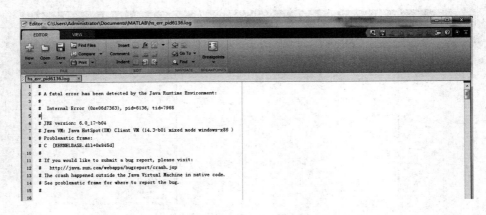

图 10-3　M 文件编辑窗口

后 2 个图标是运行程序和退出调试模式。

（3）文本编辑窗口：工具栏下面的空白处为文件文本编辑窗口，用户可以在此编辑文件并进行运行调试。

第二节　插值与数据拟合的 MATLAB 求解

一、插值

设函数 $f(x)$ 在区间 $[a,b]$ 上有定义且已知，在点 $a \leqslant x_0 \leqslant x_1 \leqslant \cdots \leqslant x_n \leqslant b$ 上的值为 y_0，$y_1,\cdots,y_n$，若有函数 $P(x)$，使 $P(x_i)=y_i(i=0,1,\cdots,n)$ 成立，则称 $P(x)$ 为 $f(x)$ 的插值函数，x_i 为插值结点，$[a,b]$ 为插值区间，求 $P(x)$ 的方法称为插值法。

$$P(x)=a_0+a_1x+\cdots+a_nx^n$$

a_i 为实数，$P(x)$ 称为插值多项式，曲线通过所有数据点。

1. 一维数值插值

$$yi=interpl(x,y,xi)$$

对离散数据 x,y 进行一维插值。求 x 中的 xi 的插值 yi。如果 y 是矩阵，则插值按 y 的每一列进行，yi 的长度为 $length(xi) \times size(y,2)$。

$$yi=interpl(y,xi)$$

设 $x=1:n$，若 y 是向量，$n=length(y)$；若 y 是矩阵，$length(y)=size(y,1)$。

$$yi=interpl(x,y,xi,'method')$$

用指定的方法 $'method'$ 进行插值，默认为线性插值。各方法为：

$'nearest'$——最邻近插值；

$'linear'$——线性插值；

$'spline'$——三次样条插值；

$'pchip'$—— 分段三次 Hermite 插值；

$'cubic'$——立方插值，同 $'pchip'$。

例 10-6　已知一组试验数据（见表 10-1），求 $x=9.00$ 的插值。

表 10-1

x	3.76	7.51	8.92	10.27	11.57	23.84
y	15.15	57.37	70.43	76.39	80.43	100.00

x＝[3.76　7.51　8.92　10.27　11.57　23.84];

y＝[15.15　57.37　70.43　76.39　80.43　100.00];

yi＝interp1(x,y,9.00,'pchip');

yi＝70.8963

采用不同插值方法其结果也是不同的。例如当 x＝9.00 采用不同插值方法时,

'linear':　　　　　　yi＝70.7832

'nearest':　　　　　　yi＝70.4300

'spline':　　　　　　yi＝70.9406

'cubic':　　　　　　yi＝70.8963(同'pchip')

最好用 plot(x,y)函数先绘成图形,依曲线形状确定插值方法。

所有方法都要求 x 单调(单增或单减),各点间可以是非等间距的。

例 10-7　表插值。采用前列数据构造成表,然后对其插值。

t＝[x',y']

　t＝

　　　　3.7600　　　15.1500

　　　　7.5100　　　57.3700

　　　　8.9200　　　70.4300

　　　10.2700　　　76.3900

　　　11.5700　　　80.4300

　　　23.8400　　100.0000

yi＝interp1(t(:,1),t(:,2),9.00)

yi＝

　　　　70.7832

若 xi＝5.5,yi＝ interp1(t,5.5),得

yi＝

　　　17.7050　　90.2150

2. 二维数值插值

zi＝interp2(x,y,z,xi,yi)

zi＝interp2(x,y,z,xi,yi,'method')

插值求 zi,返回与矩阵 xi,yi 相对应的值。它是在矩阵 xi,yi 的点上并以二维函数 z 为基础的值。xi 可以是一个行向量,yi 也可以是一个列向量,它们分别对应一个带有常量列和行的矩阵。

在语句中不写明'method'时,默认采用双线内插法。可用的方法如下:

'nearest'——最邻近插值;

'linear'——双线插值;

'spline'——样条插值；

'cubic'——双立方插值。

所有方法都要求 x,y 单调，但结点可以非等间距。对于一元向量 xi,yi,应先用

$$[XI,YI]=meshgrid(xi,yi)$$

生成网格数据点矩阵。当单调且等距结点时，可用快速插值法，即'* nearest',
'* linear','* spline','* cubic'。

在 x,y 中确定 xi,yi。zi 是由 z 的元素插值得到的。

扩展插值

$$zi=interp2(z,ntimes)$$

'ntimes'表示扩展每元素间的中间插值达 n 次。

例 10-8 在利用半经验公式计算煤的发热量时，系数 z 与煤的挥发分 x 和焦渣特征 y 有关，见表 10-2,试进行二维插值。

表 10-2　　　　　　　　　　　　发热量系数

焦渣特征	挥发分/%							
	10	15	20	25	30	35	40	45
1	84.5	82.0	79.0	78.0	76.0	74.5	74.5	74.0
2	85.0	84.5	82.0	80.5	80.0	78.5	77.5	76.5
3	85.5	85.5	84.5	82.5	81.5	80.5	80.0	78.5
4	86.0	86.0	85.0	84.0	83.0	82.0	81.0	79.5
5	86.0	86.0	86.0	85.5	84.5	83.5	82.5	81.5
6	86.0	86.0	86.0	85.5	84.5	83.5	82.5	81.5
7	86.0	86.0	87.0	86.5	86.0	83.5	84.0	83.0

```
x=10:5:45                          % 煤的挥发分
y=1:7                              % 焦渣特征
z=[84.5  82.0  79.0  78.0  76.0  74.5  74.5  74.0
   85.0  84.5  82.0  80.5  80.0  78.5  77.5  76.5
   85.5  85.5  84.5  82.5  81.5  80.5  80.0  78.5
   86.0  86.0  85.0  84.0  83.0  82.0  81.0  79.5
   86.0  86.0  86.0  85.5  84.5  83.5  82.5  81.5
   86.0  86.0  86.0  85.5  84.5  83.5  82.5  81.5
   86.0  86.0  87.0  86.5  86.0  83.5  84.0  83.0];
mesh(x,y,z);                       %绘制线图
xlabel('x');ylabel('y');zlabel('z');title('  ');
zi=interp2(x,y,z,23,4,'cubic')     %计算 xi=23,yi=4 的插值,得 zi=84.40
xi=linspace(10,45,40);             %对数据插值加密
yi=linspace(1,7,28);
[xvi,yci]=meshgrid(xi,yi);         %生产网格数据
```

zki＝interp2(x,y,z,xvi,yci,'cubic')　　　　　％插值

mesh(xvi,yci,zki)

hold on　　　　　　　　　　　　　　　　％保留当前图形和坐标性质

[xv,yc]＝meshgrid(x,y);　　　　　　　　　％原始数据网络

plot3(xv,yc,z＋0.1,'ob')　　　　　　　　　％用记号'o'标出原始数据点

图形见图10-4。

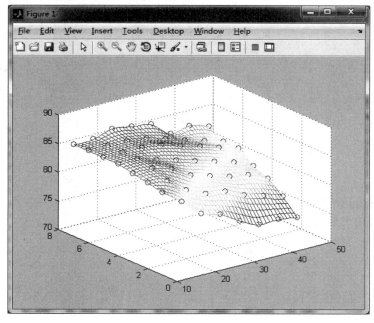

图 10-4　二维插值结果图

例 10-9　利用'ntimes'扩展插值

$$zi＝interp2(z,ntimes)$$

设　　　　　　　　　　　　$z＝[1\quad 2;3\quad 4;5\quad 6]$;

在各行列元素之间扩展(插值)2 次

$\quad$ zi＝interp2(z,2)

zi＝

1.0000	1.2500	1.5000	1.7500	2.0000
1.5000	1.7500	2.0000	2.2500	2.5000
2.0000	2.2500	2.5000	2.7500	3.0000
2.5000	2.7500	3.0000	3.2500	3.5000
3.0000	3.2500	3.5000	3.7500	4.0000
3.5000	3.7500	4.0000	4.2500	4.5000
4.0000	4.2500	4.5000	4.7500	5.0000
4.5000	4.7500	5.0000	5.2500	5.5000
5.0000	5.2500	5.5000	5.7500	6.0000

二、数据拟合

数据拟合是函数逼近的一种方法,它不要求曲线通过所有数据点,只要求在偏差最小的情况下曲线能近似表达数据点的总体趋势。

例如,设有 n 对数据(x_i,y_i),现用 $m(m<n-1)$ 次多项式

$$y(x)=a_0+a_1x+a_2x^2+\cdots+a_mx^m$$

来拟合,其中,m+1 个系数$a_i(i=0,1,\cdots,m)$待定。将各对数据代入构成 n 个方程的线性超定方程组

$$a_0+a_1x_1+a_2x_1+\cdots+a_mx_1^m=y_1$$
$$a_0+a_1x_2+a_2x_2+\cdots+a_mx_2^m=y_2$$
$$\vdots$$
$$a_0+a_1x_n+a_2x_n+\cdots+a_mx_n^m=y_n$$

令
$$A=\begin{bmatrix}1&x_1&x_1^2&\cdots&x_1^m\\1&x_2&x_2^2&\cdots&x_2^m\\\vdots&\vdots&\vdots&&\vdots\\1&x_n&x_n^2&\cdots&x_n^m\end{bmatrix},x=\begin{bmatrix}a_0\\a_1\\\vdots\\a_m\end{bmatrix},b=\begin{bmatrix}y_0\\y_1\\\vdots\\y_n\end{bmatrix}$$

则方程组可表达成矩阵形式 $Ax=b$

用最小二乘法求解得,$A^TAx=A^Tb$,即

$$\begin{bmatrix}n&\sum_{i=1}^nx_i&\sum_{i=1}^nx_i^2&\cdots&\sum_{i=1}^nx_i^m\\\sum_{i=1}^nx_i&\sum_{i=1}^nx_i^2&\sum_{i=1}^nx_i^3&\cdots&\sum_{i=1}^nx_i^{m+1}\\\vdots&\vdots&\vdots&&\vdots\\\sum_{i=1}^nx_i^m&\sum_{i=1}^nx_i^{m+1}&\sum_{i=1}^nx_i^{m+2}&\cdots&\sum_{i=1}^nx_i^{2m}\end{bmatrix}\begin{bmatrix}a_0\\a_1\\\vdots\\a_m\end{bmatrix}=\begin{bmatrix}\sum_{i=1}^ny_i\\\sum_{i=1}^nx_iy_i\\\vdots\\\sum_{i=1}^nx_i^my_i\end{bmatrix}$$

由此可算出各系数值。

数据拟合有多项式拟合、回归分析、fit 函数拟合等多种方法,选择的模型也有线性模型和非线性模型。但不论采用何种方法和模型均要求在数据点处拟合函数 $\varphi(x_i)$ 值与观测值y_i之差的平方和$\sum_{i=1}^n[y_i-\varphi(x_i)]^2$ 尽可能小,或者说使平方误差 $\|\delta\|_2^2$ 达最小。

通常是先用 plot(x,y) 作图,依其形态选择或构造模型,经比较后确定,这当然要有些专业经验和数学知识。本节主要介绍多项式拟合、矩阵除法拟合及 fit 函数拟合。

1. 多项式拟合

p=polyfit(x,y,n)

[p,S]=polyfit(x,y,n)

[p,S,mu]=polyfit(x,y,n)

根据最小二乘法原理对离散数据 x,y 求 n 次多项式拟合。n=1 时相当于一元线性回归。mu 为二维向量(mu1 为均值,mu2 为标准差)。结构 S 可在计算多项式值的 polyval 函数中用来估计误差。

例 10-10　某厂根据统计资料得知精煤产率和灰分的关系（表 10-3），试进行数据拟合。

表 10-3　　　　　　　　　　　　　　精煤产率与其灰分

精煤灰分/%	11.00	11.25	11.50	11.75	12.00
精煤产率/%	46.80	54.20	60.75	63.65	65.00
计算值/%	46.66	54.62	60.33	63.79	65.00

令 x＝[11.00　11.25　11.50　11.75　12.00]；

y＝[46.80　54.20　60.75　63.65　65.00]；

p＝polyfit(x,y,2)

p＝

1.0e＋03 *

—0.0180　0.4323　—2.5311

得　y＝—18 x^2＋432.3x—2531.08

校验 f＝polyval(p,x)

f＝

46.6600　54.6200　60.3300　63.7900　65.0000

计算值列入表 10-3 的最后一行中。

polyfit 是个非常简单而又实用的工具。它不仅可以用高阶多项式来拟合普通函数，而且，当变量 y 与 x 间的关系并非线性，而是呈幂函数、指数函数、对数函数、双曲函数或者逻辑类函数时，可以将其变换成线性函数（见表 10-4），再用 polyfit 去拟合，然后再反算回来就可以很方便地得出结果。

表 10-4　　　　　　　　　　　　　　函数变换

函数名	类型	变换	变换后形式
幂函数	$y=a x^b$	取对数 lg y＝lg a＋blg x 令 z＝lg y,c＝lg a,v＝lg x	z＝c＋bv
指数函数	$y=a e^{bx}$	取对数得 lg y＝lg a＋bx 令 z＝lg y,c＝lg a	z＝c＋bx
	$y=a e^{b/x}$	取对数得 lg y＝lg a＋b/x 令 z＝lg y,c＝lg a,v＝1/x	z＝c＋bv
双曲函数	1/y＝a＋b/x	z＝1/y,v＝1/x	z＝a＋bv
对数函数	y＝a＋blg x	v＝lg x	y＝a＋bv
逻辑函数	y＝1/(a＋bexp(—x))	z＝1/y,v＝ exp(—x)	z＝a＋bv

例 10-11　已测知煤炭挥发分为 x，其相应的纯煤密度为 y，试建立函数相关模型。

x＝[3　4　5　7　13　22　35]

y＝[1.6　1.53　1.48　1.4　1.33　1.3　1.28]；

用 plot(x,y)作图知大致呈幂函数型，可用 $y=a x^b$ 描述。按表 10-4 中的方法得

$z=c+bv$

$z=lg(y),v=lg(x)$

$p=polyfit(v,z,1)$

$p=$

$-0.0905 \quad 0.5427$

$z=0.5427-0.0905v$

于是,相关模型为 $y=1.7206\ x^{-0.0905}$

$R^2=0.9330$

2. 矩阵除法拟合

矩阵除法拟合是利用矩阵除法求解线性方程组,确定相应函数的系数进行拟合的方法。

例 10-12 某矿吨煤收入与原煤灰分和块煤产率的实测结果列入表 10-5 中,试用数学模型描述这一关系。

表 10-5　　　　　　　　原煤灰分和块煤产率与吨煤收入的实测结果

原煤灰分/%	块煤产率/%	吨煤收入/(元/t)	计算值/(元/t)
29.51	39.7	20.02	19.98
29.09	39.4	20.03	20.23
30.20	40.2	19.43	19.58
31.02	39.2	19.00	18.97
29.48	38.0	19.09	19.86
27.40	45.7	21.80	21.85
26.39	41.7	22.20	22.15
25.61	37.6	22.11	22.30
24.21	40.9	23.56	23.48
24.73	45.4	23.53	23.52
28.49	38.4	20.88	20.53
26.83	43.0	22.04	21.98
27.27	40.7	21.47	21.50
22.00	40.5	24.78	24.87
23.22	36.1	23.49	23.71
22.77	37.6	24.07	24.13
22.17	35.7	24.32	24.35
20.95	37.0	25.40	25.24
23.05	37.2	23.98	23.91
25.93	34.3	21.80	21.82
25.40	31.8	22.05	21.94
25.58	32.4	21.83	21.88

设 x1 为原煤灰分，x2 为块煤产率，y 为吨煤收入。

$$x1 = \begin{bmatrix} 29.51 & 29.09 & 30.20 & 31.02 & 29.48 & 27.40 & 26.39 \\ 25.61 & 24.21 & 24.73 & 28.49 & 26.83 & 27.27 & 22.00 \\ 23.22 & 22.77 & 22.17 & 20.95 & 23.05 & 25.93 & 25.40 \\ 25.58 \end{bmatrix}';$$

$$x2 = \begin{bmatrix} 39.70 & 39.40 & 40.20 & 39.20 & 38.00 & 45.70 & 41.70 \\ 37.60 & 40.90 & 45.40 & 38.40 & 43.00 & 40.70 & 40.50 \\ 36.10 & 37.60 & 35.70 & 37.00 & 37.20 & 34.30 & 31.80 \\ 32.40 \end{bmatrix}';$$

$$y = \begin{bmatrix} 20.02 & 20.03 & 19.43 & 19.00 & 19.90 & 21.80 & 22.20 \\ 22.11 & 23.56 & 23.53 & 20.88 & 22.04 & 21.47 & 24.78 \\ 23.49 & 24.07 & 24.32 & 25.40 & 23.98 & 21.80 & 22.05 \\ 21.83 \end{bmatrix}';$$

x = [ones(size (x1)) x1　x2];

a = x\y

yy = x * a;　　　　　　　　　　　%计算拟合值

MaxErr = max(abs(yy−y))　　　　　%计算最大绝对误差

a = 35.5290　−0.6400　0.0841

MaxErr = 0.3558

所以 y = 35.53−0.64x1+0.0841x2

本例也可用回归分析求解

计算值列入表 10-4 的第 4 列中。

3. fit 函数拟合

自 MATLAB 6.5 版起，增设了曲线拟合工具箱，足见曲线拟合的重要意义。其中拟合数据的一个重要函数就是 fit。它可以用库函数、自定义函数、光滑样条或插值方法对数据进行拟合，从而大大扩充了拟合方法和拟合的功能。其基本格式如下。

Fresult = fit (xdata,ydata,′ltype′)

Fresult = fit (xdata,ydata,′ltype′,opts)

Fresult = fit (xdata,ydata,ftype,…)

[fresult,gof,output]=fit(…)

xdata,ydata 为欲拟合的列向量数据；fresult 为根据拟合类型返回的结果；ltype 为库模型、样条或插值的名称；ftype 为拟合类型；gof 为拟合优度结构，它包括误差平方和 SSE、R^2、自由度 dfe、均方差根 rmse 及调节 R^2；output 为输出结构，包含有观测值数目 numoubs、Jacobian 阵等；opts 为选项。输入中还可以有属性及其值以及待定参数的成对选项等。

数据拟合库中有如表 10-6 所示模型组供选用。

表 10-6

组　别	意　义
Distribution	分布模型,如 Weibull 分布
Weibull	$Y=a*b*x^{(b-1)}*exp(-a*x^b)$ 注:weibull 为模型名,y 项为方程(下同)
Exponential	含指数项的模型
Exp1	$Y=a*exp(b*x)$
Exp2	$Y=a*exp(b*x)+c*exp(d*x)$
Fourier	傅立叶级数初始项,可达 8 项
Fourier1	$Y=a0+a1*cos(x*p)+b1*sin(x*p)$
Fourier2	$Y=a0+a1*cos(x*p)+b1*sin(x*p)+a2*cos(2*x*p)+b2*sin(2*x*p)$
Fourier3	$Y=a0+a1*cos(x*p)+b1*sin(x*p)+\cdots+a3*cos(3*x*p)+b3*sin(3*x*p)$
⋮	⋮
Fourier8	$Y=a0+a1*cos(x*p)+b1*sin(x*p)+\cdots+a8*cos(8*x*p)+b8*sin(8*x*p)$ 式中 $p=2*pi/(max(xdata)-min(xdata))$
Gaussian	Gaussian 模型和,可达 8 项
Gauss1	$Y=a1*exp(-((x-b1)/c1)^2)$
Gauss2	$Y=a1*exp(-((x-b1)/c1)^2)+a2*exp(-((x-b2)/c2)^2)$
Gauss3	$Y=a1*exp(-((x-b1)/c1)^2)+\cdots+a3*exp(-((x-b3)/c3)^2)$
⋮	⋮
Gauss8	$Y=a1*exp(-((x-b1)/c1)^2)+\cdots+a8*exp(-((x-b8)/c8)^2)$
Interpolant	插值
Linearinterp	线性插值
Nearestinterp	最邻近插值
Splineinterp	立方样条插值
Pchipinterp	保值插值(pchip)
Polynomial	多项式模型,达 9 阶
Poly1	$Y=p1*x+p2$
Poly2	$Y=p1*x^2+p2*x+p3$
Poly3	$Y=p1*x^3+p2*x^2+\cdots+p4$
⋮	⋮
Poly9	$Y=p1*x^9+p2*x^8+\cdots+p10$
Power	幂函数及幂函数和
Power1	$Y=a*x^b$
Power2	$Y=a*x^b+c$
Rational	有理方程模型,用 ratij 表示,分子 i 和字母 j 可达 5 阶
Rat02	$Y=(p1)/(x^2+q1*x+q2)$
Rat21	$Y=(p1*x^2+p2*x+p3)/(x+q1)$
Rat55	$y=(p1*x^5+\cdots+p6)/(x^5+\cdots+q5)$

组　别	意　义
Sin	sin 函数和,达 8 项
Sin1	$Y = a1 * \sin(b1 * x + c1)$
Sin2	$Y = a1 * \sin(b1 * x + c1) + a2 * \sin(b2 * x + c2)$
Sin3	$Y = a1 * \sin(b1 * x + c1) + \cdots + a3 * \sin(b3 * x + c3)$
$\vdots$	$\vdots$
Sin8	$Y = a1 * \sin(b1 * x + c1) + \cdots + a8 * \sin(b8 * x + c8)$
Spline	样条函数
Cubicspline	立方插值样条
Smoothingspline	光滑样条

例 10-13　试对下列威布尔函数进行拟合。

X＝1:0.2:3;

Y＝weibpdf(x,2,2);

[curve,gof,output]＝fit (x′,y′,′weibull′,′startpoint′,[1,1])

得 curve ＝

　　General model Weibull:

curve(x) ＝ a * b * x^(b－1) * exp(－a * x^b)

　　Coefficients (with 95％ confidence bounds):

　　　　a ＝　　　　　2　(2, 2)

　　　　b ＝　　　　　2　(2, 2)

gof ＝

sse:1.3475e－23

rsquare:1

dfe:9

adjrsquare:1

rmse:1.2236e－12

output ＝

numobs:11

numparam:2

residuals:[11x1 double]

　　　　Jacobian:[11x2 double]

exitflag:1

firstorderopt:2.7707e－12

iterations:5

funcCount：6

cgiterations：0

algorithm：'trust－region－reflective'

message：'Success. Fitting converged to a solution.'

本例中若不设初始值将给出警告，并利用随机数自动进行计算。

例 10-14 计算样条插值。

x＝[1　3　5　7　9　];y＝[12　15　18　21　25　];

fresult ＝fit(x',y','spline')

fresult＝

Cubic spline interpolant：

fresult(x)＝piecewise polynomial computed form p

Coefficients：

　　p＝coefficient structure

　　＞＞fresult(4)　　　　　　　%求 x＝4 时的插值 y

　　Ans＝

　　16.5156

例 10-15 试用例 10-10 的数据进行多项式拟合。

x＝[11.00　11.25　11.50　11.75　12.00];

y＝[46.80　54.20　60.75　63.65　65.00];

　　Fittedmodel＝fit(x',y','poly2')

　　[ci,ypred]＝predint(Fittedmodel,x)

　　% 计算 y 的预测值及置信区间

得 Linear model Poly2：

　　Fittedmodel(x) ＝ p1 * x^2 ＋ p2 * x ＋ p3

　　Coefficients（with 95% confidence bounds）：

　　　　p1 ＝　　　　　－18　（－26.15，－9.854）

　　　　p2 ＝　　　　432.3　（245，619.7）

　　　　p3 ＝　　　　－2531　（－3608，－1454）

Ci＝

　　44.0442　49.2758

　　52.3892　56.8508

　　58.0082　62.6518

　　61.5592　66.0208

　　62.3842　67.6158

Ypred ＝

　　　46.6600

　　　54.6200

　　　60.3300

　　　63.7900

65.0000

可见,与例 10-10 的计算结果完全相同

例 10-16　某水煤浆试验测定了切应力与剪切速率间的关系(见表 10-7),试进行拟合。

表 10-7　　　　　　　　　　　　　**水煤浆切应力与剪切速率间的关系**

剪切率/s^{-1}	切应力/Pa	拟合值/Pa	拟合误差/Pa
4.106 2	10.101 5	10.783 7	0.682 2
7.332 9	12.939 0	12.364 6	−0.574 4
13.198 7	15.322 5	14.856 1	−0.466 4
27.857 4	19.976 0	20.125 9	0.149 9
36.664 3	22.700 0	22.944 6	0.244 6
47.676 2	26.672 5	26.245 4	−0.427 1
65.995 7	30.191 0	31.352 8	1.161 8
82.127 7	36.320 0	35.565 7	−0.754 3
111.459 1	42.789 5	42.744 8	−0.044 7
146.657 1	50.735 4	50.773 3	0.037 9

水煤浆的流变性按广义流变方程为屈服幂指数模型,即

$$\tau = \tau y + k\left(\frac{dv}{dy}\right)^n$$

式中　τ——切应力;

　　　τy——屈服应力;

　　　k——表示流体黏性的稠度;

　　　$\dfrac{dv}{dy}$——速度梯度或剪切速率;

　　　n——表示流动特性的指数。

现按此模型拟合。设剪切速率为 x,切应力为 y,a 代表 τy,b 代表 k,c 为 n,输入数据。

x=[4.1062　7.3329　13.1987　27.8574　36.6643

47.6762　65.9957　82.1277　111.4591　146.6571];

y=[10.1015　12.9390　15.3225　19.9760　22.7000

26.6725　30.1910　36.3200　42.7895　50.7354];

t=fit(x′,y′,′a+b*x^c′)

得 t =

　　　General model:

　　　t (x)=a+b*x^c

Coeffcients (with 95% confidence bounds):

　　　a =7.909(5.867,9.95)

　　　b =0.9886(0.499,1.478)

　　　c =0.7557(0.6615,0.8499)

R'＝0.9980

于是,该切应力与剪切速度关系模型为

T = 7.909 ＋0.9886X$^{0.7557}$

    plot(x,y,'ro－',x,t(x),'b＊－','linewidth',2)

拟合值与拟合误差列于表 10-5 的后两列中。图 10-5 表明了原始数据与拟合数据的分布。

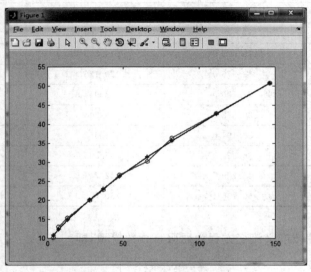

图 10-5   切应力与剪切率之间的关系

本例 ftype 采用自定义模式,且没有给出起始点的初始估计值而由 MATLAB 自动计算出结果,这是有很强实际意义的,因为在许多情况下需要自己设计模型,而初始值有时也难以设定,但 MATLAB 对此都能应对自如,这就大大方便了客户,值得注意的是,初始值设定得是否合适,这将会最终影响计算过程的收益和结果。

第三节   选煤曲线的 MATLAB 求解与实现

一、MATLAB 的可视功能

上一节介绍了 MATLAB 强大的数值运算功能,接下来介绍 MATLAB 强大的二维和三维绘图功能,MATLAB 尤其擅长于各种科学运算结果的可视化。计算的可视化可以将杂乱的数据通过图形来表示,从中观察出其内在的关系。MATLAB 的图形命令格式简单,可以使用不同的线型、色彩、数据点形和标注等来修饰图形,使图形更为美观、精确。

1. 二维图形的绘制

(1)基本图形的绘制

在 MATLAB 中,最简单而且使用最广泛的一个绘图命令是 plot 命令,它可以用来绘制二维曲线。该命令将各个数据点用直线连接起来绘制图形。MATLAB 的其他二维绘图命令中的绝大多数是以 plot 为基础构造的。plot 命令打开一个默认的图形窗口,它还自动将数值标尺及单位标注加到两个坐标轴上。如果已经存在一个图形窗口,plot 命令将刷新当前窗口的图形。其调用格式如下：

plot(x)　　　　　绘制以 x 为纵坐标的二维曲线

plot(x,y)　　　　绘制以 x 为横坐标、y 为纵坐标的二维曲线

说明：x 和 y 可以是向量或矩阵。

① 用 plot(x)命令绘制 x 向量曲线

若 x 是长度为 n 的数值向量，则坐标系的纵坐标为向量 x，横坐标为 MATLAB 系统根据 x 向量的元素序号自动生成的从 1 开始的向量。

plot(x)命令在坐标系中顺序地用直线段连接各点，生成一条折线，当向量的元素足够多时，可以得到一条光滑的曲线。

例如：

x1＝[1 2 3]; plot(x1)

x2＝[0 1 0]; plot(x2)

命令产生结果如图 10-6 所示。

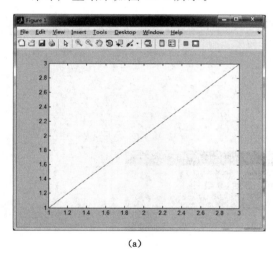 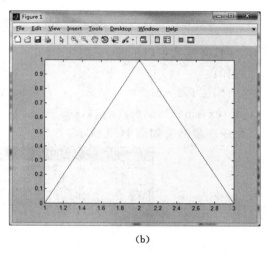

　　　　　　　(a)　　　　　　　　　　　　　　　　　　　(b)

图 10-6

(a) x1 图形；(b) x2 图形

② 用 plot(x,y)命令绘制向量 x 和 y 的曲线

当参数 x 和 y 都是长度为 n 的向量时，x、y 的长度必须相等，用 plot(x，y)命令绘制横坐标为向量 x、纵坐标为向量 y 的曲线。

例如：

x1＝0:0.1:2 * pi;y1＝sin(x1);plot(x1,y1)

x2＝[0 1 1 2 2 3];y2＝[1 1 0 0 1 1];plot(x2,y2)

axis([0 4 0 2])　　　　　%将坐标轴范围设定为 0～4 和 0～2

分别绘制正弦曲线和方波曲线，命令产生结果如图 10-7 所示。

③ 用 plot(x1,y1,x2,y2,…)命令绘制多条曲线

plot 命令还可以同时绘制多条曲线，用多个矩阵为参数，每两个矩阵为一对，MATLAB自动以不同的颜色绘制不同的曲线。每一对矩阵(xi,yi)均按照前面的方式解释，不同的矩

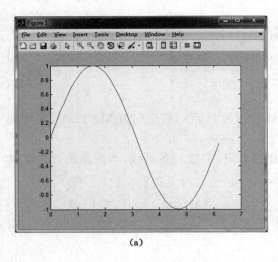 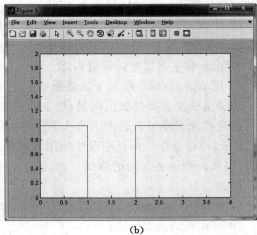

图 10-7

(a) y1 图形；(b) y2 图形

阵对之间，其维数可以不同。

例如：

x＝0:0.1:2 * pi;

plot(x,sin(x),x,cos(x),x,sin(3 * x))

命令产生结果如图 10-8 所示。

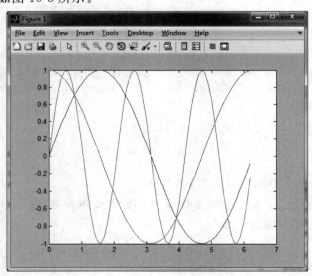

图 10-8　多条曲线结果运行图

（2）多个图形绘制的方法

① 指定图形窗口

在上一节中介绍的 plot 命令绘制的图形都是在默认的"Figure No. 1"窗口中绘制的，当第二次使用 plot 命令时，就将第一次绘制的图形覆盖了。因此，如果需要多个图形窗口同

时打开,可以使用 figure 语句。其调用格式为:

Figure(n);

② 同一个窗口多个子图

如果需要在同一个图形窗口中布置几幅独立的子图,可以在 plot 命令前加上 subplot 命令来将一个图形窗口划分为多个区域,每个区域一幅子图。

③ 同一个窗口多次叠绘

在当前坐标系中绘图时,每调用一次 plot 命令,会擦掉图形窗口中已有的图形。为了在一个坐标系中增加新的图形对象,可以用"hold"命令来保留原图形对象。

④ 双纵坐标图

在实际应用中常常要将同一个自变量的两个不同量纲、不同数量级的函数量的变化绘制在同一个图上。例如:在同一张图上画出浮物产率、沉物产率或±0.1 含量与灰分的变化曲线等。

(3) 曲线的线型、颜色和数据点形

用 plot 命令进行多种调用方式时,MATLAB 自动以默认方式设置各曲线的线型、线段的颜色和数据点形等。实际上,还可以通过 plot 命令来设置。

① 线型

线型有实线、虚线、点划线、点线等,见表 10-8。线型用 LineStyle 设置,线宽用 Line-Width 设置,如 0.5,1,2,3,4 等。

表 10-8　　　　　　　　　　　　　　　　**线型**

符号	—	— — —	……	— · — ·
线型	实线(默认)	虚线	点线	点划线

② 曲线的颜色

曲线的颜色有红、绿、蓝、青等,见表 10-9,用 Color 设置。

表 10-9　　　　　　　　　　　　　　　　**颜色**

符号	r	g	b	c	m	y	k	w
颜色	红	绿	蓝	青	品红	黄	黑	白

③ 数据点形

数据点形的标记(图标)有各种类型,见表 10-10。标记及其大小可分别用 Marker 和 MarkerSize 设置。

表 10-10　　　　　　　　　　　　　　　　**数据点形**

图标	+	。	*	•	×	∧	∨
类型	加号	圈	星号	点	叉号	上三角	下三角
图标	p	s	h	b	none	<	>
类型	五角星	方形	六角形	棱形		左三角	右三角

（4）设置坐标轴和文字标注

绘制图形的同时，要对图形进行描述和注释。这时可用 title 注明标题，用标签 xlable、ylable、zlable 标注 x、y、z 轴，用 legend 建立图例说明盒，用 text 在指定位置书写文本串，标注文字，而 gtext 则是用鼠标设定文本位置，用 grid 设置栅格线。

图形绘制后，在图形窗口中可以进行编辑。单击 tools（工具）、edit plot（编辑绘图）可编辑颜色、标签、轴刻度的字型、大小等内容。

① 坐标轴的控制

plot 命令根据所给的坐标点自动地确定坐标轴的范围，用坐标控制命令 axis 来控制坐标的特性。

② 网格线控制

网格是在坐标刻度标示上画出的网格线。画出网格线便于对曲线进行观察和分析。设置或取消网格线需要使用网格线控制命令 grid。

③ 文字标注

图形的文字标注是指在图形中添加标识性的注释。文字标注包括：图名（Title）、坐标轴名（Label）、文字注释（Text）和图例（Legend）。

（5）特殊坐标二维系

MATLAB 提供一些特殊坐标二维图形命令，这些命令与 plot 命令完全类似，不同的是将数据绘制到不同的图形坐标上。主要包括对数坐标图形和极坐标图形。

（6）特殊二维图形

MATLAB 支持各种类型的图形绘制，以便于将数据信息更准确有效地表达出来，图形类型的选择通常取决于数据的特点和表现形式，选煤数据处理过程中主要的特殊图形包括：

① 条形图

条形图用来表示一些数据的对比情况，常用于对统计的数据进行作图，特别适用于少量且离散的数据。MATLAB 提供了两类条形图的命令：垂直方向的条形图和水平方向的条形图。

② 直方图

用于建立直方图的命令为"list"，直方图和条形图的形状相似，但直方图用于显示数据的分布律，并且具有统计的功能。

③ 饼图

饼图在统计中常用来表示各因素所占比例。

④ 离散数据图

当要处理离散数据的时候，离散数据图就可以表示离散数据的变化情况。MATLAB 用 stem 命令来实现离散数据图的绘制。

⑤ 梯形图

梯形图可以用来表示系统中的采样数据。

2. 三维图形的绘制

（1）基本三维图形

MATLAB 提供 plot3 命令绘制三维图形。该命令将绘制二维图形的命令 plot 的特性扩展到三维空间。

（2）三维图形的修饰控制

三维图形的修饰与控制方式与二维图形类似。三维图形的控制命令与二维的相同；图形的修饰命令中，增加了对 z 轴的修饰与标记，如 zlabel 命令等。

（3）绘制三维网线图和曲面图

MATLAB 中主要有三维网线图和三维曲面图，它们的绘制命令分别为：Mesh 绘制三维网线图，Surf 绘制三维曲面图。

3. 图形用户界面

MATLAB 自身提供了一种图形用户界面技术。GUI 是由窗口、光标、按钮等对象构成的。通过一定的方法选择、激活这些图形对象，使计算机产生某种动作和变化，实现计算、绘图等功能。

GUI 是一种演示程序，是 MATLAB 的基本功能之一。demo 是图形界面应用的一个较好的范例。直接在命令窗口中运行 demo 就可以打开图形界面，用鼠标左击就可浏览 MATLAB 丰富多彩的内容。

二、常用几类选煤曲线的 MATLAB 求解与实现

1. 分配曲线

例 10-17 已知精煤产率为 80.83％，矸石产率为 19.17％，试计算分配率、可能偏差 E 值与分选密度 d_p 并绘制分配曲线图（见表 10-11）。

表 10-11　　　　　　　　　　　分配率计算

密度级/(kg/L)	平均密度/(kg/L)	精煤		矸石		计算原煤/%	分配率/%	
		占产率/%	占入料/%	占产率/%	占入料/%		精煤	矸石
1	2	3	4	5	6	7	8	9
−1.3	1.27	0.20	0.161 7	0.00	0.000	0.161 7	100.00	0
1.3～1.4	1.35	85.30	68.948 0	9.41	1.803 9	70.751 9	97.45	2.55
1.4～1.5	1.45	11.18	9.036 8	11.49	2.202 6	11.239 4	80.40	19.60
1.5～1.6	1.55	2.32	1.875 3	13.27	2.543 9	4.419 2	42.44	57.56
1.6～1.7	1.65	0.58	0.468 8	10.93	2.095 3	2.564 1	18.28	81.72
1.7～1.8	1.75	0.22	0.177 8	9.61	1.842 2	2.020 0	8.80	91.20
+1.8	2.00	0.20	0.161 6	45.29	8.682 1	8.843 7	1.83	98.17
		100.00	80.83	100.00	19.17	100.00		

已知表中 1,2,3,5 栏数据，需计算表中 4,6,7,8,9 栏数据。

设

x2＝[1.27　1.35　1.45　1.55　1.65　1.75　2.00];

x3＝[0.20　85.30　11.18　2.32　0.58　0.22　0.20];

x5＝[0.00　9.41　11.49　13.27　10.93　9.61　45.29];

计算

x4＝80.83 * x3/100

x6＝19.17 * x5/100

x7＝x4＋x6

x8＝x4/x7 ∗ 100

x9＝x6/x7 ∗ 100

得

x4＝[0.161 7　68.948 0　9.036 8　1.875 3　0.468 8　0.177 8　0.161 6]

x6＝[0　1.803 9　2.202 6　2.543 9　2.095 3　1.842 2　8.682 1]

x7＝[0.161 7　70.751 9　11.239 4　4.419 2　2.564 1　2.020 0　8.843 7]

精煤分配率

x8＝[100.00　97.45　80.40　42.44　18.28　8.80　1.83]

矸石分配率

x9＝[0　2.55　19.60　57.56　81.72　91.20　98.17]

将所得数据写入相应各栏中。

绘制分配曲线。

x2i＝1.27:0.01:2.00;

x8i＝pchip(x2,x8,x2i);x9i＝pchip(x2,x9,x2i);　　　　%插值

plot(x2i,x8i,x2i,x9i,'linewidth',2);grid on;　　　　%见图 10-9

　　　xlabel('密度/kg/L');ylabel(分配率/%);

　　　text(1.32,82,'精煤');text(1.72,82,'矸石');

　　　E＝(pchip(x9,x2,75)－pchip(x9,x2,25))/2　　　%计算 E 值

　　　d$_p$＝pchip(x9,x2,50)　　　　　　　　　　　%计算分选密度

　　　　E＝0.0724

　　d$_p$＝1.5284

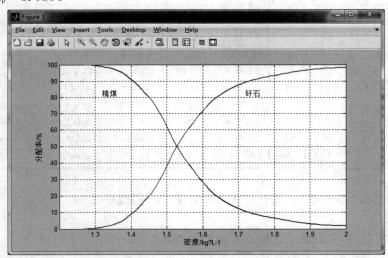

图 10-9　分配曲线图

2. 粒度特性曲线

例 10-18　试按表 10-12 绘制粒度特性曲线。

表 10-12 分配率计算

粒级/mm	粒级产率/%	筛上累计产率/%	筛下累计产率/%
+50	25.84	25.84	100.00
50～25	15.71	41.55	74.16
25～13	17.32	58.87	58.45
13～6	15.52	74.39	41.13
6～3	12.36	86.75	25.61
3～0.5	9.80	96.55	13.25
0.5～0	3.45	100.00	3.45

设粒度为 x1,正累计产率为 y1,粒度为 x2,负累计产率为 y2。

x1＝[50　25　13　6　3　0.5　0.01];

%对数计算,设 0.01 近似为 0

y1＝[25.84　41.55　58.87　74.39　86.75　96.55　100.00];

x2＝[0.5　3　6　13　25　50];

y2＝[3.45　13.25　25.61　41.13　58.45　74.16];

%a

subplot(2,2,1);

plot(x1,y1,x2,y2,x1,y1,'~',x2,y2,'o','linewidth',2);

title('(a)');

axis([0 50 0 100]);grid on

xlabel('筛孔/mm');ylabel('累计产率/%');

legend('正累计','负累计');

%b

subplot(2,2,2);

semilogx(x1,y1,x2,y2,x1,y1,'~',x2,y2,'o','linewidth',2);

title('(b)');

axis([0.5 50 0 100]);grid on

xlabel('筛孔/mm');ylabel('累计产率/%');

set(gca,'xtick',[0.5 20 50]);

%c

subplot(2,2,3);

semilogy(x1,y1,x2,y2,x1,y1,'~',x2,y2,'o','linewidth',2);

title('(c)');

axis([0 50 0 100]);grid on;

xlabel('筛孔/mm');ylabel('累计产率/%');

set(gca,'xtick',[0.5 10 20 30 40 50]);

%d

subplot(2,2,4);

loglog(x1,y1,x2,y2,x1,y1,'~',x2,y2,'o','linewidth',2);

```
title('(d)');
axis([0.5 50 0 100]);grid on;
xlabel('筛孔/mm');ylabel('累计产率/%');
set(gca,'xtick',[0.5 20 50]);
```

在图 10-10 中,图(a)为线性坐标,图(b)x 轴为对数坐标,图(c)y 轴为对数坐标,图(d)双轴为对数坐标。各图中曲线形态表现不同。

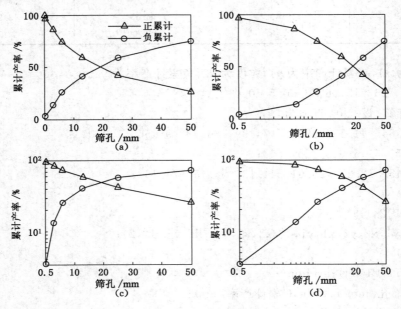

图 10-10 粒度特性曲线结果图

3. 可选性曲线

例 10-19 试按表 10-13 的数据绘制煤炭可选性曲线。

表 10-13   50~0.5 mm 级浮沉试验综合表

密度级 /(kg/L)	产率 /%	灰分 /%	累计				分选密度±0.1 /(kg/L)	
			浮物		沉物			
			产率 /%	灰分 /%	产率 /%	灰分 /%	密度 /(kg/L)	产率 /%
−1.3	10.69	3.46	10.69	3.46	100.00	20.50	1.30	56.84
1.30~1.40	46.15	8.23	56.84	7.33	89.31	22.54	1.40	66.29
1.40~1.50	20.14	15.50	76.98	9.47	43.16	37.85	1.50	25.31
1.50~1.60	5.17	25.50	82.15	10.48	23.02	57.40	1.60	7.72
1.60~1.70	2.55	34.28	84.70	11.19	17.85	66.64	1.70	4.17
1.70~1.80	1.62	42.94	86.32	11.79	15.30	72.04	1.80	2.69
1.80~2.0	2.13	52.91	88.45	12.78	13.68	75.48	1.90	2.13
+2.0	11.55	79.64	100.00	20.50	11.55	79.64		
合计	100.00	20.50						

煤炭可选性曲线图可分为两种类型：一种是 H-R 曲线；另一种是 M 曲线。前者直观、形象、使用方便，在我国得到广泛应用；后者线条较少，便于进行多种分析（例如配煤等），故也同样得到应用，但绘制坐标麻烦，评价可选性时有时还要绘辅助线条。

设 x1，y1 为基元灰分及其相应产率；

x2，y2 为累计浮物灰分及其相应产率；

x3，y3 为累计沉物灰分及其相应产率；

x4，y4 为密度及其相应浮物累计产率；

x5，y5 为密度及其邻近±0.1 密度的产率；

（1）H-R 曲线

首先绘制 H-R 可选性曲线，输入各数据。

subplot(2，2，1)；

plot(x1，y1，'ro'，x1i，y1i，x3i，y3i，x，y3y，'bp'，'linewidth'，1)；

%分别绘浮物曲线和基元灰分曲线

axis('ij'，[0 100 0 100])；

xlabel('灰分/%')；ylabel('浮物产率/%')；

text(17，85，'\beta'，'fontsize'，14)；

text(15，57，'\lambda'，'fontsize'，14)；

h1＝gca；　　　　　　　　　　　　　　　%获得当前轴的句柄

h2＝axes('position'，get(h1，'position'))；

plot(x2i，y2i，x2，y2，'r-'，'linewidth'，1)；　　%绘沉物曲线

set(h2，'yaxislocation'，'right'，'color'，'none'，'xticklabel'，[]，'ylim'，[0 100]，'xlim'，get(h1，'xlim')，'layer'，'top')；

text(33，65，'\theta'，'fontsize'，14)；

ylabel('沉物产率/%')；

grid on

subplot (2，2，2)；

% h3＝gca；h4＝axes('position'，get(h3，'position'))；

plot(x4i，y4i，'k'，x4，y4，'rp'，x5i，y5i，'r'，x5y，y5y，'k.'，'linewidth'，1)；

%分别绘密度曲线和邻近物含量曲线

axis('ij'，[1.2 2.2 0 100])；

set(gca，'xdir'，'reverse'，'xaxislocation'，'top'，'color'，'none')；

xlabel('密度/ kg/L')；ylabel('浮物产率/%')；

text(1.47，25，'\epsilon'，'fontsize'，14)；

text(1.70，76，'\delta'，'fontsize'，14)；

grid on

由此可得出如图 10-11 所示曲线。

图中浮物曲线 β、基元灰分曲线 λ 及沉物曲线 θ 分别利用左右不同方向的纵坐标轴及底部横坐标轴绘制而成；而密度曲线 δ 及±0.1 曲线 ε 则利用上部反向横坐标轴及左纵坐标轴绘制而成。浮物曲线的上端点和基元灰分曲线与上下横轴相交的端点按习惯画法绘制，

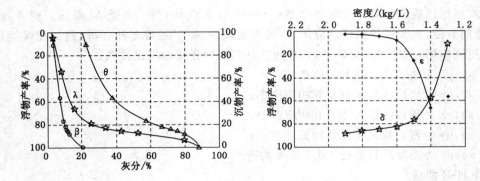

图 10-11　β,λ,θ 及 δ,ε 曲线

在无可靠数据时它们也可以不与横轴相交。

用同样方法可将上述两幅图绘在一起构成一幅 H-R 煤炭可选性曲线（见图 10-12）。

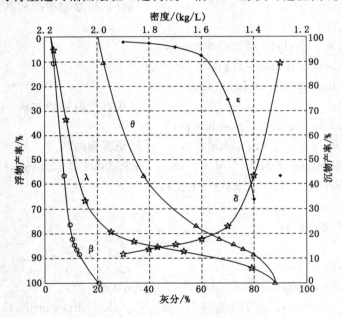

图 10-12　H-R 煤炭可选性曲线

值得注意的是,绘图时可以直接用原始数据绘制,但为使曲线更加光滑,最好视曲线走向采用不同的插值方法使其加密,这样绘制出的曲线不仅能满足使用需求,而且会使图形更加美观。

（2）M 曲线

同样,我们也可以利用同一资料的浮物累计产率和灰分数据,按照 M 曲线的绘制规则绘制 M 曲线图。横坐标大于 35% 的数值按几何关系显示在右纵坐标上。图中的 δ 和 ε 曲线也可以采用其他画法。

附录 选矿过程模拟与优化子程序

一、线性回归

```
#include "stdio. h"/
#include "conio. h"
#include "math. h"
main()
{
    static double y[72]={/ * 灰分 * /

                         * , * , * , *
    };
    int i;/ * 循环计数器 * /
    static double x[6]={1.25,1.35,1.45,1.55,1.7,1.85};/ * 密度 * /
    double xigemax=0.0,xigemay=0.0,xj=0.0,yj=0.0;
    / * xigamax 为 x 之和,xigemayy 为 y 之和,xj 为 x 平均值,yj 为 y 平均值 * /
    double a,b,ro,huifen;/ * a,b 为待求系数,ro 为要求的密度,huifen 为要求的灰分 * /
    double temp1=0.0,temp2=0.0;/ * 中间变量 * /
    for(i=0;i<72;i++)/ * 求 y 之和及 y 均值 * /
        xigemay+=y[i];
    yj=xigemay/72;
    for(i=0;i<6;i++)/ * 求 x 之和及 x 均值 * /
        xigemax+=x[i];
    xj=xigemax/6;
    for(i=0;i<72;i++)
    {
        temp1+=(y[i]-yj) * (x[i%6]-xj);
        temp2+=(x[i%6]-xj) * (x[i%6]-xj);
    }
    b=temp1/temp2;/ * 利用最小二乘法求系数 a,b * /
    a=yj-b * xj;
    do/ * 计算所给的密度的灰分,直到按 ESC 键 * /
    {
        printf("\n\nInput ro:");
        scanf("%lf",&ro);
        huifen=a+b * ro;
        printf("\nro=%4.2f, huifen=%4.2f ",ro,huifen);
```

```
      printf("\nPress Enter go on,ESC quit!");
   }while(getch()! =27);
   printf("\ncacu over!");
}
```

二、一元可线性化回归分析

```
#include "math. h"/
#include "stdio. h"
#define N 50/ * 数组上限 * /
#define e 2.71828/ * 常数 e * /
void count(double xx[],double yy[],double k[],int n,int z);/ * 计算函数 * /
/ * xx 为筛孔,yy 为正累计产率,k 为所求参数,n 为数据组数,z 为模型序号 * /
main()
{
   int n=6;/ * 6 组数据 * /
   static double xx[6]={50,25,13,6,3,0.5};/ * 筛孔 * /
   static double yy[6]={9.91,18.82,32.32,47.38,63.92,91.44};/ * 正累计产率 * /
   double k[2];/ * 所求参数 a,b * /
   int z;/ * 模型的序号 * /
   do
   {
      printf("\nInput z:");
      scanf("%d",&z);/ * 输入模型序号 * /
      count(xx,yy,k,n,z);/ * 计算 a,b * /
   }
   while(getch()! =27);/ * 当按 ESC 后结束 * /
}
void count(double xx[],double yy[],double k[],int n,int z)
{
   double xTotal=0.0,/ * 数组 xx 的总和 * /
      yTotal=0.0,/ * 数组 yy 的总和 * /
      xSqrTotal=0.0,/ * 数组 xx 的平方总和 * /
      ySqrTotal=0.0,/ * 数组 yy 的平方总和 * /
      xy=0.0;/ * xx,yy 乘积之和 * /
   double R=0.0,SGM=0.0,q=0.0,p[N],x[N],y[N];
   / * R 为相关系数,SGM 为标准差,q 为剩余平方和 * /
   / * p 为求解之后的回代结果,x 为输入 xx 值,y 为输入 yy 的值 * /
   int i;/ * 循环计数器 * /
   for(i=0;i<n;i++)/ * x,y 输入 xx,yy 的值 * /
   {
```

```
        x[i]=xx[i];
        y[i]=yy[i];
    }
    switch(z)/* 根据不同的 z 值使用不同的模型,进行 x,y 的线形变换 */
    {
    case 1:break;
    case 2:for(i=0;i<n;i++)
    {
        y[i]=log(log(100/y[i]));
        x[i]=log(x[i]);
    }
break;
    case 3:for(i=0;i<n;i++)
    {
        y[i]=log(y[i]);
        x[i]=log(x[i]);
    }
break;
    case 4:for(i=0;i<n;i++)
        y[i]=log(y[i]);
break;
    case 5:for(i=0;i<n;i++)
    {
        y[i]=log(y[i]);
        x[i]=1/x[i];
    }
break;
    case 6:for(i=0;i<n;i++)
        x[i]=log10(x[i]);
break;
    case 7:for(i=0;i<n;i++)
    {
        y[i]=1/y[i];
        x[i]=pow(e,-x[i]);
    }
break;
    case 8:for(i=0;i<n;i++)
        y[i]=log(y[i]);
break;
```

```
        }
    for(i＝0;i＜n;i＋＋)/＊计算各种参数＊/
    {
        xTotal＋＝x[i];
        yTotal＋＝y[i];
        xSqrTotal＋＝x[i]＊x[i];
        ySqrTotal＋＝y[i]＊y[i];
        xy＋＝x[i]＊y[i];
    }
    xTotal/＝n;   yTotal/＝n;
    xSqrTotal－＝n＊xTotal＊xTotal;   ySqrTotal－＝n＊yTotal＊yTotal;
    xy－＝n＊xTotal＊yTotal;
    R＝sqrt(xSqrTotal＊ySqrTotal);   R＝xy/R;
    k[1]＝xy/xSqrTotal;/＊k[1]＝b＊/
    k[0]＝yTotal－k[1]＊xTotal;/＊k[0]＝a＊/
    /＊求得解a,b＊/
    switch(z)/＊根据不同的z值,使用不同的模型进行解a,b的转换＊/
    {
    case 1:
    case 6:
    case 7:break;
    case 2:
    case 4:
    case 5:k[0]＝pow(e,k[0]);
break;
    case 3:k[0]＝pow(10,k[0]);
break;
    case 8:k[0]＝pow(e,k[0]);
k[1]＝pow(e,k[1]);
break;
    }
    switch(z)/＊根据不同的z值,使用不同的模型进行p的回代＊/
    {
    case 1:for(i＝0;i＜n;i＋＋)
     p[i]＝k[0]＋k[1]＊xx[i];
break;
    case 2:for(i＝0;i＜n;i＋＋)
     p[i]＝100＊pow(e,－k[0]＊pow(xx[i],k[1]));
break;
```

```
    case 3:for(i=0;i<n;i++)
    p[i]=k[0] * pow(xx[i],k[1]);
break;
    case 4:for(i=0;i<n;i++)
    p[i]=k[0] * pow(e,k[1] * xx[i]);
break;
    case 5:for(i=0;i<n;i++)
    p[i]=k[0] * pow(e,k[1]/xx[i]);
break;
    case 6:for(i=0;i<n;i++)
    p[i]=k[0]+k[1] * log10(xx[i]);
break;
    case 7:for(i=0;i<n;i++)
    p[i]=1/(k[0]+k[1] * pow(e,-xx[i]));
break;
    case 8:for(i=0;i<n;i++)
    p[i]=k[0] * pow(k[1],xx[i]);
break;
    }
    for(i=0;i<n;i++)/ * 计算剩余平方和 q * /
    q+=pow(yy[i]-p[i],2);
    SGM=sqrt(q/(n-3));/ * 计算标准差 * /
    printf("R=%4.3f,SGM=%4.2f,a=%4.3f,b=%4.3f",R,SGM,k[0],k[1]);
    / * 写出结果 * /
    printf("\n\nPress enter to continue,ESC to exit.");
}
```

三、多元线性回归分析

```
#include "stdlib.h"/
#include "math.h"
#include "stdio.h"
#define N 10/ * 样本数 * /
#define P 2/ * 变量数 * /
#define Fa 5.59/ * 查到的检验临界值 F 值 * /
int bssgj(a,n)/ * 求已知矩阵的逆矩阵,摘自徐士良算法 * /
int n;/ * n 为矩阵阶数,a 为矩阵数组 * /
double a[];
{
int i,j,k,m;
double w,g, * b;
```

```
b=malloc(n * sizeof(double));
for(k=0; k<=n-1; k++)
{
w=a[0];
if(fabs(w)+1.0==1.0)
{free(b); printf("fail\n"); return(-2);}
m=n-k-1;
for(i=1; i<=n-1; i++)
{
g=a[i * n]; b[i]=g/w;
if(i<=m) b[i]=-b[i];
for(j=1; j<=i; j++)
a[(i-1) * n+j-1]=a[i * n+j]+g * b[j];
}
a[n * n-1]=1.0/w;
for(i=1; i<=n-1; i++)
a[(n-1) * n+i-1]=b[i];
}
for(i=0; i<=n-2; i++)
for(j=i+1; j<=n-1; j++)
a[i * n+j]=a[j * n+i];
free(b);
return(2);
}
void count(double x[][3],int n,int m);
/ * 计算函数,x 为样本数组,n 为样本数,m 为自变量数 * /
main()
{
static double x[10][3]={
{12.7,14.01,5279},
{12.13,24.50,4392},
{10.3,10.58,5758},
{11.55,11.19,5813},
{10.79,10.78,5708},
{9.4,25.24,5733},
{8.48,28.53,4583},
{10.41,14.09,5766},
{11.42,34.85,3717},
{10.64,34.38,3820}
```

```
};/*样本,分别为灰分,水分,发热量*/
count(x,10,2);/*计算函数*/
}
void count(double x[][3],int n,int m)/*计算函数*/
{
double l[P][P],ll[P][P],b[P+1]={0,0,0};
/*l为系数矩阵,ll为l的逆,b为待求系数数组*/
double lky[N],xj[N],f[P]={0,0},lyy=0;
/*lky,lyy为中间变量,xj为各组变量的平均值,f为各变量的F检验值*/
double yj=0.0,q=0,p[N],u=0,r=0,F=0;   /*yj为因变量的平均值,q为剩余平
方和,u为回归平方和,p为代入后的计算结果,r为复相关系数,F为F检验法的值*/
double SGM=0,fmin=1e+18;/*SGM为标准差,fmin为各变量中f值最小的值*/
int i=0,j=0,k=0,flag=1;/*循环计数器*/
for(i=0;i<P;i++)/*赋初值*/
for(j=0;j<P;j++)
{l[i][j]=0;ll[i][j]=0;}
for(i=0;i<N;i++)
{lky[i]=0;xj[i]=0;p[i]=0;}
for(i=0;i<n;i++)/*求因变量平均值*/
yj+=x[i][m];
yj/=n;
for(i=0;i<n;i++)
lyy+=pow(x[i][m]-yj,2);
for(j=0;j<m;j++)/*求各个自变量平均值*/
{
for(i=0;i<n;i++)
xj[j]+=x[i][j];
xj[j]/=n;
}
for(j=0;j<m;j++)/*计算系数矩阵*/
for(k=0;k<m;k++)
for(i=0;i<n;i++)
{
l[j][k]+=(x[i][j]-xj[j])*(x[i][k]-xj[k]);
ll[j][k]+=(x[i][j]-xj[j])*(x[i][k]-xj[k]);
}
for(k=0;k<m;k++)
for(i=0;i<n;i++)
lky[k]+=(x[i][k]-xj[k])*(x[i][m]-yj);
```

```
bssgj(ll,2);/* 求系数矩阵的逆 */
while(flag)
{
for(j=0;j<m;j++)/* 计算待求的系数 */
for(k=0;k<m;k++)
b[j]+=ll[j][k]*lky[k];
b[P]=yj;/* 计算常系数 */
for(i=0;i<m;i++)
b[P]-=b[i]*xj[i];
for(i=0;i<n;i++)/* 计算代入后的计算结果 */
p[i]=b[P];
for(i=0;i<n;i++)/* 计算 p,q,u,r,F,SGM 等参量 */
{
for(k=0;k<m;k++)
p[i]+=b[k]*x[i][k];
q+=pow(x[i][m]-p[i],2);
u+=pow(p[i]-yj,2);
}
r=sqrt(u/lyy);F=u/P/(q/(n-P-1));SGM=sqrt(q/(n-P-1));
for(i=0;i<m;i++)
{
f[i]=b[i]/(q/(n-P-q));
if(f[i]<fmin)
{fmin=f[i];k=i;}
}
if(fmin<Fa)
{
for(i=0;i<m;i++)
for(j=0;j<m;j++)
{
if(i!=k)
if(j!=k)
ll[i][j]=ll[i][j]-ll[i][k]*ll[k][j]/ll[k][k];
}
for(i=0;i<m;i++)
for(j=0;j<m;j++)
{
if(i==k)
ll[i][j]=0;
```

```
else
if(j==k)
ll[i][j]=0;
}
}
else
flag=0;
}
printf("is over");
}
```

四、一元多项式回归分析

```
#include "math. h"/
#include "stdio. h"
#define N 50/*数组上限*/
#define MN 20/*最多方程个数*/
void count(double x[],double y[],int n,double ER,int mn);/*计算函数*/
/*x为筛孔,y为正累计产率,ER为规定误差,mn为数据组数*/
main()
{
static double x[6]={50,25,13,6,3,0.5};/*煤的粒度特性,x为筛孔*/
static double y[6]={9.91,18.82,32.32,47.38,63.92,91.44};
/*煤的粒度特性,y为正累计产率*/
count(x,y,6,0.5,6);/*计算*/
}
void count(double x[],double y[],int n,double ER,int mn)
{
int i,j,k,times;/*i,j,k为循环计数器,times为方次计数器*/
double xx[N],yy[N];  /*xx为输入x的值,yy为输入y的值*/
double a[MN+1][MN+1];/*正规方程组的系数矩阵*/
double b[MN+1];/*正规方程组的代求系数*/
double ME,SGM,q;/*ME为记录最大误差,SGM为标准差,q为剩余平方和*/
for(i=0;i<n;i++)/*xx,yy输入x,y的值*/
{
    xx[i]=x[i];
    yy[i]=y[i];
}
for(times=1;times<=mn;times++)
{/*从1次开始计算直到精度符合,最高为数组数*/
/*初始化数据开始*/
```

```
for(i=0;i<MN+1;i++)
for(j=0;j<MN+1;j++)
a[i][j]=0；
q=0；
/＊初始化数据结束＊/
/＊矩阵系数赋值开始＊/
for(i=0;i<=times;i++)
for(j=0;j<=times;j++)
for(k=0;k<n;k++)
a[i][j]+=pow(x[k],j+i);
for(i=0;i<=times;i++)
for(k=0;k<n;k++)
a[i][j]+=y[k]＊pow(x[k],i);
/＊矩阵系数赋值结束＊/
/＊高斯消元开始＊/
for(i=0;i<times;i++)
{
for(k=times;k>i;k－－)
{
double temp;
if(! a[i][i])
break；
temp=a[k][i]；
for(j=0;j<=times+1;j++)
a[k][j]+=－a[i][j]＊temp/a[i][i];
}
}
/＊高斯消元结束＊/
/＊计算代求系数开始＊/
for(i=times;i>=0;i－－)
b[i]=a[i][times+1]/a[i][i];
for(i=times－1;i>=0;i－－)
for(j=times;j>i;j－－)
b[i]－=a[i][j]＊b[j]/a[i][i];
/＊计算代求系数结束＊/
ME=1e－8;/＊误差赋值＊/
for(i=0;i<n;i++)/＊计算并记录最大误差＊/
{
yy[i]=0;
```

```
for(j=0;j<=times;j++)
yy[i]+=b[j] * pow(x[i],j);
if(fabs(y[i]-yy[i])>ME)
ME=fabs(y[i]-yy[i]);
q+=fabs(y[i]-yy[i]);
}
SGM=sqrt(q/n);/ * 计算标准差 * /
if(ME<ER)/ * 如果最大误差小于规定误差则退出循环 * /
break;
}
for(i=0;i<n;i++)/ * 写出原始 y 值与计算 y 值 * /
    printf("y[%d]=%5. 2f yy[%d]=%5. 2f \n",i,y[i],i,yy[i]);
for(i=0;i<times;i++)
    printf("b[%d]=%4. 2f ",i,b[i]);
printf("\ntimes=%d ME=%. 6f SGM=%. 6f",times,ME,SGM);
/ * 写出次数、最大误差与标准差 * /
}
```

五、黄金分割法寻优计算

```
# include "math. h"/
# include "stdio. h"
# define N 50/ * 最大数组数 * /
void count(int n,double RI,double Ti[],double Ri[],double u,double v,double
precision);/ * 计算函数 * /
/ * n 为数组数,RI 为物料最大回收率,Ti 为累计浮选时间,Ri 为物料累计回收率,u,v
为中间变量,precision 为精度 * /
main()
{
    static double Ti[6]={1,2,3,4.5,6.5,8.5};/ * Ti 为累计浮选时间 * /
    static double Ri[6]={60. 63,75. 95,82. 43,85. 96,87. 57,89. 15};
/ * Ri 为物料累计回收率 * /
    double RI=95;/ * RI 为物料最大回收率 * /
    count(6,RI,Ti,Ri,0,5,0.01);/ * 计算 * /
}
void count(int n,double RI,double Ti[],double Ri[],double u,double v,double precision)
{
    double U,V;/ * 中间变量 * /
    double T1,F1,T2,F2,Fx;/ * 中间变量,Fx 为目标函数 * /
    double K;/ * 代求浮选速度常数 * /
    int i,flag=0;/ * i 为计数器,flag 为是否符合精度的标志 * /
```

```
double q=0,p[N],SGM;/* q 为剩余平方和,p 为回代结果,SGM 为标准差 */
U=u;V=v;/* 第一次计算常数 K */
T2=U+0.618*(V−U);
K=T2;F2=0;
for(i=0;i<n;i++)
    F2+=pow(Ri[i]−RI*(1−exp(−K*Ti[i])),2);
T1=V−0.618*(V−U); K=T1; F1=0;
for(i=0;i<n;i++)
    F1+=pow(Ri[i]−RI*(1−exp(−K*Ti[i])),2);
while(! flag)/* 根据与精度的比较来进一步计算 */
    if(fabs(T2−T1)<precision)
    {   K=(U+V)/2;        flag=1;}
    else
    {
        if(F2<F1)
        {
U=T1;T1=T2;F1=F2;T2=U+0.618*(V−U);F2=0;K=T2;
for(i=0;i<n;i++)
  F2+=pow(Ri[i]−RI*(1−exp(−K*Ti[i])),2);
        }
        else
        {
V=T2;T2=T1;F2=F1;T1=V−0.618*(V−U);F1=0;K=T1;
for(i=0;i<n;i++)
  F1+=pow(Ri[i]−RI*(1−exp(−K*Ti[i])),2);
        }
    }
    for(i=0;i<n;i++)/* 回代求结果 */
    {
    p[i]=RI*(1−exp(−K*Ti[i]));
    q+=pow(p[i]−Ri[i],2);/* 计算剩余平方和 */
    }
    SGM=sqrt(q/n);/* 计算标准差 */
    Fx=0;
    for(i=0;i<n;i++)/* 计算目标函数并写出目标函数 */
        Fx+=pow(Ri[i]−RI*(1−exp(−K*Ti[i])),2);
    printf("%4.4f %4.4f %4.4f",K,Fx,SGM);
}
```

六、拉格朗日一元三点插值

```
#include "math. h"/
#include "stdio. h"
double lglr_cz(double u,double x[],double y[],int n);/* 拉格朗日三点插值函数 */
/* u 为插值,x,y 为样本,n 为样本数 */
int in(double des,double a,double b);
/* 判断 des 是否在 a,b 两者之间,是返回 1,否则返回 0 */
main()
{
    static double A[5]={2.8,5.1,6.8,7.6,9.5};/* 累计灰分 */
    static double W[5]={21.8,55.6,67.8,71.7,76.0};/* 累计产率 */
    static double D[5]={1.3,1.4,1.5,1.6,1.8};/* 密度 */
    double A1;/* 插值 */
    printf("\nplease input A:");
    scanf("%f",&A1);
    printf("%4.2f",lglr_cz(A1,A,W,5));/* 计算并写出插值的灰分值 */
    printf("\n");
    printf("%4.2f",lglr_cz(A1,A,D,5));/* 计算并写出插值的产率值 */
}
int in(double des,double a,double b)
/* 判断 des 是否在 a,b 两者之间,是返回 1,否则返回 0 */
{
    if(des>a&&des<b)
        return 1;
    else
        return 0;
}
double lglr_cz(double u,double x[],double y[],int n)/* 拉格朗日三点插值函数 */
{
    int k;/* 循环计数器 */
    double x0,x1,x2;/* 中间变量 */
    for(k=1;k<n-2;k++)/* 使用循环找出插值的位置 */
if(u<=x[1])/* 是否在第一段 */
{   x0=x[0];x1=x[1];x2=x[2]; k=0;   break;}
else
    if(u>=x[n-2])/* 是否在最后一段 */
    {   x0=x[n-3];x1=x[n-2];x2=x[n-1];k=n-3;break;   }
    else
if(in(u,x[k],x[k+1]))/* 是否在中间一段 */
```

```
if(u<(x[k]+x[k+1])/2)/*靠近哪边*/
{k-=1;x0=x[k];x1=x[k+1];x2=x[k+2];break;}
else
{x0=x[k];x1=x[k+1];x2=x[k+2];break;}
return (u-x1)*(u-x2)*y[k]/((x0-x1)*(x0-x2))+(u-x0)*(u-x2)*
y[k+1]/((x1-x0)*(x1-x2))+(u-x0)*(u-x1)*y[k+2]/((x2-x0)*
(x2-x1));/*计算并返回插值的函数值*/
}
```

七、三次样条插值

```
#include "math.h"/
#include "stdio.h"
#define N 50 /*数组最大值*/
int expression(double x[],double y[],double h[],double m[],double z[],int mm,
int n);/*根据插值点选择样条函数,求出已知插值点的值 x 为浮物累计重量,y 为密
度,h,m 为中间变量,z 为插值点,mm 为插值点个数,n 为样本数*/
int atrde(double b[],int n,int m,double d[]);
/*追赶法解方程,摘自徐士良算法*/
void count(int n,int m,double x[],double y[]);
*计算三次样条插值的主函数,n 为样本数,m 为插值点个数,x 为浮物累计重量,y 为
密度*/
main()
{
  static double x[7]={0,15.15,43.31,55.71,62.19,69.77,100.00};
  /*浮物累计重量*/
  static double y[7]={1.25,1.3,1.4,1.5,1.6,1.8,2.6};/*密度*/
  count(6,26,x,y);/*计算函数*/
}
void count(int n,int m,double x[],double y[])
{
  double xx[N],yy[N];/*xx 为输入 x 的值,yy 为输入 y 的值*/
  double h[N],a[N],b[N],c[N],d[N],z[N];/*中间变量,z 为插值点*/
  int i,j;/*循环计数器*/
  for(i=0;i<=n;i++)/*xx,yy 为输入 x,y 的值*/
  {xx[i]=x[i];yy[i]=y[i]; }
  for(i=0;i<n;i++)h[i]=x[i+1]-x[i];
  for(i=1;i<n;i++)
  {
a[i]=h[i-1]/(h[i-1]+h[i]);
b[i]=3*((1-a[i])*(y[i]-y[i-1])/h[i-1]+a[i]*(y[i+1]-y[i])/h[i]);
```

```
      }
   a[0]=1;a[n]=0;
   b[0]=3*(y[1]-y[0])/h[0];   b[n]=3*(y[n]-y[n-1])/h[n-1];
   for(j=2,i=2;i<=n;j+=3,i++)   /*将矩阵放入一个一维数组*/
   {   /* 1 2   */
d[j]=1-a[i-1];   /*  x y z   */
d[j+1]=2;   /*    a b c   */
d[j+2]=a[i-1];   /*      d e f   */
   }  /*        h i j   */
   d[0]=2;d[1]=1;   /*          k l   */
   d[3*(n-1)+2]=1;d[3*(n-1)+3]=2;     /*d[]={1,2,x...k,l}   */
   for(i=0;i<=n;i++)c[i]=b[i];
   atrde(d,n+1,3*(n-1)+4,c);
   /*追赶法解方程,摘自徐士良算法,结果存入c中*/
   for(i=0;i<m;i++)z[i]=i*4;
   expression(xx,yy,h,c,z,m,n);/*根据插值点选择不同的样条曲线方程计算*/
}
int atrde(double b[],int n,int m,double d[])/*追赶法解方程,摘自徐士良算法*/
{
   int k,j;
   double s;
   if(m!=(3*n-2))
      { printf("err\n"); return(-2);}
   for (k=0;k<=n-2;k++)
      { j=3*k; s=b[j];
        if(fabs(s)+1.0==1.0)
            { printf("fail\n"); return(0);}
          b[j+1]=b[j+1]/s;
          d[k]=d[k]/s;
          b[j+3]=b[j+3]-b[j+2]*b[j+1];
          d[k+1]=d[k+1]-b[j+2]*d[k];
        }
     s=b[3*n-3];
     if(fabs(s)+1.0==1.0)
        { printf("fail\n"); return(0);}
     d[n-1]=d[n-1]/s;
     for (k=n-2;k>=0;k--)
        d[k]=d[k]-b[3*k+1]*d[k+1];
     return(2);
```

```
}
int expression(double x[],double y[],double h[],double m[],double z[],int mm,
int n)/* 计算插值 */
{
    double result[N];
    int i,j;
    double e2,f2,e3,f3,h2,h3;
    printf(" No.            X            Y");
    for(i=0;i<mm;i++)
    {
    for(j=1;j<n;j++)
    if(z[i]<=x[j])/* 找到相应的段 */
    { j--; break; }
if(j==n)/* 大于最后一个点的按最后一个段算 */
    j=n-1;
e2=pow(x[j+1]-z[i],2);e3=pow(x[j+1]-z[i],3);
f2=pow(z[i]-x[j],2);f3=pow(z[i]-x[j],3);
h2=h[j]*h[j];h3=h2*h[j];
result[i]=(3*e2/h2-2*e3/h3)*y[j]+(3*f2/h2-2*f3/h3)*y[j+1]
    +h[j]*(e2/h2-e3/h3)*m[j]-h[j]*(f2/h2-f3/h3)*m[j+1];
printf("\n%3d %10.2f %10.2f",i,z[i],result[i]);/* 写出结果 */
    }
    printf("\n");
}
```

八、埃尔米特插值

```
#include "stdio.h"/
#include "math.h"
double enhmt(x,y,dy,n,t)
/* 埃尔米特插值计算,摘自徐士良算法,x,y 为样本,dy 为导数,n 为样本数目,t 为插值 */
/* 返回插值结果 */
int n;
double t,x[],y[],dy[];
{
    int i,j;
    double z,p,q,s;
    z=0.0;
    for(i=1;i<=n;i++)
    {
```

```
    s=1.0;
    for(j=1;j<=n;j++)
      if(j! =i)
    s=s * (t-x[j-1])/(x[i-1]-x[j-1]);
      s=s * s;   p=0.0;
      for(j=1;j<=n;j++)
    if(j! =i)
      p=p+1.0/(x[i-1]-x[j-1]);
          q=y[i-1]+(t-x[i-1]) * (dy[i-1]-2.0 * y[i-1] * p);
      z=z+q * s;
      }
      return(z);
}
void count(double x[],double y[],double *  dy,int n)
/* 采用 x[i-1],x[i],x[i+1]的抛物线法计算函数导数,x,y 为样本,dy 为计算后的
导数值 */
{
    double q,p;/* 方程组系数 */
    int i;
    for(i=1;i<n;i++)
    {
      p=((y[i+1]-y[i]) * (x[i]-x[i-1])-(y[i]-y[i-1]) * (x[i+1]-x[i]))/
        ((x[i+1] * x[i+1]-x[i] * x[i]) * (x[i]-x[i-1])-(x[i] * x[i]-x[i-1] *
        x[i-1]) * (x[i+1]-x[i]));
      q=(y[i]-y[i-1]-p * (x[i] * x[i]-x[i-1] * x[i-1]))/(x[i]-x[i-1]);
       * (dy+i)=2 * p * x[i]+q;
    }
}
/* p * x[i-1] * x[i-1]+q * x[i-1]+r=y[i-1]; */
/* p * x[i] * x[i]+q * x[i]+r=y[i];            */
/* p * x[i+1] * x[i+1]+q * x[i+1]+r=y[i+1]; */
main()
{
    int i;
    double t,z;/* t 为插值的值,z 为插值计算结果 */
    static double x[7]={0,15.15,43.31,55.71,62.19,69.77,100.00};
      /* 浮物累计重量 */
    static double y[7]={1.25,1.3,1.4,1.5,1.6,1.8,2.6};/* 密度 */
    static double dy[7];/* 函数导数值 */
```

```
      printf("\n");
      count(x,y,dy,6);/*计算函数导数*/
      t=60;
      z=enhmt(x,y,dy,7,t);/*埃尔米特多项式插值求值*/
      printf("t=%6.3f,    z=%4.2f\n",t,z);/*写出结果*/
      printf("\n");
}
```

九、产物格式法计算

```
#include "math.h"
#include "stdio.h"
#define N 6/*样本数*/
#define M 4/*原料和产物数*/
void count(double x[],int n,int m);
/*计算函数,x为样本数组,n为样本数,m为原料和产物数*/
main()
{
    static double x[N][M]={
{4.36,5.78,0.91,0},
{46.27,72.13,37.78,3.27},
{16.85,17.61,29.22,3.34},
{4.73,2.83,13.53,2.93},
{5.0,1.65,9.52,9.48},
{22.79,0,9.04,80.98}
};/*原料和产物的产率*/
count(x,N,M);/*计算函数*/
}
void count(double x[],int n,int m)/*计算函数*/
{
    double s1=0,s2=0,s3=0,s4=0,s5=0;/*中间变量*/
    double y=0,yc,ym,yt,DA;/*中间变量DA为标准差*/
    double xc[N*M],s[N],ss=0;/*xc为调整后结果*/
    char * D[6]={"1.3","1.3-1.4","1.4-1.5","1.5-1.6","1.6-1.8","1.8"};
    int i,j;/*循环计数器*/
    for(i=0;i<n;i++)/*计算中间变量*/
    {
s1+=pow(x[i*m+1]-x[i*m+3],2);
s2+=(x[i*m+1]-x[i*m+3])*(x[i*m+2]-x[i*m+3]);
s3+=(x[i*m+1]-x[i*m+3])*(x[i*m]-x[i*m+3]);
s4+=pow(x[i*m+2]-x[i*m+3],2);
```

```
s5+=(x[i*m+2]-x[i*m+3])*(x[i*m]-x[i*m+3]);
    }
  yc=(s3*s4-s2*s5)/(s1*s4-s2*s2)*100;
  ym=(s1*s5-s2*s3)/(s1*s4-s2*s2)*100;
  yt=100-yc-ym;
  for(i=0;i<n;i++)/*计算调整后结果*/
    {
xc[i*m+1]=yc*x[i*m+1]/100;
xc[i*m+2]=ym*x[i*m+2]/100;
xc[i*m+3]=yt*x[i*m+3]/100;
xc[i*m]=xc[i*m+1]+xc[i*m+2]+xc[i*m+3];
s[i]=xc[i*m]-x[i*m];
ss+=s[i]*s[i];
    }
  DA=sqrt(ss/(n-2));/*计算标准差*/
  for(i=0;i<n;i++)/*写出结果*/
    {
printf("%8s",D[i]);
for(j=0;j<m;j++)   printf("%6.2f(%5.2f)",x[i*m+j],xc[i*m+j]);
printf("\n");
    }
  printf("\nDA=%10.2f\n",DA);
}
```

十、可选性数据细化

```
#include "math. h"/
#include "stdio. h"
#define N 50
#define NN 6
#define MM 25
int expression(double x[],double y[],double h[],double m[],
    double z[],int mm,int n,double * result);
/*根据插值点选择样条函数,求出已知插值点的值
x 为浮物累计重量,y 为密度,h,m 为中间变量,z 为插值点,mm 为插值点个数,n 为样
本数*/
int atrde(double b[],int n,int m,double d[]);
/*追赶法解方程,摘自徐士良算法*/
void count(int n,int m,double x[],double y[],double z[],double * result);
/*计算三次样条插值的主函数,n 为样本数,m 为插值点个数,x 为浮物累计重量,y 为
密度,z 为插值点*/
```

213

```
main()
{
static double dd[MM]={1.25,1.3,1.4,1.5,1.6,1.8,2.6};
static double w1[MM]={0,15.15,28.16,12.4,6.48,7.58,30.23};
static double a1[MM]={0,4.97,10.77,18.73,27.64,39.58,73.71};
double x[NN+1],y[NN+1],z[MM+1],r1[N],r2[N];
int i;
for(i=0;i<=MM;i++)z[i]=i*4;
x[0]=w1[0];y[0]=a1[0];
for(i=1;i<=NN;i++)
{
x[i]=x[i-1]+w1[i];
y[i]=(x[i-1]*y[i-1]+w1[i]*a1[i])/x[i];
}
count(NN,MM+1,x,y,z,r1);/*计算函数*/
x[0]=w1[0];y[0]=dd[0];
for(i=1;i<=NN;i++)
{x[i]=x[i-1]+w1[i];y[i]=dd[i];}
count(NN,MM+1,x,y,z,r2);/*计算函数*/
for(i=0;i<MM;i++)
printf("\n%3d %10.2f %10.2f %10.2f",i,z[i],r1[i],r2[i]);/*写出结果*/
}
void count(int n,int m,double x[],double y[],double z[],double *result)
{
    double xx[N],yy[N];/*xx为输入x的值,yy为输入y的值*/
    double h[N],a[N],b[N],c[N],d[N];/*中间变量*/
    int i,j;/*循环计数器*/
    for(i=0;i<=n;i++)/*xx,yy为输入x,y的值*/
    {xx[i]=x[i];yy[i]=y[i];}
    for(i=1;i<=n;i++)h[i-1]=x[i]-x[i-1];
    for(i=1;i<n;i++)
    {
a[i]=h[i-1]/(h[i-1]+h[i]);
b[i]=3*((1-a[i])*(y[i]-y[i-1])/h[i-1]+a[i]*(y[i+1]-y[i])/h[i]);
    }
    a[0]=1;a[n]=0;
    b[0]=3*(y[1]-y[0])/h[0];
    b[n]=3*(y[n]-y[n-1])/h[n-1];
    for(j=2,i=2;i<=n;j+=3,i++)   /*将矩阵放入一个一维数组*/
```

```
  { /*1 2  */
d[j]=1-a[i-1]; /* x y z  */
d[j+1]=2; /*   a b c  */
d[j+2]=a[i-1] /*     d e f  */
  } /*         h i j  */
  d[0]=2;d[1]=1; /*           k l  */
  d[3*(n-1)+2]=1;d[3*(n-1)+3]=2; /* d[]={1,2,x...k,l}   */
  for(i=0;i<=n;i++)
c[i]=b[i];
  atrde(d,n+1,3*(n-1)+4,c);
  /* 追赶法解方程,摘自徐士良算法,结果存入 c 中 */
  expression(xx,yy,h,c,z,m,n,result);
  /* 根据插值点选择不同的样条曲线方程计算 */
}
int atrde(double b[],int n,int m,double d[])/* 追赶法解方程,摘自徐士良算法 */
{
  int k,j;
  double s;
  if (m! =(3*n-2))
    { printf("err\n"); return(-2);}
  for (k=0;k<=n-2;k++)
    { j=3*k; s=b[j];
    if (fabs(s)+1.0==1.0)
        { printf("fail\n"); return(0);}
      b[j+1]=b[j+1]/s;
      d[k]=d[k]/s;
      b[j+3]=b[j+3]-b[j+2]*b[j+1];
      d[k+1]=d[k+1]-b[j+2]*d[k];
    }
  s=b[3*n-3];
  if (fabs(s)+1.0==1.0)
    { printf("fail\n"); return(0);}
  d[n-1]=d[n-1]/s;
  for (k=n-2;k>=0;k--)
    d[k]=d[k]-b[3*k+1]*d[k+1];
  return(2);
}
int expression(double x[],double y[],double h[],double m[],
  double z[],int mm,int n,double * result)/* 计算插值 */
```

```
{
    int i,j;
    double e2,f2,e3,f3,h2,h3;
    printf(″No.          X          Y″);
    for(i=0;i<mm;i++)
    {
    for(j=1;j<n;j++)
    if(z[i]<=x[j])/* 找到相应的段 */
    {  j--;   break;   }
if(j==n)/* 大于最后一个点的按最后一个段算 */
    j=n-1;
e2=pow(x[j+1]-z[i],2);e3=pow(x[j+1]-z[i],3);
f2=pow(z[i]-x[j],2);f3=pow(z[i]-x[j],3);
h2=h[j]*h[j];h3=h2*h[j];
result[i]=(3*e2/h2-2*e3/h3)*y[j]+(3*f2/h2-2*f3/h3)*y[j+1]
          +h[j]*(e2/h2-e3/h3)*m[j]-h[j]*(f2/h2-f3/h3)*m[j+1];
    }
    printf(″\n″);
    return 0;
}
```

十一、分配曲线正态分布模型

```
#include ″math. h″
#include ″stdio. h″
#define N 50/* 数组最大值 */
void count(int n,int ky,double dp,double d[],double i0,double ep,double *e);
/* n 为样本数,ky 为选择跳汰或重选的标志,dp 为分选密度,d 为密度级数组 */
/* i0 为机械误差,ep 为可能偏差,e 为分配率 */
main()
{
double d[6]={1.2,1.35,1.45,1.55,1.7,2.2};/* 密度级 */
char * prompt[6]={″-1.3″,″1.3-1.4″,″1.4-1.5″,″1.5-1.6″,″1.6-1.8″,″+1.8″,};
/* 密度级字符串数组 */
double e[6];/* e 为分配率 */
int ky;/* ky 为记录选定的分选方法(1 跳汰选,0 重介选) */
double i0,i1,e1,ep,dp;
/* e1,ep 为可能偏差(对重介选),i0,i1 为机械误差(对跳汰选),dp 为分选密度 */
int i;/* 循环计数器 */
printf(″\nPlease input KY: ″);
scanf(″%d″,&ky);/* 输入选择 ky */
```

```
i1=0.2;e1=0.1;
printf("\nPlease input DP：");
scanf("%lf",&dp);/*输入分选密度*/
if(ky==1)/*如果是跳汰选,记录机械误差 i*/
i0=i1;
else/*否则是重介选,记录可能偏差 ep*/
ep=e1;
count(6,ky,dp,d,i0,ep,e);/*计算函数*/
for(i=0;i<6;i++)
printf("%10s  %4.2f\n",prompt[i],e[i]);
}

void count(int n,int ky,double dp,double d[],double i0,double ep,double *e)
{
int j;/*循环计数器*/
double x,z;/*重介选的 x 或跳汰选的 x,z 为中间结果*/
for(j=0;j<n;j++)
{
if(ky==1)/*ky 为 1 计算跳汰选,并计算跳汰的 x 值*/
x=0.6745*(log((d[j]-1)/(dp-1)))/log(i0+sqrt(i0*i0+1))/1.4142;
else/*否则计算重介选,并计算重介的 x 值*/
x=0.6745*(d[j]-dp)/ep/1.4142;
    if(fabs(x)<=1.79)/*计算分配率*/
{
z=x-pow(x,3)/3+pow(x,5)/10-pow(x,7)/42+pow(x,9)/216-pow(x,11)/
    1320+pow(x,13)/9360-pow(x,15)/75600+pow(x,17)/685440;
e[j]=(0.5+0.5642*z)*100;
}
else/*为简化计算在(-∞,-1.79),(1.79,+∞)按如下计算*/
if(x>1.79)e[j]=100;
else e[j]=0;
}
}
```

十二、两产物重选作业计算

```
#include "math.h"/
#include "stdio.h"
#define N 50/*数组最大值*/
void count(int n,int ky,double dp,double d[],double i0,double ep,
    double *w,double *a,double *result);
/*n 为样本数,ky 为选择跳汰或重选的标志,dp 为分选密度,d 为密度级数组*/
```

```
/ * i0 为机械误差,ep 为可能偏差,e 为分配率 * /
main()
{
double d[6]={1.25,1.35,1.45,1.55,1.7,2.0};/ * 密度级 * /
double w[6]={23.74,47.56,9.93,3.28,2.1,13.39};/ * 重量 * /
double a[6]={5.76,10.11,19.31,28.25,38.96,80.18};/ * 灰分 * /
double result[4];
/ * 记录精煤和尾煤的产率和灰分,0 为精煤产率,1 为尾煤产率,2 为精煤灰分,3 为尾
煤灰分 * /
int ky;/ * ky 为记录选定的分选方法(1 跳汰选,0 重介选)* /
double i0,i1,e1,ep,dp;
/ * e1,ep 为可能偏差(对重介选),i0,i1 为机械误差(对跳汰选),dp 为分选密度 * /
printf("\nPlease input KY: ");
scanf("%d",&ky);/ * 输入选择 ky * /
i1=0.18;e1=0.05;/ * 可能偏差(对重介选),机械误差(对跳汰选)赋初值 * /
printf("\nPlease input DP: ");
scanf("%lf",&dp);/ * 输入分选密度 * /
if(ky==1)/ * 如果是跳汰选,记录机械误差 i * /
i0=i1;
else/ * 否则是重介选,记录可能偏差 ep * /
ep=e1;
count(6,ky,dp,d,i0,ep,w,a,result);/ * 计算函数 * /
printf("精煤产率:%4.2f 尾煤产率:%4.2f 精煤灰分:%4.2f 尾煤灰分:%4.2f",
result[0],result[1],result[2],result[3]);/ * 写出计算的产率和灰分 * /
printf("\n");
}
void count(int n,int ky,double dp,double d[],double i0,double ep,
    double * w,double * a,double * result)
{
int j;/ * 循环计数器 * /
double x,z,e[N];/ * 重介选的 x 或跳汰选的 x,z,e 为中间结果 * /
double s1=0,s2=0,s3=0,s4=0,c[N],t[N];
/ * 中间变量用于记录精煤产率、尾煤产率、精煤灰分、尾煤灰分等 * /
for(j=0;j<n;j++)
{
if(ky==1)/ * ky 为 1 计算跳汰选,并计算跳汰的 x 值 * /
x=0.6745 * (log((d[j]-1)/(dp-1)))/log(i0+sqrt(i0 * i0+1))/1.4142;
else/ * 否则计算重介选,并计算重介的 x 值 * /
x=0.6745 * (d[j]-dp)/ep/1.4142;
```

```
        if(fabs(x)<=1.79)/* 计算分配率 */
{
z=x-pow(x,3)/3+pow(x,5)/10-pow(x,7)/42+pow(x,9)/216-pow(x,11)/
    1320+pow(x,13)/9360-pow(x,15)/75600+pow(x,17)/685440;
e[j]=0.5+0.5642*z;
}
else/* 为简化计算在(-∞,-1.79),(1.79,+∞)按如下计算 */
if(x>1.79)e[j]=1;
else e[j]=0;
t[j]=w[j]*e[j];/* 根据分配率计算产率和灰分 */
c[j]=w[j]-t[j];
s1+=c[j];s2+=c[j]*a[j];s3+=t[j];s4+=t[j]*a[j];
}
result[0]=s1;result[1]=s3;result[2]=s2/s1;result[3]=s4/s3;
/* 取得计算后的产率和灰分 */
}
```

十三、用二分法计算重选产物

```
#include "math.h"/
#include "stdio.h"
#define N 50/* 数组最大值 */
void count(int n,int ky,double dp,double d[],double i0,double ep,
    double *w,double *a,double *result);
/* n 为样本数,ky 为选择跳汰或重选的标志,dp 为分选密度,d 为密度级数组 */
/* i0 为机械误差,ep 为可能偏差,e 为分配率 */
main()
{
double d[6]={1.25,1.35,1.45,1.55,1.7,2.0};/* 密度级 */
double w[6]={23.74,47.56,9.93,3.28,2.1,13.39};/* 重量 */
double a[6]={5.76,10.11,19.31,28.25,38.96,80.18};/* 灰分 */
double result[4],m0=1.3,m1=2,ac;
/* m0 为二分法下限,m1 为二分法上限,ac 为要求灰分 */
/* 记录精煤和尾煤的产率和灰分,0 为精煤产率,1 为尾煤产率,2 为精煤灰分,3 为尾
煤灰分 */
int ky;/* ky 为记录选定的分选方法(1 跳汰选,0 重介选) */
double i0,i1,e1,ep,dp;
/* e1,ep 为可能偏差(对重介选),i0,i1 为机械误差(对跳汰选),dp 为分选密度 */
printf("\nPlease input KY:");
scanf("%d",&ky);/* 输入选择 ky */
printf("\nPlease input AC:");
```

```
scanf("%lf",&ac);/ * 输入精煤灰分 ac * /
i1=0.18;e1=0.05;/ * 可能偏差(对重介选),机械误差(对跳汰选)赋初值 * /
while(1)
{
dp=(m0+m1)/2;/ * 二分法计算分选密度 * /
if(ky==1)/ * 如果是跳汰选,记录机械误差 i * /
i0=i1;
else/ * 否则是重介选,记录可能偏差 ep * /
ep=e1;
count(6,ky,dp,d,i0,ep,w,a,result);/ * 计算函数 * /
if(fabs(ac-result[2])<0.1)/ * 若灰分达到要求则结束循环 * /
break;
if(result[2]>ac)/ * 若大于要求灰分则改变上限 * /
m1=dp;
else/ * 否则改变下限 * /
m0=dp;
}
printf("精煤产率:%4.2f 尾煤产率:%4.2f 精煤灰分:%4.2f 尾煤灰分:%4.2f 分选密
度:%4.2f",
result[0],result[1],result[2],result[3],dp);/ * 写出计算的产率和灰分 * /
printf("\n");
}
void count(int n,int ky,double dp,double d[],double i0,double ep,
    double * w,double * a,double * result)
{
int j;/ * 循环计数器 * /
double x,z,e[N];/ * 重介选的 x 或跳汰选的 x,z 为中间结果 * /
double s1=0,s2=0,s3=0,s4=0,c[N],t[N];
/ * 中间变量用于记录精煤产率、尾煤产率、精煤灰分、尾煤灰分等 * /
for(j=0;j<n;j++)
{
if(ky==1)/ * ky 为 1 计算跳汰选,并计算跳汰的 x 值 * /
x=0.6745 * (log((d[j]-1)/(dp-1)))/log(i0+sqrt(i0 * i0+1))/1.4142;
else/ * 否则计算重介选,并计算重介的 x 值 * /
x=0.6745 * (d[j]-dp)/ep/1.4142;
    if(fabs(x)<=1.79)/ * 计算分配率 * /
{
z=x-pow(x,3)/3+pow(x,5)/10-pow(x,7)/42+pow(x,9)/216-pow(x,11)/
    1320+pow(x,13)/9360-pow(x,15)/75600+pow(x,17)/685440;
```

```
e[j]=0.5+0.5642*z;
}
else/*为简化计算在(-∞,-1.79),(1.79,+∞)按如下计算*/
if(x>1.79)e[j]=1;
else e[j]=0;
t[j]=w[j]*e[j];/*根据分配率计算产率和灰分*/
c[j]=w[j]-t[j];
s1+=c[j];s2+=c[j]*a[j];s3+=t[j];s4+=t[j]*a[j];
}
result[0]=s1;result[1]=s3;result[2]=s2/s1;result[3]=s4/s3;
/*取得计算后的产率和灰分*/
}
```

十四、实际可选性曲线计算

```
#include "math.h"/
#include "stdio.h"
#define N 50/*数组最大值*/
void count(int n,int m,double d[],double ep,double *w,double *a);
/*n为原煤浮沉试验级别数,m为分选密度的数目,d为密度级数组*/
/*ep为可能偏差,w为重量,a为灰分*/
main()
{
double d[6]={1.25,1.35,1.45,1.55,1.7,2.0};/*密度级*/
double w[6]={23.74,47.56,9.93,3.28,2.1,13.39};/*重量*/
double a[6]={5.76,10.11,19.31,28.25,38.96,80.18};/*灰分*/
double ep;/*ep为可能偏差(对重介选)*/
ep=0.1;/*可能偏差(对重介选)赋初值*/
count(6,12,d,ep,w,a);/*计算函数*/
printf("\n");
}
void count(int n,int m,double d[],double ep,double *w,double *a)
/*计算函数*/
{
int i,j;/*循环计数器*/
double x,z,dp[N],e[N];
/*重介选的x或跳汰选的x,z,e为中间结果,dp为分选密度*/
double s1=0,s2=0,as1[N],as2[N],c[N],t[N];/*中间变量*/
double la[N],ga[N],as[N],dd[N];
/*基元灰分及它所对应的精煤产率、灰分和分选密度*/
dp[0]=1.275;/*分选密度赋初值*/
```

```
for(i=0;i<m;i++)/*计算中间变量*/
{
s1=s2=0;
for(j=0;j<n;j++)
{
x=0.6745*(d[j]-dp[i])/ep/1.4142;
if(fabs(x)<=1.79)/*计算分配率*/
{
z=x-pow(x,3)/3+pow(x,5)/10-pow(x,7)/42+pow(x,9)/216-pow(x,11)/
   1320+pow(x,13)/9360-pow(x,15)/75600+pow(x,17)/685440;
e[j]=0.5+0.5642*z;
}
else/*为简化计算在(-∞,-1.79),(1.79,+∞)按如下计算*/
if(x>1.79)e[j]=1;
else e[j]=0;
t[j]=w[j]*e[j];/*根据分配率计算产率和灰分*/
c[j]=w[j]-t[j];
s1+=c[j];s2+=c[j]*a[j];
}
as1[i]=s1;as2[i]=s2;dp[i+1]=dp[i]+0.05;
}
for(i=0;i<m-1;i++)
/*计算基元灰分及它所对应的精煤产率、灰分和分选密度*/
{
la[i]=(as2[i+1]-as2[i])/(as1[i+1]-as1[i]);
ga[i]=as1[i]+(as1[i+1]-as1[i])/2;
as[i]=(as2[i]+(as2[i+1]-as2[i])/2)/ga[i];
dd[i]=(dp[i]+dp[i+1])/2;
}
printf("No.        LA        GA        AS        DD\n");
/*写出基元灰分及它所对应的精煤产率、灰分和分选密度*/
for(i=0;i<m-1;i++)
printf("%2d%10.2f%10.2f%10.2f%10.2f\n",i,la[i],ga[i],as[i],dd[i]);
}
```

十五、分级重介选的优化计算

```
#include "math.h"/
#include "stdio.h"
#define N 50/*数组最大值*/
double lglr_cz(double u,double x[],double y[],int n);
```

```
/*拉格朗日三点插值函数,u为插值,x,y为样本,n为样本数*/
int in(double des,double a,double b);
/*判断des是否在a,b两者之间,是返回1,否则返回0*/
void count(int n,int m,double d[],double ep,double * w,double * a,
    double la[],double ga[],double as[],double dd[]);
/*n为原煤浮沉试验级别数,m为分选密度的数目,d为密度级数组*/
/*ep为可能偏差,w为重量,a为灰分,la为基元灰分,ga为精煤产率,as为精煤累计
灰分,dd为分选密度*/
int main()
{
double d[6]={1.25,1.35,1.45,1.55,1.7,2.0};/*密度级*/
double w1[6]={23.74,47.56,9.39,3.28,2.1,13.93};/*块精重量*/
double a1[6]={5.76,10.11,19.31,28.25,38.96,80.18};/*块精灰分*/
double w2[6]={28.28,44.60,8.85,3.83,3.26,11.18};/*末精重量*/
double a2[6]={4.55,9.55,20.09,29.97,41.47,75.60};/*末精灰分*/
double la1[N],ga1[N],as1[N],dd[N],la2[N],ga2[N],as2[N];
/*两种精煤的基元灰分、精煤产率、精煤累计灰分、分选密度,因分选密度相同,故使用
一个数组*/
double ep1=0.06,ep2=0.06,r1=0.4,r2=0.6,aa,m0=5,m1=65;
/*ep1,ep2为两种精煤的可能偏差(对重介选),r1,r2为两种的入选比例,aa为要求的
精煤灰分,m0,m1为二分法的两端的基元灰分*/
int i,n=6,m=12;/*n为密度级数,m为节点数*/
count(n,m,d,ep1,w1,a1,la1,ga1,as1,dd);/*计算函数*/
printf("No.        LA        GA        AS        DD\n");
/*写出基元灰分及它所对应的精煤产率、灰分和分选密度*/
for(i=0;i<m-1;i++)
printf("%2d%10.2f%10.2f%10.2f%10.2f\n",i,la1[i],ga1[i],as1[i],dd[i]);
printf("\n");
count(n,m,d,ep2,w2,a2,la2,ga2,as2,dd);/*计算函数*/
printf("No.        LA        GA        AS        DD\n");
/*写出基元灰分及它所对应的精煤产率、灰分和分选密度*/
for(i=0;i<m-1;i++)
printf("%2d%10.2f%10.2f%10.2f%10.2f\n",i,la2[i],ga2[i],as2[i],dd[i]);
printf("\nInput AC：");/*输入要求的精煤灰分*/
scanf("%lf",&aa);
{
double z1,z2;/*判断输入的精煤灰分是否符合要求*/
z1=(ga1[0] * as1[0]+ga2[0] * as2[0])/(ga1[0]+ga2[0]);
z2=(ga1[m-2] * as1[m-2]+ga2[m-2] * as2[m-2])/(ga1[m-2]+ga2[m-2]);
```

```
if(aa<z1||aa>z2)/*如果不符合要求则退出程序*/
{
printf("Input wrong! \n");
return 0;
}
}
while(1)/*按输入的精煤灰分要求使用二分法寻找最大产率设定基元灰分*/
{
double ld;/*基元灰分*/
double c1,c2,a1,a2,d1,d2,gc,ac;/*两种精煤的产率灰分分选密度*/
ld=(m0+m1)/2;
c1=lglr_cz(ld,la1,ga1,m-1);/*用拉格朗日插值法计算块精煤产率*/
c2=lglr_cz(ld,la2,ga2,m-1);/*用拉格朗日插值法计算末精煤产率*/
a1=lglr_cz(ld,la1,as1,m-1);/*用拉格朗日插值法计算块精煤灰分*/
a2=lglr_cz(ld,la2,as2,m-1);/*用拉格朗日插值法计算块精煤灰分*/
gc=(c1*r1+c2*r2)/100;
ac=(c1*r1*a1+c2*r2*a2)/(gc*100);
if(fabs(ac-aa)<0.1)
{
d1=lglr_cz(ld,la1,dd,m-1);/*拉氏插值法计算块精分选密度*/
d2=lglr_cz(ld,la2,dd,m-1);/*拉氏插值法计算块精分选密度*/
printf("\n");
printf("AC=%4.2f C=%4.2f\n",ac,gc*100);
/*写出两种精煤的分选密度、灰分,产率*/
printf("%DP1=%4.2f DP2=%4.2f\nA1=%4.2f A2=%4.2f\nC1=%4.2f C2=
%4.2f",d1,d2,a1,a2,c1*r1,c2*r2);
break;/*找到后结束二分法的循环*/
}
else
if(ac>aa)/*如果大于要求精煤灰分则改变基元上限*/
m1=ld;
else
m0=ld;/*如果小于要求精煤灰分则改变基元下限*/
}
printf("\n");
return 0;
}
void count(int n,int m,double d[],double ep,double *w,double *a,
    double la[],double ga[],double as[],double dd[])
```

```
{
int i,j;/* 循环计数器 */
double x,z,dp[N],e[N];/* z,e 为中间结果,dp 为分选密度 */
double s1=0,s2=0,as1[N],as2[N],c[N],t[N];/* 中间变量 */
dp[0]=1.275;/* 分选密度赋初值 */
for(i=0;i<m;i++)/* 计算中间变量 */
{
s1=0;s2=0;
for(j=0;j<n;j++)
{
x=0.6745*(d[j]-dp[i])/ep/1.4142;
if(fabs(x)<=1.79)/* 计算分配率 */
{
z=x-pow(x,3)/3+pow(x,5)/10-pow(x,7)/42+pow(x,9)/216-pow(x,11)/
    1320+pow(x,13)/9360-pow(x,15)/75600+pow(x,17)/685440;
e[j]=0.5+0.5642*z;
}
else/* 为简化计算在(-∞,-1.79),(1.79,+∞)按如下计算 */
if(x>1.79)e[j]=1;
else e[j]=0;
t[j]=w[j]*e[j];/* 根据分配率计算产率和灰分 */
c[j]=w[j]-t[j];
s1+=c[j];s2+=c[j]*a[j];
}
as1[i]=s1;as2[i]=s2;
dp[i+1]=dp[i]+0.05;
}
for(i=0;i<m-1;i++)/* 基元灰分及它所对应的精煤产率、灰分和分选密度 */
{
la[i]=(as2[i+1]-as2[i])/(as1[i+1]-as1[i]);
ga[i]=as1[i]+(as1[i+1]-as1[i])/2;
as[i]=(as2[i]+(as2[i+1]-as2[i])/2)/ga[i];
dd[i]=(dp[i]+dp[i+1])/2;
}
}
int in(double des,double a,double b)/* 判断 des 是否在 a,b 两者之间 */
{
  if(des>a&&des<b)       return 1;
  else       return 0;
```

```
}
double lglr_cz(double u,double x[],double y[],int n)/*拉格朗日三点插值函数*/
{
    int k;/*循环计数器*/
    double x0,x1,x2;/*中间变量*/
    for(k=1;k<n-2;k++)/*使用循环找出插值的位置*/
if(u<=x[1])/*是否在第一段*/
{   x0=x[0];x1=x[1];x2=x[2];   k=0;   break;}
else
   if(u>=x[n-2])/*是否在最后一段*/
   {
      x0=x[n-3];x1=x[n-2];x2=x[n-1];
k=n-3;
break;
   }
   else
if(in(u,x[k],x[k+1]))/*是否在中间一段*/
   if(u<(x[k]+x[k+1])/2)/*靠近哪边*/
   {
k-=1;
x0=x[k];x1=x[k+1];x2=x[k+2];
break;
   }
   else
   {x0=x[k];x1=x[k+1];x2=x[k+2];break;   }
   return (u-x1)*(u-x2)*y[k]/((x0-x1)*(x0-x2))+(u-x0)*(u-x2)*
   y[k+1]/((x1-x0)*(x1-x2))+(u-x0)*(u-x1)*y[k+2]/((x2-x0)*
   (x2-x1));/*计算返回插值函数值*/
}
```

十六、跳汰主再选优化计算程序

```
#include "math.h"/
#include "stdio.h"
#define N 50/*数组最大值*/
double lglr_cz(double u,double x[],double y[],int n);/*拉格朗日三点插值函数*/
/*u为插值,x,y为样本,n为样本数*/
int in(double des,double a,double b);/*判断des是否在a,b两者之间*/
void count(int n,double dp,double d[],double i0,double *w,double *a,double *
result,double *c,double *t);
/*n为样本数,dp为分选密度,d为密度级数组,i0为机械误差,w为重量,a为灰
```

分 * /
/ * 记录精煤和尾煤的产率和灰分,0 为精煤产率(C),1 为尾煤产率(T),2 为精煤灰分
(H1),3 为尾煤灰分(H2) * /
/ * c,t 为精煤和尾煤的产率 * /

```
int main()
{
double d[6]={1.25,1.35,1.45,1.55,1.7,2.0};/* 密度级 */
double w[6]={9.64,30.72,19.45,8.28,7.64,24.07};/* 重量 */
double a[6]={6.04,11.21,19.58,27.33,30.43,74.59};/* 灰分 */
double d2[5]={1.35,1.45,1.55,1.65,1.75};/* 主选的分选密度 */
double d3[5]={1.35,1.45,1.55,1.65,1.75};/* 再选的分选密度 */
double result[4],at;
/* 记录精煤和尾煤的产率和灰分,0 为精煤产率(C),1 为尾煤产率(T),2 为精煤灰分
(H1),3 为尾煤灰分(H2),at 为要求尾煤灰分 */
double i1=0.15,i2=0.15,i3=0.2;/* 主再选的机械误差 */
double a1,p1,a2,p2,ac;/* ac 为精煤要求灰分 */
double rw[N],a3[N],p3[N],a4[N],p4[N];
double a5[N][N],p5[N][N],a6[N][N],p6[N][N],p7[N][N],a7[N][N];
/* 中间变量 */
double c[N],t[N],m0=1.3,m1=2.2,dp;
/* m0,m1 为分选密度上下限,dp 为分选密度 */
/* c,t 为精煤和尾煤的产率 */
double s,mx,x[N],y[N],yy[N],sg;/* sg 再选分选密度 */
double pp5,ap5,pp6,ap6;
int i,k,n=6,m=5,kk,z;/* n 为密度级数目 */
printf("\nInput AT:");/* 输入要求尾煤灰分 at */
scanf("%lf",&at);
while(1)
{
if(fabs(m0-m1)<0.0001)/* 如果二分法不使用则结束 */
{printf("\nNo Sulotion!");break;}
dp=(m0+m1)/2;/* 使用二分法 */
count(n,dp,d,i1,w,a,result,c,t);/* 计算函数 */
a1=result[2];p1=result[0];a2=result[3];p2=result[1];
/* 取得精尾煤的产率和灰分 */
if(fabs(at-a2)<0.5)/* 如果精度达到要求的尾煤灰分则继续 */
{
for(i=0;i<n;i++)rw[i]=c[i];
for(k=0;k<m;k++)
```

```
{
dp=d2[k];
count(n,dp,d,i2,rw,a,result,c,t);
/* 记录精煤和尾煤的产率和灰分,0 为精煤产率(C),1 为尾煤产率(T),2 为精煤灰分
(H1),3 为尾煤灰分(H2) */
a3[k]=result[2];p3[k]=result[0];a4[k]=result[3];p4[k]=result[1];
for(i=0;i<n;i++)rw[i]=t[i];
for(i=0;i<m;i++)
{
dp=d3[i];
count(n,dp,d,i3,rw,a,result,c,t);
a5[k][i]=result[2];p5[k][i]=result[0];a6[k][i]=result[3];p6[k][i]=result[1];
p7[k][i]=p3[k]+p5[k][i];a7[k][i]=(a3[k]*p3[k]+a5[k][i]*p5[k][i])/p7[k][i];
}
}
printf("\nInput AC:");/* 输入要求的精煤灰分 */
scanf("%lf",&ac);
if(ac<a7[0][0]||ac>a7[m-1][m-1])/* 输入精煤灰分不正确退出 */
{printf("Input wrong!");return 0;}
else
{
s=0;mx=0;kk=1;
for(kk=0;kk<=m;kk++)
{
if(a7[kk][0]<=ac)
{
for(i=0;i<m-1;i++)
{
x[i]=a7[kk][i+1];
y[i]=p7[kk][i+1];
}
yy[kk]=lglr_cz(ac,x,y,m-1);
if(yy[kk]>mx)
{mx=yy[kk];z=kk;}
}
}
for(i=0;i<m-1;i++)
{x[i]=p7[z][i+1];y[i]=d3[i+1];}/* 计算优化 */
sg=lglr_cz(mx,x,y,m-1);
```

```
pp5=mx-p3[z];ap5=(mx*ac-p3[z]*a3[z])/pp5;
pp6=p4[z]-pp5;ap6=(p4[z]*a4[z]-pp5*ap5)/pp6;
printf("\n");
printf("AC=%4.2f YCMAX=%4.2f\nAC1=%4.2f YC1=%4.2f\nAC2=%4.2f
YC2=%4.2f",ac,mx,a3[z],p3[z],ap5,pp5);
printf("\nAM=%4.2f YM=%4.2f\nAT=%4.2f YT=%4.2f\nDP=%4.2f DP2
=%4.2f\nDP3=%4.2f",ap6,pp6,a2,p2,dp,d2[z],sg);
break;
}
}
else/*精度不合要求则使用二分法计算*/
if(a2<at)/*如果小于要求尾煤灰分改变下限*/
m0=dp;
else/*如果大于要求尾煤灰分改变上限*/
m1=dp;
}
printf("\n");
return 0;
}
void count(int n,double dp,double d[],double i0,double * w,double * a,double *
result,double * c,double * t)
{
int j;/*循环计数器*/
double x,z,e[N];/*重介选的 x 或跳汰选的 x,z 为中间结果*/
double s1=0,s2=0,s3=0,s4=0;
/*中间变量用于记录精煤产率、尾煤产率、精煤灰分、尾煤灰分等*/
for(j=0;j<n;j++)
{
x=0.6745*(log((d[j]-1)/(dp-1)))/log(i0+sqrt(i0*i0+1))/1.4142;
    if(fabs(x)<=1.79)/*计算分配率*/
{
z=x-pow(x,3)/3+pow(x,5)/10-pow(x,7)/42+pow(x,9)/216-pow(x,11)/
    1320+pow(x,13)/9360-pow(x,15)/75600+pow(x,17)/685440;
e[j]=0.5+0.5642*z;
}
else/*为简化计算在(-∞,-1.79),(1.79,+∞)按如下计算*/
if(x>1.79)e[j]=1;
else e[j]=0;
t[j]=w[j]*e[j];/*根据分配率计算产率和灰分*/
```

```
c[j]=w[j]-t[j];
s1+=c[j];s2+=c[j]*a[j];s3+=t[j];s4+=t[j]*a[j];
}
result[0]=s1;result[1]=s3;result[2]=s2/s1;result[3]=s4/s3;
/*取得计算后的产率和灰分*/
}
int in(double des,double a,double b)/*判断 des 是否在 a,b 两者之间*/
{
    if(des>a&&des<b)        return 1;
    else        return 0;
}
double lglr_cz(double u,double x[],double y[],int n)/*拉格朗日三点插值函数*/
{
    int k;/*循环计数器*/
    double x0,x1,x2;/*中间变量*/
    for(k=1;k<n-2;k++)/*使用循环找出插值的位置*/
if(u<=x[1])/*是否在第一段*/
{   x0=x[0];x1=x[1];x2=x[2];   k=0;   break;}
else
    if(u>=x[n-2])/*是否在最后一段*/
    {        x0=x[n-3];x1=x[n-2];x2=x[n-1];k=n-3;break;   }
        else
if(in(u,x[k],x[k+1]))/*是否在中间一段*/
    if(u<(x[k]+x[k+1])/2)/*靠近哪边*/
    {k-=1;x0=x[k];x1=x[k+1];x2=x[k+2];break;   }
    else
    {x0=x[k];x1=x[k+1];x2=x[k+2];break;   }
    return (u-x1)*(u-x2)*y[k]/((x0-x1)*(x0-x2))+(u-x0)*(u-x2)*
    y[k+1]/((x1-x0)*(x1-x2))+(u-x0)*(u-x1)*y[k+2]/((x2-x0)*(x2
    -x1));/*计算并返回插值的函数值*/
}
```

十七、浮选机组产物计算

```
#include "math. h"/
#include "stdio. h"
#define N 50/*数组最大值*/
void count(int m,int n,double v,double q,double co,double p,
    double * s,double * f,double * a,double * k);
/*n 为浮选机组的槽数,m 为原料中的密度级别数,v 为浮选槽的容积,q 为按体积算
的原料量,co 为原料中的固体含量,p 为原料中的液固比*/
```

```
/*s,f,a,k 为原料中任一密度级的平均密度、重量、灰分、浮选速度常数*/
main()
{
int m=6,n=6;
double v=8,q=6,co=170,p=3;
/*n 为浮选机组的槽数,m 为原料中的密度级别数,v 为浮选槽的容积,q 为按体积算
的原料量,co 为原料中的固体含量,p 为原料中的液固比*/
double s[N]={1.25,1.35,1.45,1.55,1.65,2.2};
/*原料中任一密度级的平均密度*/
double f[N]={12.1,35.9,25.1,14.2,4,8.7};/*原料中任一密度级的平均重量*/
double a[N]={3.26,9.47,15.34,28.63,36.28,70.03};
/*原料密度级的平均灰分*/
double k[N]={0.56,0.54,0.20,0.12,0.04,0.02};
/*原料密度级的平均速度常数*/
count(m,n,v,q,co,p,s,f,a,k);/*计算函数*/
printf("\n");
}
void count(int m,int n,double v,double q,double co,double p,
    double * s,double * f,double * a,double * k)/*计算函数*/
{
int i,j;/*循环计数器*/
double r[N],c[N],t[N],cc[N];
double sf[N],sc[N],st[N],ac[N],at[N],tm[N];
/*sf 为原料,sc 为精煤,st 为尾煤,tm 为尾煤浮选时间*/
double q1,q2,d,x,s1,s2;
double c1,t1,ac1,at1;
/*c1 为精煤回收率,t1 为精煤灰分,ac1 为尾煤回收率,at1 为尾煤灰分*/
for(i=0;i<n;i++)
{sf[i]=sc[i]=st[i]=ac[i]=at[i]=tm[i]=0;/*赋初值*/}
j=0;
while(1)/*计算直到达到次数 n=6,循环 1*/
{
d=0.1;x=1;
while(1)/*计算直到计算出的浮选时间达到要求,循环 2*/
{
do
{
x+=d;
t1=x * v/q;
```

```
s1=s2=0;
for(i=0;i<m;i++)cc[i]=0;
for(i=0;i<m;i++)
{
r[i]=(k[i] * t1)/(1+k[i] * t1);
c[i]=f[i] * r[i];
s1+=c[i];s2+=c[i]/s[i];
}
q1=(s2+p * s1) * co/100000;
q2=q-q1;
}
while(t1<v/q2);
if(fabs(t1-v/q2)<0.1)
{
tm[j]=t1;
break;/ * 结束循环 2,因为计算出的浮选时间达到要求 * /
}
x-=d;d *=0.1;
}
for(i=0;i<m;i++)
{
t[i]=f[i]-c[i];
sf[j]+=f[i];sc[j]+=c[i];st[j]+=t[i];
ac[j]+=c[i] * a[i];at[j]+=t[i] * a[i];
}
ac[j]/=sc[j];at[j]/=st[j];
if(j==n-1)break;/ * 结束循环,因为达到最高次数 n=6 * /
q=q2;
for(i=1;i<m;i++)f[i]=t[i];
j++;
}
printf("No.       sf      sc      st        tm\n");
for(j=0;j<n;j++)/ * 写出原料中密度级的平均密度、重量、灰分、浮选速度常数 * /
printf("%2d%6.2f%6.2f%6.2f%6.2f\n",j,sf[j],sc[j],st[j],tm[j]);
c1=t1=ac1=at1=0;
for(j=0;j<n;j++)
/ * 计算并写出 c1 精煤回收率,t1 精煤灰分,ac1 尾煤回收率,at1 尾煤灰分 * /
{c1+=sc[j];ac1+=sc[j] * ac[j];}
ac1/=c1;t1=st[n-1];at1=at[n-1];
```

```
printf("\nYC=%6.2f AC=%6.2f\nYT=%6.2f AT=%6.2f",c1,ac1,t1,at1);
}
```

十八、浮选经验模型计算

```
#include "math.h"/
#include "stdio.h"
#define N 50/* 数组上限 */
#define MN 10/* 最多方程个数 */
double lglr_cz(double u,double x[],double y[],int n);/* 拉氏三点插值函数 */
/* u 为插值,x,y 为样本,n 为样本数 */
int in(double des,double a,double b);/* 判断 des 是否在 a,b 两者之间 */
void count(double x[],double y[],int n,double ER,int mn,double * b);
/* x 为筛孔,y 为正累计产率,n 为数据组数,ER 为规定误差,mn 为数据组数 */
main()
{
double x[N]={11.53,11.84,12.31,13.08,13.4,13.69,21.67};/* 累计灰分 */
double y[N]={29.51,54.89,71.4,81.68,85.11,86.33,100.0};/* 累计产率 */
double x1[N]={14.76,42.2,63.15,76.54,83.4,85.72};/* 精煤产率 */
double y1[N]={11.53,12.2,13.88,18.38,23.48,27.26};/* 精煤基元灰分 */
double ER=0.5,b[MN+1],gc=0,ac,gt,at,la;
/* ER 为拟合误差,b 为拟合公式的系数,gc 为要求精煤灰分 ac 下的精煤产率,
at,gt 为要求精煤灰分 ac 下的尾煤灰分和产率,la 为 gc 对应的基元灰分 */
int n=7,mn=7,i;/* n,mn 为数据组数 */
count(x,y,n,ER,mn,b);/* 计算函数 */
printf("\nInput AC:");/* 输入要求的精煤灰分 */
scanf("%lf",&ac);
for(i=MN-1;i>=0;i--)/* 使用拟合好的公式来计算精煤产率 */
gc+=b[i] * pow(ac,i);
gt=100-gc;/* 计算尾煤产率 */
at=(100 * x[6]-ac * gc)/gt;/* 计算尾煤灰分 */
la=lglr_cz(gc,x1,y1,n);/* 使用拉格朗日插值计算 gc 对应的基元灰分 */
printf("\ngc=%4.2f ac=%4.2f gt=%4.2f at=%4.2f la=%r.2f\n",/* 写出值 */
gc,ac,gt,at,la);
}
void count(double x[],double y[],int n,double ER,int mn,double * b)
{
int i,j,k,times;/* i,j,k 为循环计数器,times 为方次计数器 */
double xx[N],yy[N];    /* xx 为输入 x 的值,yy 为输入 y 的值 */
double a[MN+1][MN+1];/* 正规方程组的系数矩阵 */
double ME=1e-8,SGM,q;/* ME 为记录最大误差,SGM 标准差,q 为剩余平方和 */
```

```
for(i=0;i<n;i++)/* xx,yy 为输入 x,y 的值 */
{xx[i]=x[i];yy[i]=y[i];}
for(times=1;times<MN;times++)/* 从 1 次计算直到精度符合,最高为数组数 */
{
/* 初始化数据开始 */
for(i=0;i<MN+1;i++)
for(j=0;j<MN+1;j++)
a[i][j]=0;
q=0;
/* 初始化数据结束 */
/* 矩阵系数赋值开始 */
for(i=0;i<=times;i++)
for(j=0;j<=times;j++)
for(k=0;k<n;k++)
a[i][j]+=pow(x[k],j+i);
for(i=0;i<=times;i++)
for(k=0;k<n;k++)
a[i][j]+=y[k]*pow(x[k],i);
/* 矩阵系数赋值结束 */
/* 高斯消元开始 */
for(i=0;i<times;i++)
{
for(k=times;k>i;k--)
{
double temp;
if(! a[i][i])
break;
temp=a[k][i];
for(j=0;j<=times+1;j++)
a[k][j]+=-a[i][j]*temp/a[i][i];
}
}
/* 高斯消元结束 */
/* 计算代求系数开始 */
for(i=times;i>=0;i--)
b[i]=a[i][times+1]/a[i][i];
for(i=times-1;i>=0;i--)
for(j=times;j>i;j--)
b[i]-=a[i][j]*b[j]/a[i][i];
```

```
/*计算代求系数结束*/
for(i=0;i<n;i++)/*计算并记录最大误差*/
{
yy[i]=0;
for(j=0;j<=times;j++)
yy[i]+=b[j]*pow(x[i],j);
if(fabs(y[i]-yy[i])>ME)
ME=fabs(y[i]-yy[i]);
q+=fabs(y[i]-yy[i]);
}
SGM=sqrt(q/n);/*计算标准差*/
if(ME<ER)/*如果最大误差小于规定误差则退出循环*/
break;
}
for(i=0;i<n;i++)/*写出原始 y 值与计算 y 值*/
printf("%4.2f %4.2f \n",y[i],yy[i]);
for(i=0;i<times;i++)
printf("%10.2f ",b[i]);
printf("\ntimes=%d ME=%4.2f SGM=%4.2f\n",times,ME,SGM);
/*写出次数、最大误差与标准差*/
}
int in(double des,double a,double b)
/*判断 des 是否在 a,b 两者之间,是返回 1,否则返回 0*/
{
    if(des>a&&des<b)    return 1;
    else      return 0;
}
double lglr_cz(double u,double x[],double y[],int n)/*拉格朗日三点插值函数*/
{
    int k;/*循环计数器*/
    double x0,x1,x2;/*中间变量*/
    for(k=1;k<n-2;k++)/*使用循环找出插值的位置*/
if(u<=x[1])/*是否在第一段*/
{   x0=x[0];x1=x[1];x2=x[2];   k=0;   break;}
else
    if(u>=x[n-2])/*是否在最后一段*/
    {      x0=x[n-3];x1=x[n-2];x2=x[n-1];k=n-3;break; }
    else
if(in(u,x[k],x[k+1]))/*是否在中间一段*/
```

```
if(u<(x[k]+x[k+1])/2)/* 靠近哪边 */
{k-=1;x0=x[k];x1=x[k+1];x2=x[k+2];break;}
else
{x0=x[k];x1=x[k+1];x2=x[k+2];break;}
return (u-x1)*(u-x2)*y[k]/((x0-x1)*(x0-x2))+(u-x0)*(u-x2)*
y[k+1]/((x1-x0)*(x1-x2))+(u-x0)*(u-x1)*y[k+2]/((x2-x0)*
(x2-x1));/* 计算返回函数值 */
}
```

十九、煤用破碎机矩阵模型

```
#include "math.h"/
#include "stdio.h"
#define N 20/* 数组上限 */
#define e 2.71828/* 常数 e */
void brmul(a,b,m,n,k,c)/* 计算矩阵的乘积,摘自徐士良算法 */
int m,n,k;
double a[],b[],c[];
{
int i,j,l,u;
    for (i=0; i<=m-1; i++)
for (j=0; j<=k-1; j++)
{
u=i*k+j; c[u]=0.0;
for (l=0; l<=n-1; l++)
c[u]=c[u]+a[i*n+l]*b[l*k+j];
}
return;
}

double xxcz(double u,double * x,double * y,int n);/* 线性插值函数,u 为插值点,
x,y 为样本,n 为样本数 */
double count1(double x);/* 大于 1.7s0 的使用插值求取破碎函数 B */
double count2(double x);
/* 小于 1.7s0 的使用布罗德本特和考尔科特碎裂函数求得破碎函数 B */
/* 布罗德本特和考尔科特碎裂函数:B[i][i]=(1-pow(e,-x))/(1-pow(e,-1)) */
main()
{
double sz[N]={300,150,100,50,25,13,6,3,1};/* 粒度数组 */
double f[N]={15.76,7.15,10.49,9.86,8.32,11.66,9.41,13.61,13.76};
/* 各粒度重量 */
double B1[9][9],B[N][N],p[N];/* B 为破碎函数矩阵,p 为破碎后的各粒度重量 */
```

```
double s0;/* 破碎出口宽 */
int n=9,i,j;/* n 为样本数,i,j 为循环计数器 */
for(i=0;i<N;i++)/* 破碎函数矩阵 B 赋初值 */
for(j=0;j<N;j++)B[i][j]=0;
printf("\nInput S:");/* 读入破碎机口宽 s0 */
scanf("%lf",&s0);
for(i=n-1;i>=0;i--)/* 将粒度为 1.7s0 的粒级插入粒度数组 */
if(sz[i]<1.7 * s0)sz[i+1]=sz[i];
else break;
sz[i+1]=1.7 * s0;
for(i=0;i<n;i++)/* 根据粒度与 1.7s0 比较来选择用什么方法计算破碎函数 */
for(j=i;j<n+1;j++)
{
if(sz[j]>1.7 * s0)/* >=1.7s0 时使用插值法计算破碎函数 B */
{B[i][j]=count1(sz[j]/sz[i]);}
else/* <1.7s0 时使用布罗德本特和考尔科特碎裂函数求破碎函数 B */
{B[i][j]=count2(sz[j]/sz[i]);}
}
for(i=0;i<n;i++)/* 求得相邻两个粒级的重量 */
for(j=i;j<n;j++)B[i][j]-=B[i][j+1];
for(i=0;i<n;i++)
for(j=0;j<n;j++)B1[i][j]=B[i][j];
brmul(B1,f,n,n,1,p);/* 计算破碎后的各粒度重量,使用公式 p=B * f */
p[n]=100;/* 计算破碎成最小粒度的重量,预先赋值为 100 */
for(i=0;i<n;i++)/* 写出破碎后各粒度重量 */
{
printf("f[%d]=%6.2f p[%d]=%6.2f\n",i,f[i],i,p[i]);
p[n]-=p[i];/* 逐次减掉每一粒度的重量 */
}
/* 写出最小粒度的重量 */
printf("    p[%d]=%6.2f\n",n,p[n]);
}
double xxcz(double u,double * x,double * y,int n)/* 计算线性插值 */
{
int j;
for(j=0;j<n;j++)
if(u>=x[j])/* 找到插值点的位置,使用线性插值,两点定线 */
break;
return (y[j-1]-y[j]) * (x[j]-u)/(x[j]-x[j-1])+y[j];
```

```
}
double count1(double x)/*大于1.7s0时使用插值法求取破碎函数B*/
{
double bt[N]={1,0.8308,0.5882,0.4176,0.2065,0.1041,0.0522,0.0368,0.026,
0.0131,0};
double b[N]={1,0.96,0.79,0.45,0.2,0.1,0.05,0.03,0.02,0,0};
return xxcz(x,bt,b,11);
}
double count2(double x)
/*小于1.7s0的使用布罗德本特和考尔科特碎裂函数求得破碎函数B*/
{
return (1-pow(e,-x))/(1-1/e);
}
```

参 考 文 献

[1] ARBITER N，HARRIS C C，STAMBOLTZIS G A. Single fracture of brittle spheres[J]. AIME TRANS，1969，244(3).

[2] FINCH J，MATWIJENKO O. Individual mineral behavior in a closed-grinding circuit[C]//AIME SME Annual Meeting. Atlanta，1997，Paper No 77-B-62.

[3] KLIMPEL A. Estimation of weight ratios given component make-up analyses of streams[C]//AIME SME Annual Meeting. Atlanta，1997，Paper No 79-24.

[4] PRESS W H，FLANNERY B P，TEUKOLSKY S A，et al. Numerical recipes，the art of scientific computing[M]. Cambridge：Cambridge University Press，1986.

[5] ROGERS R S C. A classification function for vibrating screens[J]. Powder Technology，1982(31)：135-137.

[6] 白新桂. 数据分析与试验优化设计[M]. 北京：清华大学出版社，1986.

[7] 蔡常丰. 数学模型建模分析[M]. 北京：科学出版社，1995.

[8] 陈炳辰. 磨矿原理[M]. 北京：冶金工业出版社，1989.

[9] 陈炳辰. 选矿数学模型[M]. 沈阳：东北工学院出版社，1990.

[10] 陈炳辰. 自磨产品粒度特性的研究[J]. 金属矿山，1981(4)：19-24.

[11] 戴名强，李卫军，杨鹏飞. 数学模型及其应用[M]. 北京：科学出版社，2007.

[12] 樊民强. 选煤数学模型与数据处理[M]. 北京：煤炭工业出版社，2005.

[13] 范鸣玉，张莹. 最优化技术基础[M]. 北京：清华大学出版社，1982.

[14] 范肖南，李成兵. 分配曲线经验模型在预测和优化中的应用[J]. 煤炭工程，2004 (2)：48-51.

[15] 范肖南. 工艺流程回路计算的捷径[J]. 选煤技术，2003(5)：51-52.

[16] 冯绍灌. 选煤数学模型[M]. 北京：煤炭工业出版社，1990.

[17] 高洪阁，李白英. 动力配煤的新模型及其求解[J]. 中国矿业大学学报，2001，30 (6)：627-629.

[18] 高清东，周伟，袁怀雨. 基于数据挖掘的选矿模型[J]. 矿业快报，2004(4)：12-14.

[19] 何晓群. 实用回归分析[M]. 北京：高等教育出版社，2008.

[20] 胡为柏，李松仁. 数学模型在矿物工程中的应用[M]. 长沙：湖南科学技术出版社，1983.

[21] 江体乾. 化工数据处理[M]. 北京：化学工业出版社，1984.

[22] 匡亚莉. 选煤工艺设计与管理[M]. 第4版. 徐州：中国矿业大学出版社，2016.

[23] 李贤国，张明旭. MATLAB与选煤/选矿数据处理[M]. 徐州：中国矿业大学出版社，2005.

[24] 刘振学. 实验设计与数据处理[M]. 北京：化学工业出版社，2005.

[25] 路迈西. 利用混合搜索法优化选煤分选指标[J]. 选煤技术，2002，6：49-50.

[26] 路迈西.选煤厂经营管理[M].北京:煤炭工业出版社,1991.

[27] 罗仙平,夏青,王建峰.选矿工艺数学建模现状与展望[J].四川有色金属,2004(2):48-50.

[28] 聂铁军.计算方法[M].北京:国防工业出版社,1982.

[29] 任志波.选煤厂的生产预测和优化方法[D].北京:中国矿业学院北京研究生部,1988.

[30] 沈政昌,陈东.充气式浮选机浮选动力学模型研究[J].有色金属(选矿部分),2006(1):22-25.

[31] 施辉亮.浮选速度回归分析和速度系数探讨[J].有色金属,1982(3):37-43.

[32] 孙传尧.选矿工程师手册[M].北京:冶金工业出版社,2015.

[33] 孙铁田.有关水力旋流器分离粒度的计算问题[J].有色金属,1976(9):63-66.

[34] 谭浩强.C语言程序设计[M].北京:清华大学出版社,1995.

[35] 陶有俊,刘文礼,路迈西.细粒煤浮选数学模型的研究[J].中国矿业大学学报,1999(5):425-427.

[36] 王飞,郑士芹,张奕奎,等.跳汰分层过程建模[J].黑龙江科技学院学报,2001(4):42-44.

[37] 王淑红,李英龙,戈保梁.主成分分析法与神经网络在选矿建模中的应用[J].有色矿冶,2001(6):25-28.

[38] 王振翀,任守政.跳汰分层过程计算机模拟研究[J].中国矿业大学学报,2000(4):388-391.

[39] 肖云,王海臣.选别物料平衡计算数学模型的探讨[J].金属矿山,2010(10):85-87.

[40] 谢广元.选矿学[M].第3版.徐州:中国矿业大学出版社,2016.

[41] 熊启才.数学模型方法及应用[M].重庆:重庆大学出版社,2005.

[42] 许长连.浮选速度方程的级数问题[J].有色金属,1983(5):37-41.

[43] 许长连.最大K值与充气量的关系[J].有色金属,1982(1):39-41.

[44] 选矿设计手册编委会.选矿设计手册[M].北京:冶金工业出版社,1988.

[45] 薛定宇,陈阳泉.控制数学问题的MATLAB求解[M].北京:清华大学出版社,2007.

[46] 杨英杰,黄光耀,李侠.计算机仿真在浮选过程中的应用[J].有色金属(选矿部分),2006(1):45-48.

[47] 张礼刚.凤凰山铜矿浮选作业数学模型与自适应优化控制系统的研究[D].长沙:中南工业大学,1988.

[48] 张荣曾.选煤实用数理统计[M].北京:煤炭工业出版社,1986.

[49] 张守元,王会清.磨矿分级过程预测控制的仿真研究[J].金属矿山,1997(6):25-18.

[50] 张小蒂.应用回归分析[M].杭州:浙江大学出版社,1991.

[51] 庄楚强,吴亚森.应用数理统计基础[M].广州:华南理工大学出版社,1992.